"十二五"职业教育国家规划教材

经全国职业教育教材审定委员会审定

高职高专建筑工程技术专业精品课程系列教材

建筑力学

(第二版)

石立安　主编

钱培翔　吴以莉　副主编

葛华龙　主审

科学出版社

北　京

内 容 简 介

本书为"十二五"职业教育国家规划教材

全书共分 10 个单元，内容包括：基本结构受力图的绘制，基本结构的反力计算，构件的内力、应力及强度计算，构件在多种受力状态下的强度计算，受压杆件的稳定计算，平面体系的几何组成分析，静定结构的内力计算，静定结构的位移及刚度计算，超静定结构的内力计算，移动荷载作用下静定结构的内力计算。每个单元后有小结、思考题和习题，书后附有部分习题的参考答案。

本书适用于高职高专工科类学校及成人高校的建筑、桥梁、市政、道路、钢结构建造技术、水利、设计等专业，亦可供工程技术人员参考。

图书在版编目(CIP)数据

建筑力学/石立安主编. 2版. —北京：科学出版社，2016
("十二五"职业教育国家规划教材·经全国职业教育教材审定委员会审定·高职高专建筑工程技术专业精品课程系列教材)
ISBN 978-7-03-046404-0

Ⅰ.①建… Ⅱ.①石… Ⅲ.①建筑力学-高等学校-教材 Ⅳ.①TU311

中国版本图书馆 CIP 数据核字(2010)第 264216 号

责任编辑：李 欣 何舒民 / 责任校对：陶丽荣
责任印制：吕春珉 / 封面设计：曹 来

科学出版社 出版
北京东黄城根北街 16 号
邮政编码：100717
http://www.sciencep.com

北京中科印刷有限公司 印刷
科学出版社发行 各地新华书店经销
*

2011 年 4 月第 一 版　开本：787×1092　1/16
2016 年 1 月第 二 版　印张：22
2023 年 2 月第八次印刷　字数：500 000

定价：69.00 元
(如有印装质量问题，我社负责调换〈中科〉)
销售部电话 010-62136131　编辑部电话 010-62137154(VT03)

第二版前言

本书根据教育部《关于全面提高高等职业教育教学质量的若干意见》文件精神，在浙江省"十一五"重点建设教材的基础上编写而成，本书已被评为"十二五"职业教育国家规划教材。本书由行业企业共同开发，力求体现高职高专教学改革的特点，突出针对性、适用性、实用性，重视由浅入深，内容简明扼要，图文配合紧密，通俗易懂。

全书共分10个单元，内容包括：基本结构受力图的绘制、基本结构的反力计算、构件的内力、应力及强度计算、构件在多种受力状态的强度计算、受压杆件的稳定计算、平面体系几何组成分析、结构的内力计算、静定结构的位移及刚度计算、超静定结构的内力计算，移动荷载作用下静定结构的内力计算。每章后有小结、思考题、习题，并附有部分习题答案。本书节前加 * 的为选学内容。

本书适用于建筑、桥梁、市政、道路、水利、设计等专业，可作高职、高专工科类学校及成人高校教材，亦可作工程技术人员的参考书。

本书由石立安担任主编，由钱培翔、吴以莉担任副主编。参加本书编写工作的有浙江建设职业技术学院的石立安（绪论、第5、8单元）、钱培翔（第10单元）、高学献（第7单元）、刘明晖（第6单元）、崔春霞（第3单元）、宋平（第4单元）；浙江工业大学浙西分校吴以莉编写第2单元；浙江交通职业技术学院的虞文锦编写第9单元；浙江金华职业技术学院的吴育萍编写第1单元。

本书由浙江处州建设管理有限公司高级工程师葛华龙主审。

由于编者水平有限，书中难免存在不妥之处，恳请广大读者提出宝贵意见。

编者
2016年1月

第一版前言

本书是根据教育部"21世纪全国高职高专土建类专业技能型规划教材"及浙江省"十一五"重点教材建设项目要求编写而成的。

本书力求体现高职高专教学改革的特点，注重基础性、实用性、科学性和先进性；努力打破传统教材知识框架的封闭性，尝试多方面知识的融会贯通；注重知识层次的递进，同时加强理论与实践的结合，更益于学生理解和掌握；突出针对性、适用性，图文配合紧密。

全书共分10个单元，内容包括：基本结构受力图的绘制，基本结构的反力计算，构件的内力、应力及强度计算，构件在多种受力状态下的强度计算，受压杆件的稳定计算，平面体系的几何组成分析，静定结构的内力计算，静定结构的位移及刚度计算，超静定结构的内力计算，移动荷载作用下静定结构的内力计算。每个单元后有小结、思考题和习题，书后附有部分习题的参考答案。书中节前加 * 的为选学内容。

本课程配有学习网站，地址为 http://www.zjjy.net/jp02/

参加本书编写工作的有浙江建设职业技术学院石立安（编写绪论，第5、8单元）、钱培翔（编写第10单元）、高学献（编写第7单元）、刘明晖（编写第6单元）、崔春霞（编写第3单元）、宋平（编写第4单元）、浙江工业大学浙西分校吴以莉（编写第2单元）、浙江交通职业技术学院虞文锦（编写第9单元）和浙江金华职业技术学院吴育萍（编写第1单元）。

本书由浙江处州建设管理有限公司高级工程师葛华龙主审。

由于编者水平有限，书中难免存在不足之处，恳请广大读者提出宝贵意见。

目 录

第二版前言
第一版前言

绪论

0.1 建筑力学的研究对象 ………………………………………………… 1
    0.1.1 变形固体 …………………………………………………… 1
    0.1.2 变形固体的假设 …………………………………………… 2
    0.1.3 杆件及杆系结构 …………………………………………… 3
0.2 建筑力学的任务 ……………………………………………………… 4
0.3 建筑力学的分析方法 ………………………………………………… 4
小结 ………………………………………………………………………… 5
思考题 ……………………………………………………………………… 5
习题 ………………………………………………………………………… 5

第 1 单元　基本结构受力图的绘制

1.1 力的性质和力在坐标轴上的投影 …………………………………… 7
    1.1.1 力的性质 …………………………………………………… 7
    1.1.2 刚体的概念 ………………………………………………… 9
    1.1.3 力在直角坐标轴上的投影和合力投影定理 ……………… 9
1.2 静力学公理 …………………………………………………………… 11
    1.2.1 力的平行四边形法则 ……………………………………… 11
    1.2.2 二力平衡公理 ……………………………………………… 12
    1.2.3 加减平衡力系公理 ………………………………………… 13
    1.2.4 三力平衡汇交定理 ………………………………………… 13
    1.2.5 作用力与反作用力定律 …………………………………… 14
    1.2.6 刚化原理 …………………………………………………… 14
1.3 荷载的分类 …………………………………………………………… 15
1.4 约束与约束反力 ……………………………………………………… 16

1.4.1 约束与约束反力的概念 …………………………………………………… 16
  1.4.2 几种常见的约束及约束反力 ………………………………………… 16
 1.5 物体的受力分析图 …………………………………………………………… 19
  1.5.1 单个物体的受力分析 …………………………………………………… 20
  1.5.2 物体系统的受力分析 …………………………………………………… 23
 1.6 杆件的基本变形 ……………………………………………………………… 28
 1.7 杆系的结构类型 ……………………………………………………………… 29
 1.8 结构的计算简图 ……………………………………………………………… 31
  1.8.1 结构计算简图的概念 …………………………………………………… 31
  1.8.2 计算简图简化的内容 …………………………………………………… 31
 小结 …………………………………………………………………………………… 32
 思考题 ………………………………………………………………………………… 33
 习题 …………………………………………………………………………………… 34

第 2 单元 基本结构的反力计算

 2.1 托架、屋架、桁架结构的反力计算 ………………………………………… 38
  2.1.1 力在平面坐标轴上的投影 ……………………………………………… 38
  2.1.2 平面汇交力系的合成与平衡 …………………………………………… 39
 2.2 平面力偶系的反力计算 ……………………………………………………… 44
  2.2.1 力矩 ……………………………………………………………………… 44
  2.2.2 力偶 ……………………………………………………………………… 45
  2.2.3 平面力偶系的合成与平衡 ……………………………………………… 46
 2.3 梁式结构的反力计算 ………………………………………………………… 48
  2.3.1 平面一般力系的简化 …………………………………………………… 49
  2.3.2 平面一般力系的平衡及应用 …………………………………………… 52
 小结 …………………………………………………………………………………… 55
 思考题 ………………………………………………………………………………… 55
 习题 …………………………………………………………………………………… 57

第 3 单元 构件的内力、应力及强度计算

 3.1 轴向拉压杆的内力、应力及强度计算 ……………………………………… 62
  3.1.1 轴向拉伸与压缩的概念 ………………………………………………… 63
  3.1.2 轴向拉（压）杆的内力与轴力图 ……………………………………… 64
  3.1.3 轴向拉（压）时横截面上的应力 ……………………………………… 66
  3.1.4 安全因数、许用应力和强度条件 ……………………………………… 70
  3.1.5 连接件的强度计算 ……………………………………………………… 73
 3.2 等截面圆轴扭转的内力、应力及强度计算 ………………………………… 78

3.2.1　扭转的概念及外力偶矩的计算 ·· 79
　　　3.2.2　圆轴扭转时横截面上的内力 ··· 79
　　　3.2.3　扭矩图 ·· 82
　　　3.2.4　等直圆轴扭转时横截面上的剪应力 ·· 84
　　　3.2.5　等直圆轴扭转时的强度计算 ··· 86
　3.3　直梁的内力、应力及强度计算 ··· 87
　　　3.3.1　直梁的弯曲概念 ·· 87
　　　3.3.2　直梁的内力及内力图 ·· 88
　　　3.3.3　直梁的应力计算 ·· 102
　　　3.3.4　梁的强度条件 ·· 107
　3.4　梁的应力状态与强度理论 ··· 112
　　　3.4.1　应力状态的概念 ·· 112
　　　3.4.2　平面应力分析 ·· 113
　　　3.4.3　梁的主应力和主应力迹线 ··· 116
　小结 ··· 118
　思考题 ··· 120
　习题 ··· 121

第4单元　构件在多种受力状态下的强度计算

　4.1　构件多种受力状态的概念及计算方法 ··· 129
　　　4.1.1　构件多种受力状态的概念 ··· 129
　　　4.1.2　构件多种受力状态的计算方法 ·· 130
　4.2　梁在斜弯曲状态下的强度计算 ··· 131
　　　4.2.1　梁斜弯曲的概念 ·· 131
　　　4.2.2　梁斜弯曲时的应力计算 ··· 131
　　　4.2.3　梁斜弯曲时的强度计算 ··· 132
　4.3　柱在多种受力状态下的强度计算 ··· 135
　　　4.3.1　柱单向偏心压缩（拉伸）的强度计算 ······································ 135
　　　4.3.2　柱双向偏心压缩（拉伸）的强度计算 ······································ 138
　　　4.3.3　截面核心 ·· 139
　小结 ··· 140
　思考题 ··· 140
　习题 ··· 141

第5单元　受压杆件的稳定计算

　5.1　压杆稳定的概念 ·· 145
　5.2　临界力和临界应力 ·· 146
　　　5.2.1　细长压杆临界力的计算公式——欧拉公式 ······························· 146

	5.2.2 欧拉公式的适用范围	148
	5.2.3 中粗杆的临界力计算——经验公式和临界应力总图	149
5.3	压杆的稳定计算	154
5.4	提高压杆稳定性的措施	158
小结		159
思考题		159
习题		160

第6单元 平面体系的几何组成分析

6.1	几何组成分析的目的	163
	6.1.1 几何不变及几何可变体系	163
	6.1.2 平面几何组成分析的目的	164
6.2	平面体系的自由度	164
6.3	几何不变体系的组成规则	166
	6.3.1 三刚片的组成规则	166
	6.3.2 两刚片的组成规则	166
	6.3.3 二元体规则	167
6.4	几何组成分析的应用	168
6.5	静定结构和超静定结构	169
小结		170
思考题		170
习题		171

第7单元 静定结构的内力计算

7.1	多跨静定梁内力图的绘制	173
	7.1.1 多跨静定梁的几何组成	173
	7.1.2 多跨静定梁内力的计算及内力图的绘制	175
	7.1.3 多跨静定梁的受力特征	178
7.2	刚架内力图的绘制	179
	7.2.1 静定平面刚架的特点	179
	7.2.2 静定刚架的内力计算及内力图	179
7.3	桁架的内力计算	186
	7.3.1 概述	186
	7.3.2 桁架内力的计算方法	187
7.4	三铰拱的内力计算	192
	7.4.1 概述	192
	7.4.2 三铰拱的计算	194
	7.4.3 拱的合理轴线	199

7.5 静定结构的基本特性 …………………………………………… 200
小结 ……………………………………………………………… 201
思考题 …………………………………………………………… 201
习题 ……………………………………………………………… 202

第8单元　静定结构的位移及刚度计算

8.1 材料的力学性能 ……………………………………………… 205
　　8.1.1 标准试样 …………………………………………… 206
　　8.1.2 低碳钢拉伸时的力学性能 ………………………… 206
　　8.1.3 其他材料拉伸时的力学性能 ……………………… 208
　　8.1.4 材料压缩时的力学性能 …………………………… 209
8.2 拉压杆的变形及刚度计算 …………………………………… 210
　　8.2.1 轴向变形与胡克定律 ……………………………… 210
　　8.2.2 横向变形与泊松比 ………………………………… 211
　　8.2.3 拉压杆的刚度计算 ………………………………… 212
*8.3 等直圆轴扭转时的变形及刚度条件 ………………………… 213
　　8.3.1 圆轴扭转时的变形 ………………………………… 213
　　8.3.2 圆轴扭转的刚度条件 ……………………………… 214
8.4 梁的变形及刚度计算 ………………………………………… 216
　　8.4.1 挠度和转角 ………………………………………… 216
　　8.4.2 用叠加法求梁的变形 ……………………………… 216
　　8.4.3 梁的刚度条件 ……………………………………… 219
　　8.4.4 提高梁刚度的措施 ………………………………… 220
8.5 静定结构的位移计算 ………………………………………… 221
　　8.5.1 计算结构位移的目的 ……………………………… 221
　　8.5.2 结构位移计算的一般公式 ………………………… 221
　　8.5.3 静定结构在荷载作用下的位移计算 ……………… 223
　　8.5.4 静定结构支座移动时的位移计算 ………………… 231
小结 ……………………………………………………………… 233
思考题 …………………………………………………………… 233
习题 ……………………………………………………………… 234

第9单元　超静定结构的内力计算

9.1 超静定结构的力法计算 ……………………………………… 240
　　9.1.1 力法原理 …………………………………………… 240
　　9.1.2 超静定梁的力法计算 ……………………………… 246
　　9.1.3 超静定刚架的力法计算 …………………………… 249
　　9.1.4 超静定桁架的力法计算 …………………………… 254

9.1.5 支座移动时的力法计算 ……………………………………………… 256
9.2 超静定结构的位移法计算 …………………………………………………… 258
　　9.2.1 位移法原理 …………………………………………………………… 258
　　9.2.2 超静定梁的位移法计算 ……………………………………………… 266
　　9.2.3 超静定刚架的位移法计算 …………………………………………… 270
9.3 超静定结构的力矩分配法计算 ……………………………………………… 274
　　9.3.1 力矩分配法的基本概念 ……………………………………………… 274
　　9.3.2 力矩分配法计算 ……………………………………………………… 277
小结 ………………………………………………………………………………… 282
思考题 ……………………………………………………………………………… 284
习题 ………………………………………………………………………………… 284

第10单元 移动荷载作用下静定结构的内力计算

10.1 静定结构的影响线 …………………………………………………………… 292
　　10.1.1 影响线的概念 ……………………………………………………… 292
　　10.1.2 静力法作静定梁的影响线 ………………………………………… 293
　　10.1.3 机动法作静定梁的影响线 ………………………………………… 297
　　10.1.4 机动法作连续梁的影响线 ………………………………………… 302
10.2 影响线的应用 ………………………………………………………………… 303
　　10.2.1 利用影响线求固定荷载下的量值 ………………………………… 303
　　10.2.2 荷载最不利位置的确定 …………………………………………… 305
10.3 绝对最大弯矩及简支梁的内力包络图 …………………………………… 308
小结 ………………………………………………………………………………… 309
思考题 ……………………………………………………………………………… 310
习题 ………………………………………………………………………………… 310

附录1 主要符号表 ……………………………………………………………… 313

附录2 型钢规格表 ……………………………………………………………… 315

部分习题参考答案 ……………………………………………………………… 331

主要参考文献 …………………………………………………………………… 340

绪 论

- 【教学目标】

  了解建筑力学的研究对象和任务。

  了解静定结构的平衡、强度、刚度、稳定性。

  【学习重点与难点】

  建筑力学的研究对象和任务。

  静定结构的平衡、强度、刚度、稳定性。

我们在日常生活和生产实践中常常碰到各种各样的问题，如水稻秆和麦秆为什么是空心的，航天飞机为什么能飞上太空，导弹能发射多远，潜舰为什么能在水下航行，风格迥异的高楼大厦如何才能拔地而起等，它们都要用到力学知识。

力学是研究机械运动规律及其应用的学科。建筑力学是力学中最基本的、应用最广泛的部分，它是将静力学、材料力学和结构力学三门课程的主要内容融合为一体的力学。

0.1 建筑力学的研究对象

在建筑物或构筑物中起骨架（承受和传递荷载）作用的主要物体称为**建筑结构**，组成建筑结构的基本部件称为**构件**。

0.1.1 变形固体

工程上所用的构件都是由固体材料如钢、铸铁、木材、混凝土等制成的，它们在外力作用下会或多或少地产生变形，有些变形可直接观察到，有些变形可以通过仪器测出。在外力作用下会产生变形的固体称为**变形固体**。

变形固体在外力作用下会产生两种不同性质的变形：一种是当外力消除时变形随着消失，这种变形称为弹性变形；另一种是当外力消除后变形不能消失，这种变形称为塑性变形。一般情况下，物体受力后既有弹性变形又有塑性变形，称为弹塑性变形。但工程中常用的材料，当外力不超过一定范围时塑性变形很小，可忽略不计，认为只有弹性变形，这种只有弹性变形的变形固体称为完全弹性体。只引起弹性变形的外力范围称为弹性范围。本书主要讨论材料在弹性范围内的变形及受力。

0.1.2 变形固体的假设

变形固体有多种多样，其组成和性质是非常复杂的。对于用变形固体材料做成的构件，进行强度、刚度和稳定性计算时，为了使问题得到简化，常略去一些次要的性质，而保留其主要的性质，因此对变形固体材料作出以下几个基本假设。

1. 均匀连续假设

假设变形固体在其整个体积内用同种介质毫无空隙地充满了物体。

实际上，变形固体是由很多微粒或晶体组成的，各微粒或晶体之间是有空隙的，且各微粒或晶体彼此的性质并不完全相同。但是由于这些空隙与构件的尺寸相比是极微小的，同时构件包含的微粒或晶体的数目极多，排列也不规则，所以物体的力学性能并不反映其某一个组成部分的性能，而是反映所有组成部分性能的统计平均值，因而可以认为固体的结构是密实的，力学性能是均匀的。

有了这个假设，物体内的一些物理量才可能是连续的。在进行分析时，可以从物体内任何位置取出一小部分来研究材料的性质，其结果可代表整个物体，也可将那些大尺寸构件的试验结果应用于物体的任何微小部分上去。

2. 各向同性假设

假设变形固体沿各个方向的力学性能均相同。

实际上，组成固体的各个晶体在不同方向上有着不同的性质。但由于构件所包含的晶体数量极多，且排列也完全没有规则，变形固体的性质是这些晶粒性质的统计平均值。这样，在以构件为对象的研究问题中，就可以认为是各向同性的。工程使用的大多数材料，如钢材、玻璃、铜和高标号的混凝土可以认为是各向同性的材料。根据这个假设，当获得了材料在任何一个方向的力学性能后就可将其结果用于其他方向。

在工程实际中也存在不少的各向异性材料，如轧制钢材、合成纤维材料、木材、竹材等，它们沿各方向的力学性能是不同的。很明显，当木材分别在顺纹方向、横纹方向和斜纹方向受到外力作用时，它所表现出的力学性质都是各不相同的。因此，对于由各向异性材料制成的构件，在设计时必须考虑材料在各个不同方向的不同力学性质。

3. 小变形假设

在实际工程中，构件在荷载作用下，其变形与构件的原尺寸相比通常很小，可以忽略不计，则称这一类变形为小变形。所以，在研究构件的平衡和运动时，可按变形前的原始尺寸和形状进行计算。在研究和计算变形时，变形的高次幂项也可忽略不计。这样，计算工作将大为简化，而又不影响计算结果的实用精度。

0.1.3 杆件及杆系结构

根据构件的几何特征，可以将各种各样的构件归纳为如下四类。

1. 杆

杆如图 0.1（a）所示，它的几何特征是细而长，即 $l \gg h$，$l \gg b$。杆又可分为直杆和曲杆。

2. 板和壳

板和壳如图 0.1（b）所示，它的几何特征是宽而薄，即 $a \gg t$，$b \gg t$。平面形状的称为板，曲面形状的称为壳。

3. 块体

块体如图 0.1（c）所示，它的几何特征是三个方向的尺寸都是同量级大小的。

4. 薄壁杆

如图 0.1（d）所示的槽形钢材就是一个薄壁杆例子。它的几何特征是长、宽、厚三个尺寸相差都很悬殊，即 $l \gg b \gg t$。

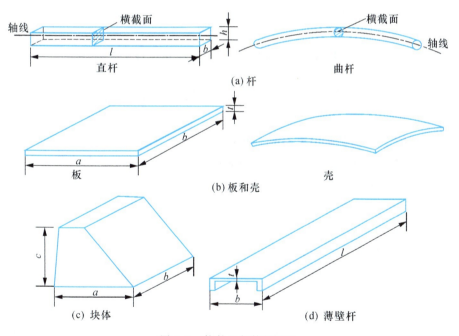

图 0.1 构件几何特征图示

由杆件组成的结构称为杆系结构。杆系结构是建筑工程中应用极广的一种结构。

本书所研究的主要对象是均匀连续的、各向同性的、弹性变形的固体，且限于小变形范围的杆件和杆件组成的杆系结构。

0.2 建筑力学的任务

杆系结构是由杆件组成的一种结构，它必须满足一定的组成规律，才能保持结构的稳定，从而承受各种作用。结构的形式各异，但必须具备可靠性、适用性和耐久性。

首先，我们要研究结构在外力作用下的平衡规律。所谓平衡，是结构相对于地球保持静止状态或匀速直线平移。其次，我们要研究结构的强度、刚度和稳定性。

所谓**强度**，是指结构抵抗破坏的能力，即结构在使用寿命期限内，在荷载作用下不允许破坏。

所谓**刚度**，是指结构抵抗变形的能力，即结构在使用寿命期限内，在荷载作用下产生的变形不允许超过某一额定值。

所谓**稳定性**，是指结构保持原有平衡形态的能力，即结构在使用寿命期限内，在荷载作用下原有平衡形态不允许改变。

建筑力学的任务就是通过研究结构的强度、刚度、稳定性，材料的力学性能和结构的几何组成规则，在保证结构既安全可靠又经济节约的前提下，为构件选择合适的材料、确定合理的截面形状和尺寸提供计算理论及计算方法。

0.3 建筑力学的分析方法

建筑力学的分析方法包括理论分析、实验分析和数值分析三种，过程如图 0.2 所示。

建筑力学是一门力学的分支课程，在理论分析中应用了力学的许多基本概念及基本方法。在学习时要注重对基本概念的理解，同时要学习力学的基本研究方法，提高分析问题和解决问题的能力。

图 0.2 分析过程图

建筑力学是一门土建类专业的技术基础课程，具有承上启下的作用，本课程的学习为后继课程学习打基础，也为终身继续学习打基础。在学习掌握知识的同时，应当重视力学分析和工程实际相联系；重视分析能力、计算能力、自学能力、表达能力和创新能力的培养。

小 结

本绪论主要讨论如下内容:

1. 建筑结构是在建筑物或构筑物中起骨架（承受和传递荷载）作用的主要物体。
2. 变形固体是在外力作用下会产生变形的固体。
3. 弹性变形是外力消除时变形随着消失的变形。
4. 变形固体的基本假设：

(1) 均匀连续假设：假设变形固体在其整个体积内用同种介质毫无空隙地充满了物体。

(2) 各向同性假设：假设变形固体沿各个方向的力学性能均相同。

(3) 小变形假设：构件在荷载作用下其变形与构件的原尺寸相比通常很小，可以忽略不计，称这一类变形为小变形。

5. 杆系结构是由杆件组成的结构。杆系结构必须满足一定的组成规律，才能保持结构的稳定，从而承受各种作用。结构的形式各异，但必须具备可靠性、适用性和耐久性。

6. 所谓强度，是指结构抵抗破坏的能力。所谓刚度，是指结构抵抗变形的能力。所谓稳定性，是指结构保持原有平衡形态的能力。

7. 建筑力学分析方法包括理论分析、实验分析和数值分析。

8. 研究对象是均匀连续的、各向同性的、弹性变形的固体，且限于小变形范围的杆件和杆件组成的杆系结构。

9. 建筑力学的任务是通过研究结构的强度、刚度、稳定性，材料的力学性能和结构的几何组成规则，在保证结构既安全可靠又经济节约的前提下，为构件选择合适的材料、确定合理的截面形状和尺寸提供计算理论及计算方法。

思 考 题

0.1 建筑力学的研究对象是什么？

0.2 何谓结构或构件的弹性变形？

0.3 建筑力学中变形固体的三个基本假设是什么？

0.4 建筑力学中杆件的几何特征是什么？

0.5 建筑力学的任务是什么？

0.6 何谓结构的平衡？

0.7 结构的强度、刚度、稳定性是指什么？

习 题

一、填空题

1. 讨论机械运动规律及其应用的学科称为_____。

2. 组成建筑结构的基本部件称为_____。
3. 在外力作用下，会产生变形的固体称为_____。
4. 当外力消除后，不能消失的变形称为_____。
5. 假设变形固体沿各个方向的力学性能均相同，称为_____。

二、单选题

1. 构件保持原来平衡状态的能力称为（　　）。
　　A. 刚度　　　　B. 强度　　　　C. 稳定性　　　　D. 极限强度
2. 结构抵抗破坏的能力称为（　　）。
　　A. 刚度　　　　B. 强度　　　　C. 稳定性　　　　D. 极限强度
3. 结构抵抗变形的能力称为（　　）。
　　A. 刚度　　　　B. 强度　　　　C. 稳定性　　　　D. 极限强度
4. 变形固体在其整个体积内用同种介质毫无空隙地充满了物体，称为（　　）。
　　A. 均匀连续假设　　　　　　B. 各向同性假设
　　C. 弹性变形假设　　　　　　D. 小变形假设

三、判断题

1. 在建筑物或构筑物中起骨架作用的主要物体称为建筑结构。（　　）
2. 在外力作用下会产生变形的固体称为变形固体。（　　）
3. 当外力消除时变形随着消失，这种变形称为塑性变形。（　　）
4. 杆的几何特征是细而长，即 $l \gg h$，$l \gg b$。（　　）
5. 平衡是结构相对于地球保持静止状态或匀速直线平移。（　　）

第1单元

基本结构受力图的绘制

☞ 【教学目标】

熟悉力、平衡的概念及力的性质。

了解力在坐标轴上的投影、静力学公理、荷载及其分类。

熟悉工程中常见的几种约束,掌握其约束反力的画法,能正确画出单个物体及物体系的受力图。

了解结构的计算简图、杆系结构的分类和杆件的基本变形。

【学习重点与难点】

静力学公理,工程中常见的几种约束及约束反力的画法,单个物体及物体系的受力图。

在生活中无处不在。力是物体间的相互机械作用,这种作用使物体的运动状态或形状发生变化。在传统武术中增加实力的功法俯拾皆是。例如,徒手的俯卧撑、单腿屈伸、铁板桥可以发达肌肉;打烛光、打井水可以锻炼身体弹性;现代体育器材中的哑铃、杠铃、壶铃、吊环、肋木、健身器、速度球等对发达肌肉、增强身体的弹性也有很好的效果。人们用手提东西,用肩扛重物,时间一长就会感到吃力,这说明是力的作用。

1.1 力的性质和力在坐标轴上的投影

1.1.1 力的性质

力是物体间的相互机械作用,这种作用使物体的运动状态或形状发生变化。

力的概念是人们从长期的生产劳动实践中抽象总结出来的。人们最初是由于推、拉、举时肌肉紧张的感觉而对力产生了感性认识。随着生产的发展,人们又逐渐认识到:物体运动状态和形状的改变都是由于其他物体对该物体施加力的结果。这些力大致分为两类：一类是通过物体间的直接接触产生的，例如机车牵引车厢的拉力、物体之间的压力、摩擦力等；另一类是通过"场"对物体的作用，如地球引力场作用下物体产生的重力、电场对电荷产生的引力和斥力等。

力对物体作用的结果称为**力的效应**。力的效应有两种：一是使物体的运动状态发生改变，称为**力的运动效应**或**外效应**；二是使物体的形状发生改变，称为**力的变形效应**或**内效应**。

就力对物体的外效应来说，又可以分为移动效应和转动效应两种。例如，人沿直线轨道推小车，使小车产生移动，这是力的移动效应；人作用于扳手上的力使扳手转动，这是力的转动效应。而在一般情况下，一个力对物体作用既有移动效应又有转动效应。例如，在足球比赛中，如果运动员要踢出弧线球，在击球时必须使球向前运动的同时还使球绕球心转动。

实践证明，**力对物体的作用效应取决于力的大小、方向和作用点，即力的三要素**。

在国际单位制（SI）中力的单位是牛顿（N），工程实际中常采用千牛顿（kN）。

力的方向包含方位和指向。如重力"铅垂向下"，"铅垂"是指力的方位，"向下"是指力的指向。

力的作用点是力作用在物体上的位置。实际物体在相互作用时力总是分布在一定的面积或体积范围内，是**分布力**。例如，作用在墙上的风压力或压力容器上所受到的气体压力都是分布力。当分布力作用的面积很小时，为了分析计算方便起见，可以将分布力理想化为作用于一点的合力，称为**集中力**，如物体的重力。

力具有大小和方向，表明力是矢量。对于集中力，可以用黑体字母 $\boldsymbol{F}$ 表示，而用普通字母 F 表示该矢量的大小。我们可以用一带箭头的直线段将力的三要素表示出来，如图 1.1 所示。线段的长度按一定的比例尺表示力的大小；线段的方位和箭头的指向表示力的方向；线段的起点（或终点）表示力的作用点。通过力的作用点沿力的方位画出的直线，称为力的作用线。

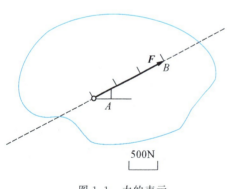

图 1.1　力的表示

为了研究问题方便，现给出以下定义：

1）作用在物体上的一组力称为**力系**。按照各力作用线是否位于同一平面内，力系可分为平面力系和空间力系两大类。平面力系按照力系中各力作用线分布的不同，又可分为：

平面汇交力系——平面力系中各力作用线汇交于一点。

平面平行力系——平面力系中各力作用线相互平行。

平面力偶系——平面力系中各力可以组成若干力偶或力系由若干力偶组成。

平面一般力系——平面力系中各力作用线既不完全交于一点，也不完全相互平行。

2）如果物体在某一力系作用下保持平衡状态，则该力系称为平衡力系。
3）如果两个力系对物体的作用效应完全相同，则这两个力系称为等效力系。
4）如果一个力与一个力系等效，则该力称为此力系的合力，而力系中的各力称为合力的分力。

1.1.2 刚体的概念

由于结构或构件在正常使用情况下产生的变形极为微小，在分析力的外效应时可以不考虑物体的变形，这时我们把实际的变形物体抽象为受力而不变形的理想物体——刚体，使所研究的问题得以简化。在任何外力的作用下大小和形状始终保持不变的物体称为**刚体**。

显然，现实中刚体是不存在的。任何物体在力的作用下总是或多或少地会发生一些变形。静力学主要研究的是物体的平衡问题，为研究问题方便，将所有的物体均看成是刚体。材料力学主要是研究物体在力作用下的变形和破坏，所以必须将物体看成变形体。

1.1.3 力在直角坐标轴上的投影和合力投影定理

为了便于计算，在力学计算中常常通过力在直角坐标轴上的投影将矢量运算转化为代数运算。

1. 力在直角坐标轴上的投影

如图 1.2 所示，在力 $\boldsymbol{F}$ 所在的平面内任意点 O 建立直角坐标系 xOy。由力 $\boldsymbol{F}$ 的起点 A 和终点 B 分别作垂直于 x 轴的垂线，垂足分别为 a、b，则线段 ab 的长度加以正负号称为力 $\boldsymbol{F}$ 在 x 轴上的投影，用 F_x 表示。同样方法也可以确定力 $\boldsymbol{F}$ 在 y 轴上的投影为线段 $\pm a_1 b_1$，用 F_y 表示。投影的正负号规定：从投影的起点到终点的指向与坐标轴正方向一致时投影取正号，反之取负号。

从图 1.2 中的几何关系可得出投影的计算公式为

$$\left.\begin{array}{l}F_x = \pm F\cos\alpha \\ F_y = \pm F\sin\alpha\end{array}\right\} \quad (1.1)$$

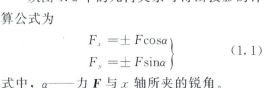

图 1.2 力在直角坐标轴上的投影图

式中，α——力 $\boldsymbol{F}$ 与 x 轴所夹的锐角。

F_x 和 F_y 的正负号可按投影的正负号规定直观判断得出。

如果 $\boldsymbol{F}$ 在 x 轴和 y 轴上的投影 F_x、F_y 已知，则由图 1.2 中的几何关系，可用下式确定力 $\boldsymbol{F}$ 的大小，即

$$\left.\begin{aligned}F &= \sqrt{F_x^2 + F_y^2} \\ \alpha &= \arctan \frac{|F_y|}{|F_x|}\end{aligned}\right\} \quad (1.2)$$

式中，α——F 与 x 轴所夹的锐角。

力 F 的具体指向可由投影 F_x、F_y 的正负号确定。

特别要指出的是，当力 F 与 x 轴（或 y 轴）平行时 F 在 y 轴（或 x 轴）的投影 F_y（或 F_x）为零；F_x（或 F_y）的值与 F 的大小相等，符号按上述规定来确定。

另外，由图 1.2 可以看出，F 的分力 F_x 与 F_y 的大小与 F 在对应的坐标轴上的投影 F_x 与 F_y 的绝对值相等，但力的投影与力的分力却是两个不同的概念。力的投影是代数量，由力 F 可确定其投影 F_x 和 F_y，但是由投影 F_x 和 F_y 只能确定力 F 的大小和方向，不能确定其作用点；而力的分力是力沿该方向的分作用，是矢量，由分力能完全确定力的大小、方向和作用点。

【例 1.1】 各力如图 1.3 所示，试分别求出图中各力在 x 轴与 y 轴上的投影，已知 $F_i = 100\mathrm{N}$，各力方向如图所示。

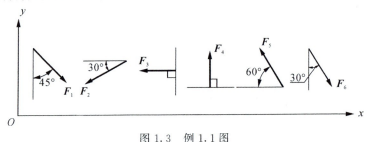

图 1.3 例 1.1 图

解 由公式 (1.1) 可得出各力在 x 轴与 y 轴上的投影为

$$F_{1x} = F_1 \cos 45° = 100 \times 0.707 = 70.7\mathrm{N}$$

$$F_{1y} = -F_1 \sin 45° = -100 \times 0.707 = -70.7\mathrm{N}$$

$$F_{2x} = -F_2 \cos 30° = -100 \times 0.866 = -86.6\mathrm{N}$$

$$F_{2y} = -F_2 \sin 30° = -100 \times 0.5 = -50\mathrm{N}$$

$$F_{3x} = -F_3 \cos 0° = -100 \times 1 = -100\mathrm{N}$$

$$F_{3y} = F_3 \sin 0° = 100 \times 0 = 0\mathrm{N}$$

$$F_{4x} = F_4 \cos 90° = 100 \times 0 = 0\mathrm{N}$$

$$F_{4y} = F_4 \sin 90° = 100 \times 1 = 100\mathrm{N}$$

$$F_{5x} = -F_5 \cos 60° = -100 \times 0.5 = -50\mathrm{N}$$

$$F_{5y} = F_5 \sin 60° = 100 \times 0.866 = 86.6\mathrm{N}$$

$$F_{6x} = F_6 \cos 60° = 100 \times 0.5 = 50\mathrm{N}$$

$$F_{6y} = -F_6 \sin 60° = -100 \times 0.866 = -86.6\mathrm{N}$$

> **实例点评**
> 1. 注意特殊情况：当力 F 与 x 轴（或 y 轴）平行时，F 在 y 轴（或 x 轴）的投影 F_y（或 F_x）为零，F_x（或 F_y）的值与 F 的大小相等。
> 2. 准确判断投影的正负号。

2. 合力投影定理

由于力的投影是代数量，可以对各力在同一轴上的投影进行代数运算。如图 1.4 所示，合力 F_R 的投影 F_{Rx} 与其分力 F_1、F_2 的投影 F_{1x}、F_{2x} 之间有如下关系，即

$$F_{Rx} = ac = ab + bc = ab + ad = F_{1x} + F_{2x}$$

多个力组成的力系以此类推，可得合力投影定理：合力在任一轴上的投影（F_{Rx}、F_{Ry}）等于各分力在同一轴上投影的代数和，即

$$F_{Rx} = F_{1x} + F_{2x} + \cdots + F_{nx} = \sum_1^n F_{ix}$$

$$F_{Ry} = F_{1y} + F_{2y} + \cdots + F_{ny} = \sum_1^n F_{iy}$$

式中，$\sum$ ——求代数和。

必须注意式中各投影的正负号。

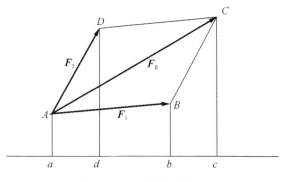

图 1.4　合力投影定理

1.2　静力学公理

1.2.1　力的平行四边形法则

作用于物体上的同一点的两个力可以合成为一个合力，合力的作用点仍为该点，合力的大小和方向由以这两个力为邻边所构成的平行四边形的对角线矢量来表示，如图 1.5（a）所示，这就是**平行四边形法则**。图 1.5 中 F_R 表示合力，F_1，F_2 表示分力。

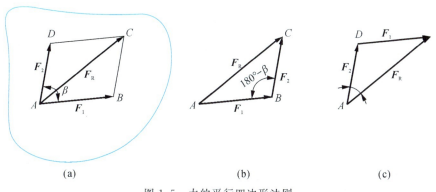

图 1.5　力的平行四边形法则

力的平行四边形法则总结了最简单的力系简化的规律，它是复杂力系简化的基础。

在求两共点力的合力时，为了作图方便，只需画出平行四边形的一半，即三角形便可。其方法是：自任意点 A 开始，先画出一矢量 F_1，然后再由 F_1 的终点画另一矢量 F_2，最后由 A 点至力矢 F_2 的终点作一矢量，它就代表了合力 F_R，合力 F_R 的作用点仍为 F_1、F_2 的汇交点 A。这种作图法称为力的三角形法则。显然，若改变 F_1、F_2 的顺序，其结果不变，如图 1.5（b，c）所示。三角形法则是用几何法对平面汇交力系进行合成的非常重要的一个法则。

1.2.2 二力平衡公理

作用在刚体上的两个力使物体保持平衡的充要条件是：**这两个力大小相等、方向相反且作用线共线**。

应当指出，这一结论只适用于刚体，对于刚体而言是充分而且是必要的，但对于变形体而言则只是必要的而不是充分的，如绳索受到两个等值、反向、共线的压力作用时就不能平衡，如图 1.6 所示。

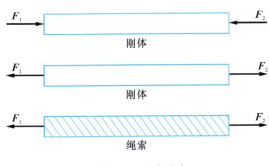

图 1.6 二力平衡

在两个力作用下处于平衡的刚体称为二力体，如图 1.7 所示，构件 AB 在 A、B 点各受一力而平衡，则此二力的作用线必定在 AB 的连线上。如果刚体是一个杆件，则称为二力杆件。如图 1.7 所示的杆件 BC，若不计自重，就是一个二力杆件。二力杆件上 F_C 和 F_B 两力的作用线必在两力的作用点连线上，且等值、反向。今后分析物体受力时要经常利用二力杆件这一受力特点确定二力杆件所受力的作用线的方位。

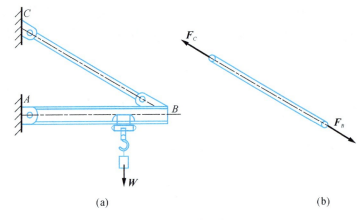

(a)   (b)

图 1.7 二力杆件

1.2.3 加减平衡力系公理

在作用于刚体上的任意力系中,加上或减去任一平衡力系,不会改变原力系对刚体的作用效应,这就是**加减平衡力系公理**。因为平衡力系不会改变物体的运动状态,即平衡力系中诸力对刚体的作用效应相互抵消,平衡力系对刚体的效应等于零。所以,在刚体的原力系中加上或去掉一个平衡力系,是不会改变刚体的运动效果的,如图1.8所示。根据这个原理可以进行力的等效变换。

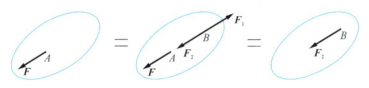

图1.8 加减平衡力系

由加减平衡力系公理可得到如下推论。

力的可传性原理:作用于刚体上的力可沿其作用线移至同一刚体内任意一点,并不改变对刚体的作用效应,如图1.8所示。

【证明】 $F = F_2 = -F_1$。

$$(F) = (F, F_1, F_2) = (F_2)$$

由推论可知:对于刚体来说,作用点并不重要,对力的作用效果有影响的是力的作用线,因而对刚体来说,力的三要素是大小、方向和作用线。

同样,必须指出的是,力的可传性原理只适用于刚体,而不适用于变形体;力的可传性原理只适用于一个刚体,不适用于两个刚体,即不能将作用于一个刚体上的力随意沿其作用线移至另一个刚体上。

1.2.4 三力平衡汇交定理

三力平衡汇交定理:一个物体在三个力的作用下处于平衡状态,如果其中两个力的作用线汇交于一点,那么第三个力的作用线也一定通过该点,且此三力的作用线在一个平面内。

如图1.9所示,设在刚体上的A、B、C三点分别作用不平行的三个相互平衡的力F_{TA}、F_W、F_{NB}。

根据力的平行四边形法,F_{TA}、F_{NB}的合力F_{NT}的矢量表达式为

$$F_{NT} = F_{NB} + F_{TA}$$

再根据二力平衡公理,则F_W、F_{NT}必须等值、共线、反向,因此F_W必须通过C点。

应当指出,三力平衡汇交定理只说明了不平行的三力平衡的必要条件,而不是充分条件。它常用来确定刚体在不平行的三力平衡时其中某一未知力的作用线。

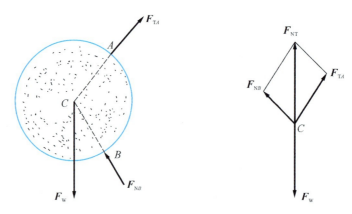

图 1.9 三力平衡汇交定理

1.2.5 作用力与反作用力定律

作用力与反作用力定律：两物体间的相互作用力总是大小相等，方向相反，沿同一直线，分别作用在两个物体上。这个定律说明了两物体间相互作用力的关系。力总是成对出现的，有作用力必有一反作用力，且总是同时存在又同时消失，如图 1.10 所示。

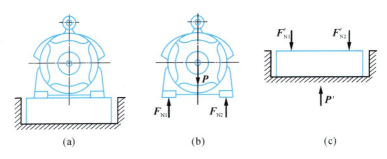

图 1.10 作用力与反作用力

要特别注意，不能把作用力与反作用力定律和二力平衡公理混淆起来，作用力与反作用力是分别作用于两个相互作用的物体上的，平衡二力是作用于同一个物体上的。

1.2.6 刚化原理

刚化原理：变形体在某一力系作用下处于平衡，如将此变形体刚化为刚体，其平衡状态保持不变。这个原理提供了把变形体看作刚体模型的条件。如图 1.11 所示，绳索在等值、反向、共线的两个拉力作用下处于平衡，如将绳索刚化成刚体，其平衡状态保持不变。若绳索在两个等值、反向、共线的压力作用下并不能平衡，这时绳索就不能刚化为刚体。但刚体在上述两种力系的作用下都是平衡的。

此原理说明，刚体的平衡条件是变形体平衡的必要条件。

图1.11 刚化原理

1.3 荷载的分类

工程上将作用在结构或构件上，能主动引起物体运动、产生运动趋势或产生变形的作用称为荷载（也称为主动力），如物体的自重。

结构上所承受的荷载往往比较复杂。为了方便计算，可参照有关结构设计规范，根据不同的特点将荷载加以分类。

1）按作用时间长短，荷载可分为永久性荷载（恒载）、可变荷载（活载）和偶然荷载。

永久性荷载：长期作用于结构上的不变荷载，如结构的自重、安装在结构上的设备的重量等，其荷载的大小、方向和作用点是不变的。

可变荷载：结构所承受的荷载，其荷载的大小、方向、作用点随时间而改变，如人群、风、雪荷载等。

偶然荷载：使用期内不一定出现，一旦出现，其值就会很大且持续时间很短的荷载，如爆炸力、地震、台风的作用等。

2）按作用范围，荷载可分为集中荷载和分布荷载。

集中荷载：作用的面积很小，可近似认为作用在一点上的荷载，如屋架传给柱子的压力、吊车轮传给吊车梁的压力、框架梁传给框架柱的压力等，单位是牛（N）或千牛（kN）。

分布荷载：分布在一定范围内的荷载。当荷载连续地分布在一块体积上时称为体分布荷载（即重度），其单位是 N/m^3 或 kN/m^3；当荷载连续地分布在一块面积上时称为面分布荷载，其单位是 N/m^2 或 kN/m^2。在工程上往往把体分布荷载、面分布荷载简化为线分布荷载，其单位是 N/m 或 kN/m。在工程结构计算中，通常以梁的轴线表示一根梁，等截面梁的自重总是简化为沿梁轴线方向的均布线荷载 q。

分布荷载又可分为均布荷载及非均布荷载两种。集中荷载和均布荷载将是今后经常会碰到的荷载。

3）按作用性质，荷载可分为静荷载和动荷载。

静荷载：缓慢施加而不引起结构明显的加速度的荷载。

动荷载：能引起明显的加速度的荷载。

4）按作用位置，荷载可分为固定荷载和移动荷载。

固定荷载：作用的位置不变的荷载，如结构的自重等。

移动荷载：可以在结构上自由移动的荷载，如车轮压力等。

1.4 约束与约束反力

工程上将结构或构件连接在支承物上的装置称为支座。在工程上常常通过支座将构件支承在基础或另一静止的构件上。支座对构件来说就是一种约束,支座对它所支承的构件的约束作用,一般用约束反力来表示。

1.4.1 约束与约束反力的概念

凡是在空间能自由地作任意方向运动而不受其他物体限制的物体称为**自由体**,如空中飞行的飞机、飞行的炮弹等。不能自由地移动,在某一方向的移动受到限制的物体称为**非自由体**。如图1.12中的小球受到绳索的限制,绳索限制小球沿绳轴线向下运动,小球就是非自由体。

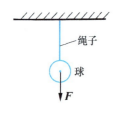

图 1.12 小球示意图

阻碍非自由体运动的限制物体称为**约束**。约束总是通过物体之间的直接接触形成。例如墙或柱子是梁的约束,梁是板的约束,它们分别限制了各相应物体在约束所能限制的方向上的运动。

既然约束限制着物体的运动,约束对该物体必然作用一定的力,这种力称为**约束反力**或**约束力**,简称**反力**。约束反力的方向总是与物体运动趋势(运动)的方向相反,其作用点即约束与被约束物体的接触点。

凡是能主动引起物体运动或使物体有运动趋势的力称为**主动力**,如重力、风压力、水压力等。作用在工程结构上的主动力又称为**荷载**。通常情况下主动力是已知的,而约束反力是未知的。

1.4.2 几种常见的约束及约束反力

由于约束的类型不同,约束反力的作用方式也各不相同。下面介绍在工程中常见的几种约束类型及其约束反力的特性。

1. 柔性约束

工程中常见的链条、绳索、皮带等柔软的、不可伸长的、不计重量的柔性连接物体构成的约束(图1.13)称为柔性约束。这种约束只能限制物体沿着柔体伸长方向的运动,而不能限制其他方向的运动,因此柔体约束反力的方向是沿着它的中心线且背离被约束物体,即为拉力,通常用 F_T 表示。

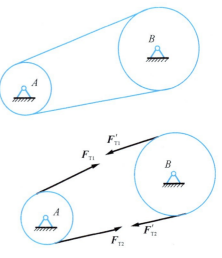

图 1.13 柔性约束及约束反力

2. 光滑接触面约束

如果两个物体接触面之间的摩擦力很小，可忽略不计，则两个物体之间构成光滑面约束。这种约束只能限制物体沿着接触点或接触面在接触点的公法线方向且指向约束物体的运动，而不能限制物体的其他运动，因此光滑接触面约束的反力为压力，通过接触点，方向沿着接触面的公法线指向被约束的物体，通常用 F_N 表示，如图 1.14 所示。

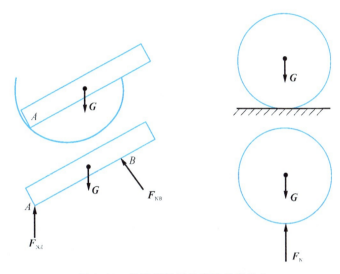

图 1.14 光滑接触面约束及约束反力

3. 柱铰链和固定铰支座约束

理想的柱铰链是由一个圆柱形销钉插入两个物体的圆孔中构成的，如图 1.15（a）所示。这种约束只能限制物体在垂直于销钉轴线平面内沿任意方向的相对移动，而不能限制物体绕销钉的转动，故柱铰链的约束反力作用在圆孔与销钉接触线上的某一点，垂直于销钉轴线，并通过销钉中心，方向不定，如图 1.15（d）所示。其约束反力，通常用两个互相垂直且通过铰心的分力来代替，柱铰链的简图如图 1.15（e）所示。

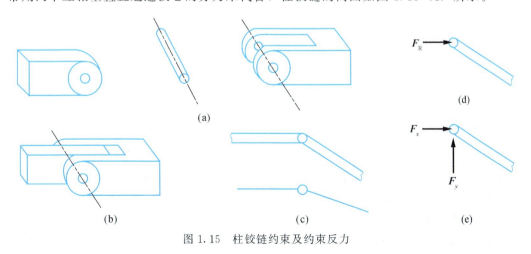

图 1.15 柱铰链约束及约束反力

在工程实际中，常将一支座用螺栓与基础或静止的结构物固定起来，再将构件用销钉与该支座连接，构成固定铰支座，用来限制构件任意方向的移动，如图1.16所示。这种约束的性质与柱铰链完全相同，其简图及约束反力如图1.16（c）所示。支座约束的反力称为支座反力，以后我们将会经常用到支座反力这个概念。

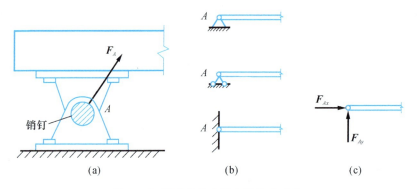

图1.16　固定铰支座约束及约束反力

4. 活动铰支座约束

将铰链支座安装在带有滚轴的固定支座上，支座在滚轴上可以任意地左右作相对运动，这种约束称为可动铰支座如图1.17所示。被约束物体不但能自由转动，而且可以沿着平行于支座底面的方向任意移动，因此称为可动铰支座。这种约束的约束反力是通过铰中心、垂直于支承面的一个反力，如图1.17（c）所示。

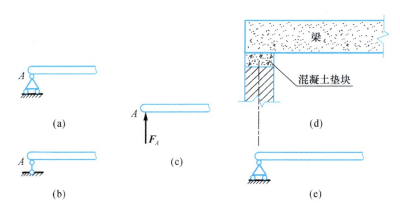

图1.17　活动铰支座约束及约束反力

5. 链杆约束

两端各以铰链与其他物体相连接且中间不受力（包括物体本身的自重）的直杆称为链杆，如图1.18所示。这种约束只能限制物体上的铰结点沿链杆轴线方向的运动，而不能限制其他方向的运动。这种约束反力用 F 表示，如图1.18（c）所示。

6. 固定端约束

工程中常将构件牢固地嵌在墙或基础内，使构件不仅不能在任何方向上移动，而

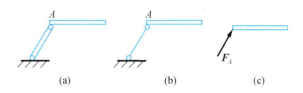

图 1.18 链杆约束及约束反力

且不能自由地转动,这种约束称为固定端支座,如图 1.19(a)所示。例如,梁端被牢固地嵌在墙中时其支承可视为固定端约束。又如钢筋混凝土柱插入基础部分较深,且四周又用混凝土与基础浇筑在一起,因此柱的下部被嵌固得很牢,不能产生转动和任何方向的移动,即可视为固定端约束。这种支座的约束反力是通过支座中心的水平方向、垂直方向的两个反力 F_{Ax}、F_{Ay} 及限制转动的力偶矩 m_A,如图 1.19(c)所示。

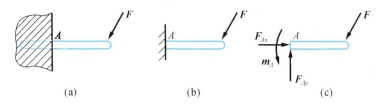

图 1.19 固定端约束及约束反力

1.5 物体的受力分析图

对一个结构进行分析时,首先要对构件进行受力分析,即分析构件受到哪些力的作用,哪些物体是传力给该构件的,哪些是支撑该构件的,也即哪些力是主动力,哪些力是约束反力。如楼板搁置在梁上,梁支承在墙或柱上,墙或柱支承在基础上,基础搁置在地基上,因此楼板对梁的作用是主动力,墙或柱对梁的作用是约束反力;而对于柱子来说,梁和板的作用是主动力,基础是约束反力。因此,需要明确要对哪一个物体进行受力分析,即需要明确对象,然后明确约束物体,画出计算简图。正确对物体进行受力分析并画出受力图,是求解力学问题的关键,所以必须熟练掌握。

1. 基本概念

为了根据已知力求出未知力,需要弄清楚物体受哪些力作用,即每个力作用线的位置及方向。这个分析物体受力情况的过程称为物体的**受力分析**。

解决力学问题时,需要分析某个物体或若干物体组合而成的系统的受力情况,这个物体或若干物体组成的系统称为**研究对象**。

为了清晰地表示研究对象的受力情况,需要把研究对象从与它有联系的周围其他物体中分离出来,单独画出研究对象的简图,称为画**分离体图**。

在分离体的简图上画出它所受的全部力(包括主动力和约束反力),这种表示分离体受力情况的简明图形称为物体的**受力图**。

2. 解除约束原理

当受约束的物体在某些主动力的作用下处于平衡，若将其部分或全部约束除去，代之以相应的约束力，则物体的平衡不受影响。

3. 画受力图的步骤

1) 根据题意，恰当地**选取研究对象**，画出研究对象的**分离体图**。
2) 在分离体图上画出它所受的**主动力**，如重力、风力、已知力等，并标注上各主动力的名称。
3) 根据约束的类型画出分离体所受的**约束反力**，并标注上各约束反力的名称。
4) 检查受力图。

1.5.1 单个物体的受力分析

画单个物体的受力图，首先需明确研究对象，弄清楚研究对象受到哪些约束作用，然后解除研究对象上的全部约束，画出其分离体，在简图上画上已知的主动力和根据约束类型在解除约束处画上相应的约束反力。必须注意，约束反力的方向一定要和被解除的约束类型相对应。

【**例 1.2**】 如图 1.20（a）所示的简支梁 AB，跨中受到集中力 F 作用，A 端为固定铰支座，B 端为可动铰支座，试画出梁的受力图。

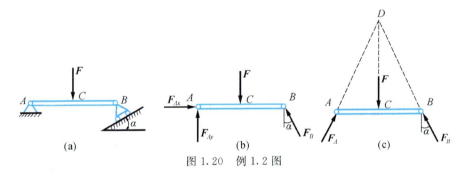

图 1.20 例 1.2 图

解 1) 取 AB 梁为研究对象，画出其隔离体图。

2) 在梁的中点 C 画主动力 F。

3) 在受约束的 A 处和 B 处，根据约束类型画出约束反力。B 处为可动铰支座约束，其反力通过铰链中心且垂直于支承面，其指向假定如图 1.20（b）所示；A 处为固定铰支座约束，其反力可用通过铰链中心 A，并以相互垂直的分力 F_{Ax}、F_{Ay} 表示；受力图如图 1.20（b）所示。

> **实例点评**
>
> 另外，注意到梁只在 A、B、C 三点受到互不平行的三个力作用而处于平衡，因此也可以根据三力平衡汇交定理进行受力分析。已知 F_A、F_B 相交于 D 点，则 A 处的约束反力 F_A 也一定通过 D 点，从而可确定 F_A 一定在 A、D 两点的连线上，可画出如图 1.20（c）所示的受力图。

【例 1.3】 图 1.21 (a) 所示三角形托架中，节点 A、C 处为固定铰支座，B 处为铰链连接。不计各杆的自重以及各处的摩擦，试画出 AD、BC 杆及整体的受力图。

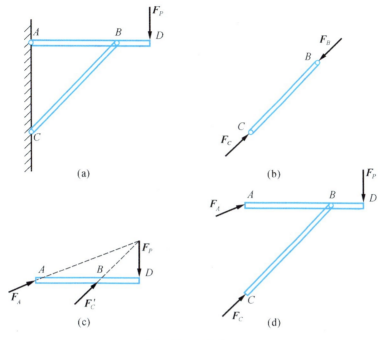

图 1.21　例 1.3 图

解 1) 取斜杆 BC 为研究对象。该杆两端通过铰链与其他物体连接，中间不受力，可判断 BC 为二力杆，F_B 与 F_C 必定大小相等，方向相反，作用线沿两铰链中心的连线，方向可先任意假定。本题中从主动力 F_P 分析，杆 BC 受压，因此 F_B 与 F_C 的作用线沿两铰中心连线指向杆件，画出 BC 杆受力图，如图 1.21 (b) 所示。

2) 取水平杆 AD 为研究对象。先画出主动力 F_P、再画出约束反力 F'_C，F'_C 与 F_C 是作用力与反作用力关系，A 端是铰链约束，根据三力平衡汇交定理可画出 F_A，AD 杆的受力图，如图 1.21 (c) 所示。

3) 取整体为研究对象，只考虑整体外部对它的作用力，画出受力图，如图 1.21 (d) 所示。注意，同一个约束反力同时出现在物体系统的整体受力图和拆开画的分离体的受力图中时，它的指向必须一致。

> **实例点评**
>
> 首先正确判断出二力杆件；对于平面内受三力作用的物体，若已知两个力的作用线交于一点，根据三力平衡汇交定理可确定第三个力的作用线的方位。

特别提示：同一个约束反力同时出现在物体系统的整体受力图和拆开画的分离体的受力图中时，它的指向必须一致。

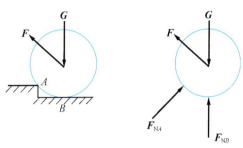

图 1.22 例 1.4 图

【例 1.4】 重力为 G 的小球置于光滑的地面上，在球上作用一力 F 使小球处于平衡状态，如图 1.22 所示，试画出小球的受力图。

解 选取小球为研究对象，将小球从周围的物体中分离出来，画出其分离体，然后画出主动力 F 和 G，再画出地面对球的约束反力。根据光滑面约束的特点，A 点的约束力应为过 A 点的小球的切线的垂线，并指向小球，如图 1.22 中的 F_{NA}。B 点的约束反力应为垂直于地面并指向小球，如图 1.22 中的 F_{NB}。

> **实例点评**
> 注意点与点接触是力作用线方向的确定，即作用线为垂直于两点切线的公垂线。

【例 1.5】 如图 1.23 所示，AB 杆件铰接于墙上，在 B 端用一根绳索系住，绳索的另一段固定于墙上的 C 点，并在 B 点悬挂一重物 W，试画出杆件 AB 的受力图（杆件不计自重）。

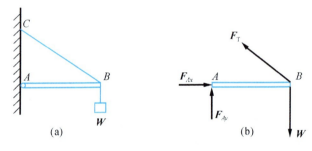

图 1.23 例 1.5 图

解 选取 AB 为研究对象，将 AB 从周围物体中分离出来，画出其分离体。先画作用在杆件上的主动力，即作用于 B 点的重力 W，接着画出约束反力。按照从左到右的顺序，作用在杆件 AB 上的约束反力有：A 点的固定铰支座反力，可以表示为两个互相垂直的反力 F_{Ax} 和 F_{Ay}；B 点绳索的柔性约束反力，可以表示为沿着绳子方向背离杆件的反力 F_T。AB 杆件的受力图如图 1.23（b）所示。

> **实例点评**
> 在该例子中大家思考下可否使用三力平衡汇交原理。注意力学基本原理的灵活应用。

【例 1.6】 水平梁 AB 受集中荷载 F 和均布荷载 q 作用，A 端为固定铰支座，B 端为可动铰支座，如图 1.24 所示，试画出梁的受力图（梁的自重不计）。

解 选取 AB 为研究对象，将 AB 从周围物体中分离出来，画出其分离体。先画作用在杆件上的主动力，即作用于 C 点的集中力 F 和作用于 CB 段的分布荷载 q（按照原结构图上的已知力），接着画出约束反力。按照从左到右的顺序，作用在杆件 AB 上的约束反力有：

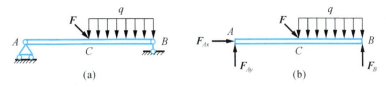

图 1.24 例 1.6 图

A 点的固定铰支座反力，可以表示为两个互相垂直的力 F_{Ax} 和 F_{Ay}；作用在 B 点的活动铰支座反力，可以表示为垂直于约束面的力 F_B。AB 杆件的受力图如图 1.24（b）所示。

> **实例点评**
> 在绘制该构件的受力图时大家要按照一定的顺序去画主动力和约束反力，不要漏画力；同时也不要多画力，在画约束反力时一定要能找到施力物体。

【例 1.7】 如图 1.25 所示的刚架 ABC，C 点作用一集中力 F，A 和 B 分别铰接于地面，试画出刚架的受力图（刚架自重不计）。

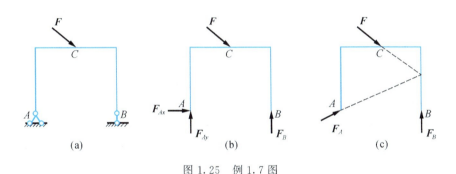

图 1.25 例 1.7 图

解 选取刚架 AB 为研究对象，将刚架 AB 从周围物体中分离出来，画出其分离体。先画作用在杆件上的主动力，即作用于 C 点的集中力 F（按照原结构图上的已知力），接着画出约束反力。按照从左到右的顺序，作用在刚架 AB 上的约束反力有：A 点的固定铰支座反力，可以表示为两个互相垂直的力，即 F_{Ax} 和 F_{Ay}；作用在 B 点的活动铰支座反力，可以表示为垂直于约束面的力，即 F_B。AB 杆件的受力图如图 1.25（b）所示。

> **实例点评**
> 在该例中，请大家注意图 1.25（c）为第二种受力图的表示方法，利用了三力平衡汇交原理。

1.5.2 物体系统的受力分析

在实际工程中，往往一个结构是由许多构件组合而成的，而单个构件组成的一个整体为一个物体系统，即结构。因此，画物体系统的受力图的方法与画单个物体或构件的受力图的方法基本相同，只是研究对象可能是许多单个物体组成的系统或系统的某一部分或某一物体，如多跨梁的受力图，刚架、起重架的受力图等。画整体的受力图时，只需把整体作为单个物体对待；画系统的某一部分或某一物体的受力图时，要注意被拆开的相互联系处有相应的约束反力，且约束反力是相互间的作用，必须遵循作用力与反作用力定律。

【例 1.8】 如图 1.26 所示，**AB** 为两跨梁，在梁 **AC** 上作用了一集中力 **F**，在梁 **BC** 上作用了均布荷载 q，梁自重不计，试画出梁 AC、梁 CB 及整体梁 AB 的受力图。

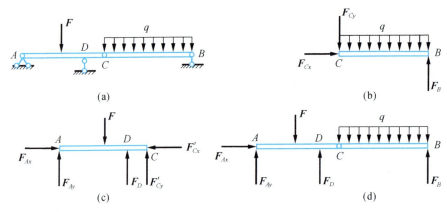

图 1.26 例 1.8 图

解 1) 选取梁 CB 为研究对象，将梁从周围的物体中分离出来，画出其分离体。先画作用在梁 CB 上的主动力 q；接着画出约束反力。按照从左到右的顺序，作用在梁 CB 上的约束反力有：AC 对 CB 的中间铰约束反力，可以表示为两个互相垂直的力 F_{Cx} 和 F_{Cy}；作用在 B 点的活动铰支座反力，可以表示为垂直于约束面的力，即 F_B。梁 CB 的受力图如图 1.26 (b) 所示。

2) 选取梁 AC 为研究对象，将梁从周围的物体中分离出来，画出其分离体。先画作用在梁 AC 上的主动力 **F**；接着画出约束反力。按照从左到右的顺序，作用在梁 AB 上的约束反力有：A 点的固定铰支座约束反力，可以表示为互相垂直于力，即 F_{Ax} 和 F_{Ay}；作用在 D 点的活动铰支座约束反力，可以表示为垂直于约束面的力，即 F_D；在 C 点为 CB 对 AC 的约束为中间铰约束，反力可以表示为两个互相垂直的力 F_{Cx}' 和 F_{Cy}'，方向与 F_{Cx} 和 F_{Cy} 相反，此两对力为作用力与反作用力。梁 AC 的受力图如图 1.26 (c) 所示。

3) 选取梁 AB 整体为研究对象，将梁从周围的物体中分离出来，画出其分离体。先画作用在梁 AB 上的主动力，即作用于梁 AC 上的集中力 **F** 和作用于梁 CB 上的均布荷载 q；接着画出约束反力。按照从左到右的顺序，作用在梁 AB 上的约束反力有：A 点为固定铰支座约束反力，可以表示为互相垂直力，即 F_{Ax} 和 F_{Ay}；作用在 D 点的是活动铰支座约束反力，可以表示为垂直于约束面的力，即 F_D；作用在 B 点的是活动铰支座，反力可以表示为垂直于约束面的力，即 F_B。梁 AB 的受力图如图 1.26 (d) 所示。

> **实例点评**
>
> 1. 在本例中要注意作用力和反作用力的表示。
> 2. 物体系统和局部物体受力图之间要注意内力和外力的表示，如在梁 AB 整体受力图中不需要表示出 C 点的受力，因为 C 点的受力在此属于内部力；而在梁 AC 和 CB 中，

C 点的力就需要表示出来，因为对于梁 AC 和 CB 来说 C 点的约束反力属于外力。

3. 在画主动力和约束反力时一定要按照一定的顺序画，从左到右，从上到下，以免漏画力或多画力。

4. 注意画受力图的顺序，先画局部物体的受力图还是先画整体的受力图。在此例中先画 CB 的受力图，再画 AC 的受力图，最后画整体的受力图。若顺序颠倒，会怎么样？这对后面的力学计算将会有很大的影响。

【例 1.9】 如图 1.27（a）所示的结构由杆 ABC、CD 与滑轮 B 铰接组成。物体重 W，用绳子挂在滑轮上。设杆、滑轮及绳子的自重不计，并不考虑各处的摩擦，试分别画出滑轮 B（包括绳子）、杆 CD、杆 ABC 及整个系统的受力图。

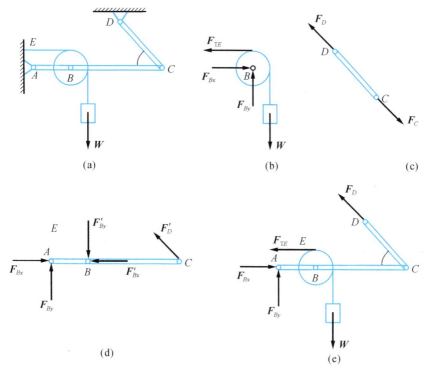

图 1.27 例 1.9 图

解 1）以滑轮和绳子为研究对象，将它们从周围的物体中分离出来，画出其分离体。先画作用在滑轮及绳子上的主动力 W；接着画约束反力。按照从上到下的顺序，作用在滑轮及绳子上的约束反力有：E 处为绳子的柔性约束，表现为拉力 F_{TE}，并有 $F_{TE}=W$，B 处为中间铰约束，反力可以表示为两个互相垂直的力，即 F_{Bx} 和 F_{By}。滑轮及绳子的受力图如图 1.27（b）所示。

2）选取杆件 CD 为研究对象，杆件 CD 上只有 C 点和 D 点上受力，根据二力杆件的特性，此杆件为二力杆件。杆件 CD 的受力图如图 1.27（c）所示，并有 $F_C=-F_D$。

3) 选取杆件 AC 为研究对象，将杆件 AC 从周围的物体中分离出来，画出其分离体。杆件 AC 上没有主动力，则直接画约束反力。按照从左到右的顺序，作用在杆件 AC 上的约束反力有：A 处约束为固定铰支座，反力可以表示为互相垂直于力，即 F_{Ax} 和 F_{Ay}；B 点滑轮对杆件的反作用力为 F_{Bx}' 和 F_{By}'，并有 $F_{Bx} = -F_{Bx}'$，$F_{By} = -F_{By}'$；C 处 CD 杆对 AC 杆的反作用力为 F_C'。杆件 AB 的受力图如图 1.27（d）所示。

4) 选取整体为研究对象，将整体从周围的物体中分离出来，画出其分离体。先画作用在物体系统上的主动力 W，接着画出约束反力。按照从左到右的顺序，作用在物体系统上的约束反力有：(此时，滑轮与杆 ABC 在 B 处的铰接、杆 ABC 与杆 CD 在 C 处的铰接都属于系统内部力，在研究整个系统时不必画出，因此约束反力为) A 处的固定铰支座约束，即 F_{Ax} 和 F_{Ay}；E 处的柔性约束，即拉力 F_{TE}；D 处的 F_D。物体系统整体受力图如图 1.27（e）所示。

> **实例点评**
>
> 1. 在本例中要注意作用力和反作用力的表示。
> 2. 物体系统和局部物体受力图之间要注意内力和外力的表示。
> 3. 注意物体系统中二力杆件的应用。
> 4. 注意画受力图的顺序，先画局部物体的受力图还是先画整体的受力图。在此例中先画滑轮及绳子的受力图，再画杆件 CD 的受力图，最后画杆件 ABC 及整体的受力图，这样会使力学计算更加简便和快捷。
> 5. 注意在此例中也可以应用三力平衡汇交原理。

【例 1.10】 如图 1.28 所示，刚架由 AB 和 CE 组成，在 E 点铰接，在 CE 上作用一均布荷载 q，试分别画出 AB、CE 及整个系统的受力图。(各杆件的自重及相互间的摩擦不计)

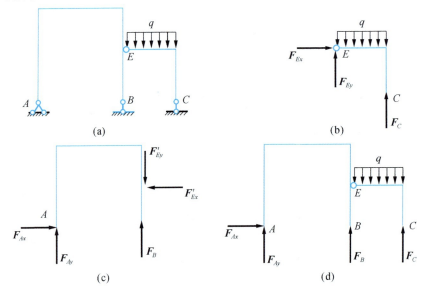

图 1.28 例 1.10 图

解 1) 选取刚架 CE 为研究对象,将 CE 从周围的物体中分离出来,画出其分离体。先画作用在滑轮及绳子上的主动力 q,然后画约束反力。按照从左到右从上到下的顺序,作用在 CE 上的约束反力有:E 处铰约束,反力表示为两个互相垂直的力 F_{Ex} 和 F_{Ey};C 处为活动铰支座约束,反力表示为垂直于接触面力 F_C。CE 的受力图如图 1.28 (b) 所示。

2) 选取刚架 AB 为研究对象,将 AB 从周围的物体中分离出来,画出其分离体。刚架 AB 上没有主动力,则直接画约束反力,按照从左到右的顺序,作用在刚架 AB 上的约束反力有:A 处约束为固定铰支座,反力可以表示为互相垂直于力,即 F_{Ax} 和 F_{Ay};E 处为 CE 对 AB 的反作用力,表示的力 F_{Ex}' 和 F_{Ey}';B 处为活动铰支座约束,反力表示为垂直于接触面的力 F_C。AB 杆件的受力图如图 1.28 (c) 所示。

3) 选取整体为研究对象,将整体从周围的物体中分离出来,画出其分离体。先画作用在物体系统上的主动力为均布荷载 q,然后画出约束反力。按照从左到右从上到下的顺序,作用在物体系统上的约束反力有:A 处约束为固定铰支座,反力可以表示为互相垂直的力,即 F_{Ax} 和 F_{Ay};B 处为活动铰支座约束,反力表示为垂直于接触面的力 F_C;C 处为活动铰支座约束,反力表示为垂直于接触面的力 F_C。系统整体的受力图如图 1.28 (d) 所示。

> **实例点评**
> 1. 在本例中要注意作用力和反作用力的表示。
> 2. 物体系统和局部物体受力图之间要注意内力和外力的表示。
> 3. 注意画受力图的顺序,先画局部物体的受力图还是先画整体的受力图。

综合以上实例,可归纳出如下作物体受力图应注意的问题:

1) 明确研究对象。应根据分析问题的具体要求明确研究对象,研究对象可能是单个物体,也可能是由几个物体组成的系统。

2) 遵循约束的性质。研究对象与周围物体的连接处都有约束力,约束力的数目和方向都必须严格按照约束的性质确定,对预先不能明确指向的约束力可以假定方向。

3) 不要漏画力。必须明确研究对象(受力物体)与周围哪些物体(施力物体)相接触。在接触点处均可能有约束反力。按照一定的顺序(从左到右、从上到下)来画主动力和约束反力,也可避免漏画力。

4) 不要多画力。力是物体间的相互作用,对受力图上的每一个力都应能明确指出它是由哪一个施力物体施加的。如某一个力指不出施力物体,则该力为多画的力。因此,在画受力图时一定要分清施力物体与受力物体,切不可将脱离体施加给其他物体的力画在该脱离体的受力图上。

5) 注意作用力与反作用力的关系。在两个物体相互连接处注意两物体之间作用力与反作用力的等值、反向、共线关系。

6) 注意区分内力和外力。所谓**内力**,是指系统内部各物体之间的相互作用力。所谓**外力**,是指系统以外的其他物体对系统的作用力。内力和外力的区分不是绝对的,而是相对的。当所取的脱离体不同时,原来的内力可能转化为外力,反之亦然。

注意:系统的内力总是成对出现的,且各对内力均保持等值、反向、共线,即是一对作用力和反作用力的关系。每对内力的外效应刚好相互抵消，因此画系统受力图时不画内力。

7) 注意约束反力的一致性。同一个约束反力在各受力图中的表示、假设指向都必须一致。

1.6 杆件的基本变形

工程中的各种构件都是由固体材料如钢材、铸铁、混凝土、砖、石材、木材等制成的，这些固体材料在实际工程中受力后都会产生或大或小的变形，如建筑结构中的钢筋混凝土构件受力后会发生弯曲变形，钢筋混凝土柱和砖墙受压后会产生压缩变形等。这些在外力作用下会变形的物体称为变形体。在进行静力分析和计算时，构件的微小变形对其结果影响可以忽略不计，因而将构件视为刚体，但是在进行构件的强度、刚度、稳定性计算和分析时必须考虑构件的变形。

在工程实际中，构件的形状可以是各种各样的，但经过适当的简化，一般可以归纳为四类，即杆、板、壳和块。所谓杆件，是指长度远大于其他两个方向尺寸的构件。

杆件的形状和尺寸可由杆的横截面和轴线两个主要几何元素来描述。杆的各个截面的形心的连线称为轴线，垂直于轴线的截面称为横截面。

轴线为直线、横截面相同的杆称为等直杆。

1) 轴向拉伸与压缩［图1.29（a, b）］。这种变形是在一对大小相等、方向相反、作用线与杆轴线重合的外力作用下杆件产生长度的改变（伸长与缩短）。

2) 剪切［图1.29（c）］。这种变形是在一对相距很近、大小相等、方向相反、作用线垂直于杆轴线的外力作用下杆件的横截面沿外力方向发生的错动。

3) 扭转［图1.29（d）］。这种

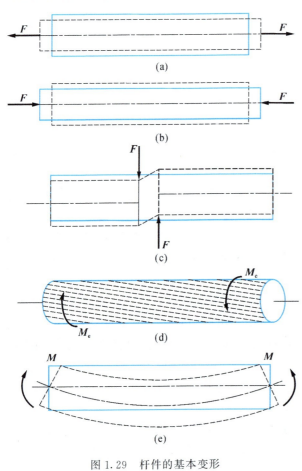

图1.29 杆件的基本变形

变形是在一对大小相等、方向相反、位于垂直于杆轴线的平面内的力偶作用下杆的任意两横截面发生的相对转动。

4）弯曲［图 1.29（e）］。这种变形是在横向力或一对大小相等、方向相反、位于杆的纵向平面内的力偶作用下杆的轴线由直线弯曲成曲线。

5）组合变形。工程实际杆件由于承受各种外力而产生两种或两种基本变形的组合，称为组合变形。

1.7 杆系的结构类型

杆系结构是指由若干杆件组成的结构，也称为杆件结构。按照空间观点，杆系结构又可以分为平面杆系结构和空间杆系结构。凡是组成结构的所有杆件的轴线和作用在结构上的荷载都位于同一平面内的，这种结构称为平面杆系结构；反之，如果组成结构的所有杆件的轴线或作用在结构上的荷载不在同一平面内，这种结构即为空间杆系结构。

本书主要研究和讨论平面杆系结构，其常见的形式可以分为以下几种。

1. 梁

梁是一种最常见的结构，其轴线常为直线，有单跨及多跨连续等形式，如图 1.30 所示。

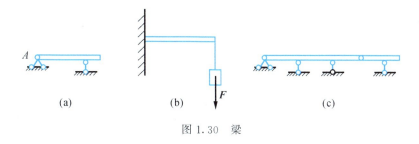

图 1.30 梁

2. 刚架

刚架是由直杆组成的，各杆主要受弯曲变形，节点大多数是刚节点，也可以有部分铰节点，有静定刚架和超静定刚架两大类，如图 1.31 所示。

3. 拱

拱的轴线是曲线，这种结构在竖向荷载作用下不仅产生竖向反力，还产生水平反力。在一定条件下拱能够实现以压缩为主的变形，各截面主要产生轴力。拱主要有静定三铰拱、超静定五铰拱和两铰拱三种，如图 1.32 所示。

4. 桁架

桁架由直杆组成，各节点都假设为理想的铰接点，荷载作用在节点上，各杆只产生轴力，即为一个三角形，如图 1.33 所示。

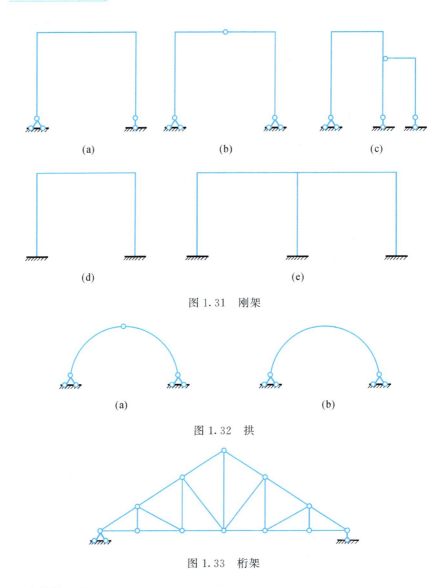

图 1.31 刚架

图 1.32 拱

图 1.33 桁架

5. 组合结构

这种结构中,一部分是桁架杆件,只承受轴力,而另一部分则是梁或刚架杆件,即受弯杆件,也就是说,这种结构由两种结构组合而成,如图 1.34 所示。

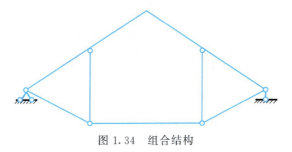

图 1.34 组合结构

1.8 结构的计算简图

1.8.1 结构计算简图的概念

在工程实际中的建筑物（或构筑物），其结构、构造以及作用在其上的荷载往往是比较复杂的，结构设计时，如果完全严格地按照结构的实际情况进行力学分析计算，会使问题非常复杂甚至无法求解，因此在对实际结构进行力学分析和计算时有必要采用简化的图形来代替实际的工程结构，这种简化了的图形称为结构的计算简图。

由于在建筑力学中，我们是以计算简图作为力学计算的主要对象，因此在结构设计中，如果计算简图选取得不合理，就会使结构的设计不合理，造成差错，严重的甚至造成工程事故。所以，合理选取结构的计算简图是一项十分重要的工作，必须引起足够的重视。一般地，在选取结构的计算简图时应当遵循如下两个原则：

1) 尽可能正确地反映结构的主要受力情况，使计算结果接近实际情况，有足够的精确性。

2) 要忽略对结构受力情况影响不大的次要因素，使计算工作尽量简化。

1.8.2 计算简图简化的内容

计算图简化可以从体系的简化、节点的简化、支座的简化以及荷载的简化四个方面进行。

1. 体系的简化

实际的工程结构一般都是若干构件或杆件按照某种方式组成的空间结构，因此首先要把这种空间形式的结构，根据其实际的受力情况简化为平面状态；而对于构件或杆件，由于它们的截面尺寸通常要比其长度小得多，因此在计算简图中是用其纵向轴线（画成粗实线）来表示的。

2. 节点的简化

在结构中杆件与杆件相互连接处称为节点。尽管各杆之间连接的形式是多样的，特别是材料不同会使得连接的方式有较大的差异，但是在计算简图中只简化为两种理想的连接方式，即铰节点和刚节点，或者两种节点的组合形式。

铰节点是指杆件与杆件之间是用前面所说的圆柱铰链连接的，连接后杆件之间可以绕节点自由地相对转动而不能产生相对移动。在工程实际中，完全用理想的铰来连接杆件的实例是非常少见的，但是从节点的构造来分析，把它们近似地看成铰接点所造成的误差并不显著。

刚节点是指构件之间的连接是采用焊接（如刚结构的连接）或现浇（如钢筋混凝土梁与柱现浇在一起）的连接方式，则构件之间相互连接后在连接处的任何相对运动都受到限制，既不能产生相对移动，也不能产生相对转动，即使结构在荷载作用下发生了变形，在节点处各杆端之间的夹角仍然保持不变。

3. 支座的简化

在实际工程结构中各种支撑的装置随着结构形式或者材料的差异而各不相同,在选取其计算简图时可根据实际构造和约束情况,对照约束和约束反力所述内容进行恰当分析。

4. 荷载的简化

前面已经介绍,荷载是作用在结构或构件上的主动力,实际结构受到的荷载一般是作用在构件内各处的体荷载(如自重),以及作用在某一面积上的面荷载(如风压力)。在计算简图中常把它们简化为作用在构件上的纵向轴线上的线荷载、集中力和集中力偶。

恰当选取实际结构的计算简图是结构设计中非常重要的问题。为此,不仅要掌握上面所述的两个基本原则,还要有丰富的实践经验。对于一些新型结构,往往还要通过反复试验和实践才能获得比较合理的计算简图。必须指出,由于结构的重要性、设计进行的阶段、计算问题的性质以及计算工具等因素的不同,即使是同样一个结构也可以取得不同的计算简图。对于重要的结构,应该选取比较精确的计算简图;在初步设计阶段可选取比较粗略的计算简图,而在技术设计阶段应选取比较精确的计算简图;对结构进行静力计算时应该选取比较复杂的计算简图,而对结构进行动力稳定计算时,由于问题比较复杂,则可以选取比较简单的计算简图;当计算工具比较先进时应选取比较精确的计算简图等。

小 结

本单元主要介绍了力的性质、力的投影、静力学基本公理、工程中常见的几种约束类型及其支座反力的画法等,最后简要介绍了荷载及杆系结构的分类。在掌握前面基本概念的基础上,要求能正确画出单个物体及物体系统的受力图。

1. 力是物体间的相互机械作用。力对物体的作用效应有两种,即运动效应(外效应)和变形效应(内效应)。力的效应取决于力的三要素,即大小、方向、作用点。

2. 已知力 F,应用公式(1.1)可计算力 F 的投影。

3. 应用合力投影定理可知合力的投影为

$$F_{Rx} = \sum F_{ix}$$

$$F_{Ry} = \sum F_{iy}$$

必须指出:

(1)力的投影是代数量,它不同于矢量,两者性质不同,运算法则也不同,因而表示的符号也不同,一定要严格地加以区分。

(2)力在相交轴上的投影与力沿相交轴分解的分力是两个不同的概念,对两者之间的联系和区别应有明确的认识,不能混淆。

4. 静力学基本公理。

(1)二力平衡公理又称二力平衡条件,是刚体平衡最基本的规律,是推证力系平衡条件的理论依据。所谓平衡，是指物体相对于地球处于静止或匀速直线运动状态。使刚体处于平衡状态的力系对刚体的效应等于零。

(2) 加减平衡力系公理是力系简化的重要理论依据。加减平衡力系公理和力的可传性原理只适用于刚体。

(3) 力的平行四边形法则表明，作用在物体上同一点的两个力可以用平行四边形法则合成。反过来，一个力也可以用平行四边形法则分解为两个分力。平行四边形法则是所有用矢量表示的物理量相加的法则。三力平衡汇交定理阐明了物体在不平行的三个力作用下平衡的必要条件。

(4) 作用与反作用定律及三力平衡汇交定理来判定约束反力的方向。约束反力的方向能够预先确定的，在受力图上应正确画出；如果指向不能预先确定，可以先假定，但力的作用线的方位不能画错；指向假定是否正确可以由以后计算得到的结果来判断。在一般情况下，圆柱铰链和固定铰支座的约束反力的方向不能预先确定，可用两个相互垂直的分力表示。

5. 画受力图时还应该注意：

(1) 只画研究对象所受到的力，不画研究对象施加给其他物体的力。

(2) 只画外力，不画内力。

(3) 画作用力与反作用力时，二力必须满足大小相等、作用在一条直线上、指向相反、作用在两个物体上。

(4) 同一个约束反力同时出现在物体系统的整体受力图和拆开画的分离体图中时它的指向必须一致。

6. 作用于结构或构件上的主动力即为荷载。荷载的种类很多，要熟悉荷载的主要分类。

7. 单个杆件的基本变形形式有拉伸和压缩变形、剪切变形、扭转变形和弯曲变形。

思 考 题

1.1 试比较力的投影与力的分力的区别。

1.2 合力是否一定比分力大？

1.3 为什么说二力平衡公理、加减平衡力系公理的可传性原理只适用于刚体？

1.4 什么叫约束？工程中常见约束的有哪几种？约束反力有何特点？

1.5 何谓荷载？怎样分类？

1.6 画受力图的步骤及要点是什么？画受力图时如何区分内力和外力？

1.7 杆件有哪几种基本变形形式？

1.8 杆系结构可分为哪几种类型？

习　　题

一、填空题

1. 在任何外力作用下大小和形状保持不变的物体称为_____。
2. 力是物体之间的相互的_____。这种作用会使物体产生两种力学效果，分别是_____和_____。
3. 力的三要素是_____、_____、_____。
4. 一刚体上作用有两个力，并且刚体保持平衡，则该两力一定大小_____、方向_____，并且_____。
5. 加减平衡公理对物体而言，该物体的_____效果成立。
6. 使物体产生运动或产生运动趋势的力称为_____。
7. 约束反力的方向总是和该约束所能阻碍物体的运动方向_____。
8. 柔体的约束反力是通过_____点，其方向沿着柔体_____线的拉力。
9. 杆件的四种基本变形是_____、_____、_____、_____。
10. 材料力学对变形固体的基本假设是_____、_____、_____和_____。
11. 由于外力作用，构件的一部分对另一部分的作用称为_____。

二、单选题

1. 力的作用线都相互平行的平面力系称为（　　）力系。
   A. 空间平行　　　B. 空间一般　　　C. 平面一般　　　D. 平面平行
2. 既限制物体任何方向运动，又限制物体转动的支座称为（　　）支座。
   A. 固定铰　　　　B. 可动铰　　　　C. 固定端　　　　D. 光滑面
3. 力的作用线都汇交于一点的力系称为（　　）力系。
   A. 空间汇交　　　B. 空间一般　　　C. 平面汇交　　　D. 平面平行
4. 只限物体任何方向的移动，不限制物体转动的支座为（　　）支座。
   A. 光滑面　　　　B. 可动铰　　　　C. 固定端　　　　D. 固定铰
5. 杆件在一对大小相等、方向相反、作用线与杆轴线重合的外力作用下，杆件产生的变形称（　　）变形。
   A. 剪切　　　　　B. 弯曲　　　　　C. 轴向拉伸与压缩　D. 扭转
6. 结构的轴线是曲线，在竖向荷载作用下不仅产生竖向反力，还产生水平反力，称为（　　）结构。
   A. 梁　　　　　　B. 组合　　　　　C. 拱　　　　　　D. 桁架

三、判断题

1. 物体相对于地球保持静止状态称平衡。（　　）

2. 刚体是指在外力作用下变形很小的物体。（　　）
3. 凡是两端用铰链连接的直杆都是二力杆。（　　）
4. 作用与反作用总是一对等值、反向、共线的力。（　　）
5. 如果作用在刚体上的三个力共面且汇交于一点，则刚体一定平衡。（　　）
6. 作用在物体上的力可以沿作用线移动，对物体的作用效果不变。（　　）
7. 合力一定比分力大。（　　）

四、主观题

1. 分别计算图中 F_1、F_2、F_3、F_4 在 x、y 轴上的投影。

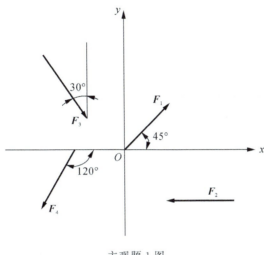

主观题 1 图

2. 如图所示，画出下列各物体的受力图，假设所有接触面都是光滑的，除注明者外自重均不计。

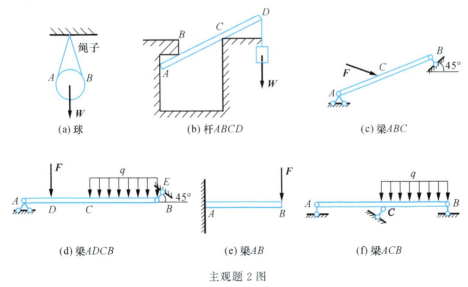

(a) 球　　(b) 杆ABCD　　(c) 梁ABC

(d) 梁ADCB　　(e) 梁AB　　(f) 梁ACB

主观题 2 图

3. 如图所示，画出下列各物体的受力图，假设所有接触面都是光滑的，除注明者外自重均不计。

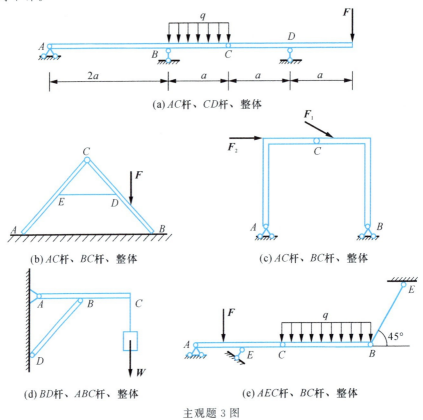

(a) AC杆、CD杆、整体

(b) AC杆、BC杆、整体

(c) AC杆、BC杆、整体

(d) BD杆、ABC杆、整体

(e) AEC杆、BC杆、整体

主观题 3 图

第 2 单元

基本结构的反力计算

> 【教学目标】
> 熟悉力在直角坐标轴上的投影。
> 掌握平面汇交力系的平衡条件在托架、屋架中的应用。
> 熟悉平面力偶系的合成与平衡。
> 掌握梁式构件反力的计算。
>
> 【学习重点与难点】
> 运用平面汇交力系平衡条件进行托架、屋架等类型构件的反力计算,熟悉平面力偶系的合成与平衡,运用平面一般力系平衡条件解决梁式构件反力的计算等工程问题。

体受力后首先需分析所研究的物体究竟受到什么力的作用,哪些是已知的,哪些是未知的;怎样从已知条件着手,通过运用各种平衡条件画受力分析图,求解未知力,从而解决一些简单的工程实际问题。

在工程中有很多结构的厚度远小于其他两个方向的尺寸,以至于可以忽略其厚度,这种结构称为平面结构。作用于平面结构上的所有力都在这个平面上且交于一点,称为平面汇交力系,这是一种最简单、最基本的力系。承受节点荷载的托架、桁架、屋架各杆件和外力都汇交于一点,如图2.1(a)所示,各节点受力都是平面汇交力系。屋架受到檩条传来的由屋面恒载、活载和积雪、积灰等引起的铅垂荷载 F 的作用,对端节点 A 隔离分析,如图2.1(b)所示,通过平面汇交力系的平衡条件便能求出上弦杆1和下弦杆2的内力 F_{N1} 和 F_{N2}。

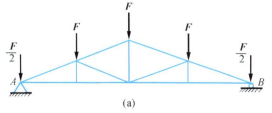
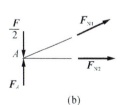

图 2.1 桁架

2.1 托架、屋架、桁架结构的反力计算

在一个物体上同时作用几个力,这几个力合力的大小、方向决定了物体运动的方向和受力的大小。怎么求解几个力的合力?较为简便有效的方法是解析法,通过力在平面直角坐标轴上的投影求解。

2.1.1 力在平面坐标轴上的投影

设力 F 作用在物体上的 A 点,在力 F 作用线所在的平面内取直角坐标系 Oxy,如图 2.2 所示。从力 F 的两端点 A 和 B 分别向 x 轴和 y 轴作垂线,得垂足 a、b 和 $a'b'$。线段 ab 称为力 F 在 x 轴上的投影,用 F_x 表示;线段 $a'b'$ 称为力 F 在 y 轴上的投影,用 F_y 表示。

若已知力的大小为 F,它和 x 轴的夹角为 α(取锐角),则力在坐标轴上的投影 F_x 和 F_y 可按下式计算,即

$$\left. \begin{array}{l} F_x = \pm F\cos\alpha \\ F_y = \pm F\sin\alpha \end{array} \right\} \quad (2.1)$$

投影的正负号规定如下:若由 a 到 b(或由 a' 到 b')的指向与坐标轴正向一致时,力的投影取正值;反之,取负值。

若已知力 F 在 x 轴和 y 轴上的投影分别为 F_x 和 F_y,由图 2.2 的几何关系即可求出力 F 的大小和方向,即

$$\left. \begin{array}{l} F = \sqrt{F_x^2 + F_y^2} \\ \tan\alpha = \left| \dfrac{F_y}{F_x} \right| \end{array} \right\} \quad (2.2)$$

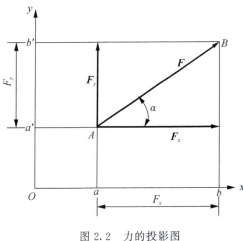

图 2.2 力的投影图

【例 2.1】 在物体上的 O、A、B、C、D 点分别作用力 F_1、F_2、F_3、F_4、F_5,如图 2.3 所示,各力的大小为 $F_1=F_2=F_3=F_4=F_5=20\text{N}$,各力的方向如图所示,求各力在 x、y 轴上的投影。

解 由式(2.1)得各力在 x 轴上的投影为

$F_{1x} = F_1\cos45° = 20 \times 0.707 = 14.14\text{N}$

$F_{2x} = -F_2\cos0° = -20 \times 1 = -20\text{N}$

$F_{3x} = -F_3\cos60° = -20 \times 0.5 = -10\text{N}$

$F_{4x} = F_4\cos90° = 20 \times 0 = 0$

$F_{5x} = F_5\cos30° = 20 \times 0.866 = 17.32\text{N}$

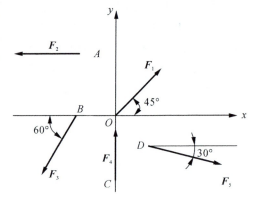

图 2.3 例 2.1 图

各力在 y 轴上的投影为

$$F_{1y} = F_1 \sin 45° = 20 \times 0.707 = 14.14\text{N}$$

$$F_{2y} = 0$$

$$F_{3y} = -F_3 \sin 60° = -20 \times 0.866 = -17.32\text{N}$$

$$F_{4y} = F_4 \sin 90° = 20 \times 1 = 20\text{N}$$

$$F_{5y} = -F_5 \sin 30° = -20 \times 0.5 = -10\text{N}$$

> **实例点评**
>
> 1. 当力 **F** 与 x 轴（或 y 轴）平行时，**F** 的投影 F_y（或 F_x）的值与 **F** 的大小相等；当力 **F** 与 x 轴（或 y 轴）垂直时，**F** 的投影 F_y（或 F_x）的值为零。
> 2. 计算时须注意准确判断投影的正负号。

2.1.2 平面汇交力系的合成与平衡

在建筑工程中遇到的很多实际问题都可以简化为平面力系来处理。若作用在刚体上各力的作用线都在同一平面内，且汇交于同一点，则该力系称为**平面汇交力系**，如图 2.4 所示。

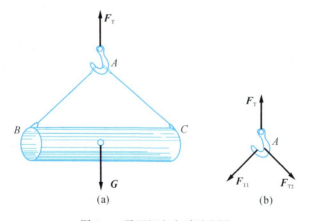

图 2.4 平面汇交力系示意图

1. 平面汇交力系的合成

作用在物体上某一点的两个力可以合成为作用在该点的一个合力，合力的大小和方向由以这两个力为邻边所构成的平行四边形的对角线来确定，这就是**平行四边形法则**，如图 2.5 所示，其矢量表达式为 $\boldsymbol{F}_R = \boldsymbol{F}_1 + \boldsymbol{F}_2$。

平行四边形法则总结了最简单力系的合成规律，其逆运算就是力的分

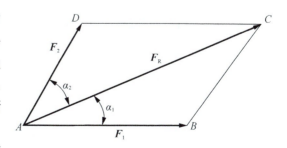

图 2.5 力的平行四边形法则

解法则。

在求合力 F_R 的大小和方向时不必画出平行四边形 $ABCD$，而是画出三角形 ABC 或 ADC 即可，称为力的三角形法则。

当求两个以上汇交力系的合力时可连续应用力的三角形法则。如图 2.6（a）所示，墙上的 O 点处受到一组汇交力（F_1，F_2，F_3，F_4）作用，对该汇交力系连续应用三角形法则，得合力 F_R，如图 2.6（b）所示，合力矢量表达式为 $\boldsymbol{F}_R = \boldsymbol{F}_1 + \boldsymbol{F}_2 + \boldsymbol{F}_3 + \boldsymbol{F}_4$。

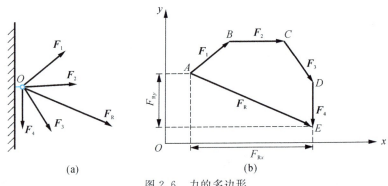

图 2.6 力的多边形

运用平行四边形法则（三角形法则）求解平面汇交力系的合力具有直观明了的优点，但要求作图准确，否则将产生较大的作图误差，尤其是多个力合成时，为了能比较简便有效地得到准确的结果，多采用前述力在坐标轴上投影的方法。

运用力在平面坐标轴上的投影原理，则合力 F_R 向 x 轴、y 轴的投影可以表达为

$$F_{Rx} = F_{1x} + F_{2x} + \cdots + F_{nx} = \sum F_x$$

$$F_{Ry} = F_{1y} + F_{2y} + \cdots + F_{ny} = \sum F_y$$

上式就是合力投影定理。

合力投影定理：合力在坐标轴上的投影**等于各分力在同一轴上投影的代数和**。

由合力投影定理可以求出平面汇交力系的合力。若刚体上作用一已知的平面汇交力系（F_1，F_2，F_3，…，F_n），如图 2.7（a）所示，根据合力投影定理可求出 F_{Rx}，F_{Ry}，如图 2.7（b）所示。

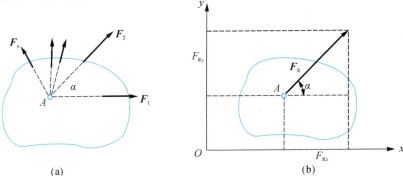

图 2.7 平面汇交力系示意图

合力的大小和方向为

$$\left.\begin{array}{l}F = \sqrt{F_{Rx}^2 + F_{Ry}^2} = \sqrt{(\sum F_x)^2 + (\sum F_y)^2} \\ \tan\alpha = \left|\dfrac{F_{Ry}}{F_{Rx}}\right| = \left|\dfrac{\sum F_y}{\sum F_x}\right|\end{array}\right\} \quad (2.3)$$

式中，α——合力 F_R 与 x 轴所夹的锐角，具体指向可由 F_{Rx}、F_{Ry} 的正负确定。

【例 2.2】 如图 2.8（a）所示，O 点受 $\boldsymbol{F}_1$，$\boldsymbol{F}_2$，$\boldsymbol{F}_3$ 三个力的作用，若已知 $\boldsymbol{F}_1 = 732\text{N}$，$\boldsymbol{F}_2 = 732\text{N}$，$\boldsymbol{F}_3 = 2000\text{N}$，各力方向如图 2.8（a）所示，试求其合力的大小和方向。

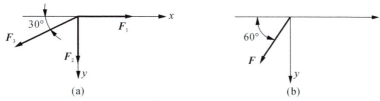

图 2.8 例 2.2 图

解 1) 建立如图 2.8（a）所示的平面直角坐标系。

2) 根据力的投影公式求出各力在 x 轴、y 轴上的投影。

$$F_{1x} = 732\text{N}$$
$$F_{2x} = 0\text{N}$$
$$F_{3x} = -F_3\cos 30° = -2000 \times \dfrac{\sqrt{3}}{2} = -1732\text{N}$$
$$F_{1y} = 0\text{N}$$
$$F_{2y} = -732\text{N}$$
$$F_{3y} = -F_3\sin 30° = -2000 \times 0.5 = -1000\text{N}$$

3) 由合力投影定理求合力。

$$F_{Rx} = F_{1x} + F_{2x} + F_{3x} = 732 + 0 - 1732 = -1000\text{N}$$
$$F_{Ry} = F_{1y} + F_{2y} + F_{3y} = 0 - 732 - 1000 = -1732\text{N}$$

则合力大小为

$$F = \sqrt{F_{Rx}^2 + F_{Ry}^2} = \sqrt{(-1000)^2 + (-1732)^2} = 2000\text{N}$$

由于 F_{Rx}，F_{Ry} 均为负，则合力 $\boldsymbol{F}$ 指向左下方，如图 2.8（b）所示，它与 x 轴的夹角 α 为

$$\tan\alpha = \left|\dfrac{F_{Rx}}{F_{Ry}}\right| = \left|\dfrac{-1732}{-1000}\right| = 1.732$$
$$\alpha = 60°$$

实例点评

1. 在求解合力 F_{Rx}，F_{Ry} 时必须注意各分力的方向（正负号），否则将出现合力计算错误。

2. 在求解合力方向时须根据 x 和 y 分力的正负号判断合力所在象限，其夹角大小由计算公式确定。

2. 平面汇交力系的平衡条件

工程中屋架、桁架、托架若不考虑施工制作误差，各杆件都汇交于节点。在节点集中荷载作用下各杆皆为简单的拉压杆件，杆件的内力和节点上的外荷载组成了平面汇交力系。通过平面汇交力系的平衡条件，可以由已知的外荷载求出未知的杆件内力，以指导工程结构设计。

由二力平衡条件可知，平面汇交力系平衡的必要和充分条件是合力 F_R 为零，由此可以推断合力在任意两个直角坐标上的投影也必定为零，即

$$\left. \begin{array}{l} \sum F_x = 0 \\ \sum F_y = 0 \end{array} \right\} \quad (2.4)$$

上式称为平面汇交力系的平衡条件。这是两个独立方程，每一个方程可以求解一个未知量，即求解出一个未知力。

通常利用平衡条件可以解决两类工程问题：

1) 检验刚体在平面汇交力系作用下是否平衡。
2) 刚体在平面汇交力系作用下处于平衡时求解其中任意两个未知力。

特别提示： 力的投影与力的分解是不相同的，前者是代数量，后者是矢量；投影无作用点，而分力必须作用在原力的作用点。在图 2.2 中，力 F 沿直角坐标轴分解为 F_x 和 F_y 两个分力，其大小分别等于该力在相应坐标轴上的投影 F_x 和 F_y 的绝对值，但其分力是矢量 $\boldsymbol{F}_x$ 和 $\boldsymbol{F}_y$。

【**例 2.3**】 用绳 AC 和 BC 吊起一重物，如图 2.9（a）所示，重物重量 $G=10\mathrm{kN}$，绳与水平面的夹角都等于 $45°$，试求绳的拉力 F_{T1}，F_{T2}。

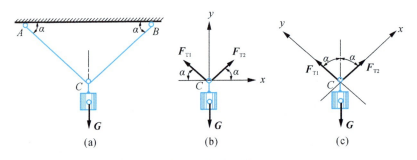

图 2.9 例 2.3 图

解 1) 取重物为研究对象，选坐标轴，如图 2.9（b）所示。

2) 画受力图。重物重 G，绳子 AC 和 BC 的约束反力分别为 $\boldsymbol{F}_{T1}$，$\boldsymbol{F}_{T2}$。

3) 列平衡方程。由平衡方程可得

$$\sum F_x = 0, \quad F_{T2}\cos 45° - F_{T1}\cos 45° = 0$$

$$\sum F_y = 0, \quad F_{T2}\sin 45° + F_{T1}\sin 45° - G = 0$$

4）解方程，求未知量。

$$F_{T1} = F_{T2}$$
$$2F_{T1}\sin45° - G = 0$$
$$F_{T1} = F_{T2} = \frac{\sqrt{2}}{2}G = 0.707 \times 100 = 70.7\text{N}$$

实例点评

由于 BC 和 AC 相互垂直，若取坐标轴 x、y 轴分别通过 BC 和 AC，如图 2.9（c）所示，则解题时可以直接求出 F_{T1}，F_{T2}，比较简便。

$$\sum F_x = 0, \quad F_{T2} - G\cos45° = 0$$
$$\sum F_y = 0, \quad F_{T1} - G\sin45° = 0$$
$$F_{T1} = G\sin45° = 70.7\text{N}$$
$$F_{T2} = G\cos45° = 70.7\text{N}$$

【例 2.4】 如图 2.10（a）所示的结构由 AB 和 AC 组成，A、B、C 三点为铰接，A 点悬挂重为 G 的重物。若杆 AB 和 AC 的自重忽略不计，试求杆 AB 和 AC 所受的内力。

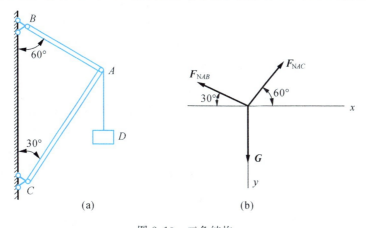

图 2.10　三角结构

解 1）取节点 A 为研究对象，选坐标轴，如图 2.10（b）所示。

2）画受力图。重物重 G，杆件 AB 和 AC 的约束反力分别为 $\boldsymbol{F}_{NAB}$，$\boldsymbol{F}_{NAC}$。

3）列平衡方程。由平衡方程得

$$\sum F_x = 0, \quad F_{NAC}\cos60° - F_{NAB}\cos30° = 0$$
$$\sum F_y = 0, \quad F_{NAC}\sin60° + F_{NAB}\sin30° - G = 0$$

4）解方程，求未知量。

$$F_{NAC} = \sqrt{3}F_{NAB}$$
$$\sqrt{3}F_{NAB} \times \frac{\sqrt{3}}{2} + F_{NAB} \times \frac{1}{2} = G$$

$$F_{NAB} = \frac{1}{2}G$$

得

$$F_{NAC} = \sqrt{3} F_{NAB} = \frac{\sqrt{3}}{2}G$$

> **实例点评**
>
> 1. 本题中画受力图时假设 AB 和 AC 杆都是拉杆，计算值 AB 杆为正，和假设方向相同，确为拉杆；而 AC 杆计算值为负，同假设方向相反，所以为压杆。
> 2. 在建立坐标系时也可取 AB 所在轴线为 x 轴，AC 所在轴线为 y 轴，计算结果是一样的。

2.2 平面力偶系的反力计算

2.2.1 力矩

在日常生活和生产实践中，人们发现力对物体的作用除能使物体产生移动外，还能使物体产生转动，如用手推门，用杠杆等机械搬运或提升物体等。如图 2.11 所示，用扳手拧螺母，通过物体的转动拧紧螺母。由实践经验可知，力 F 使扳手产生绕螺母中心 O 点的转动效应，此转动效应的大小不仅与力 F 的大小成正比，而且与力的作用线到 O 点的垂直距离 d 成正比。因此，规定用力 F 与 d 的乘积来度量力 F 使扳手绕 O 点的转动效应，称为力 F 对 O 点之矩，简称力矩，用符号 $M_O(F)$ 表示，即

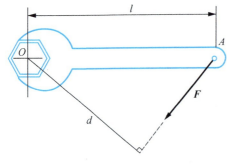

图 2.11 扳手拧螺母

$$M_O(F) = \pm Fd \tag{2.5}$$

其中，O 点称为矩心，d 称为力臂。力矩的**正负规定为：力使物体绕矩心逆时针方向转动为正，反之为负。**

可见，在平面问题中，力对点之矩包含力矩的大小和转向（以正负表示），因此力矩为代数值。力矩的大小度量力使物体产生转动效应的大小，力矩的转向表示转动方向。力矩的单位是牛顿·米（N·m）或千牛顿·米（kN·m）。

由式（2.5）可知，力矩有下列性质：

1）力对矩心之矩不仅与力的大小和方向有关，而且与矩心的位置有关。
2）力沿其作用线滑移时力对点之矩不变。

【例 2.5】 在工程实践中，大小相等的三个力以不同的方向加在扳手的 A 端，如图 2.12（a～c）所示。若 $F=100$N，其他尺寸如图 2.12 所示，试求三种情形下力对 O 点之矩。

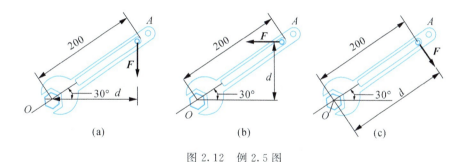

图 2.12 例 2.5 图

解 三种情形下，虽然力的大小、作用点均相同，矩心也相同，但由于力的作用线方向不同，因此力臂不同，所以力对 O 点之矩也不同。

对于图 2.12（a）中的情况，力臂 $d = 200\cos30°$ mm，故力对 O 点之矩为

$$M_O(\boldsymbol{F}) = -Fd = -100 \times 200 \times 10^{-3}\cos30° = -17.3 \text{N} \cdot \text{m}$$

对于图 2.12（b）中的情况，力臂 $d = 200\sin30°$ mm，故力对 O 点之矩为

$$M_O(\boldsymbol{F}) = Fd = 100 \times 200 \times 10^{-3}\sin30° = 10 \text{N} \cdot \text{m}$$

对于图 2.12（c）中的情况，力臂 $d = 200$ mm，故力对 O 点之矩为

$$M_O(\boldsymbol{F}) = -Fd = -100 \times 200 \times 10^{-3} = -20 \text{N} \cdot \text{m}$$

实例点评

由此可见，在三种情形中，图 2.12（c）中的力对 O 点之矩数值最大，工作效应最高，这与实践经验是一致的。

2.2.2 力偶

在日常生活中常见物体同时受到大小相等、方向相反、作用线互相平行的两个力作用的情况。例如，用手拧水龙头［图 2.13（a）］和汽车司机用手转动方向盘［图 2.13（b）］，两个力 $\boldsymbol{F}$ 和 $\boldsymbol{F}'$（$\boldsymbol{P}$ 和 $\boldsymbol{P}'$）就是这样的力。在力学上，我们把两个大小相等、方向相反、作用线相互平行的一对力称为力偶，并记为 $(\boldsymbol{F}, \boldsymbol{F}')$。

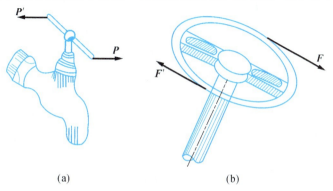

图 2.13 力偶应用示意图

力偶使刚体产生的转动效应用力偶矩来表达，它等于其中一个力的大小和两个力之间的垂直距离的乘积，记为 $M(\boldsymbol{F}、\boldsymbol{F}')$。考虑到物体的转向，力偶矩可写为

$$M = \pm Fd \tag{2.6}$$

力偶矩的正负号规定与力矩规定一样，**使物体绕矩心逆时针方向转动为正，反之为负**。

在平面问题中，力偶矩也是代数量。力偶矩的单位与力矩相同，为牛顿·米（N·m）。力偶是由一对大小相等、方向相反、不在同一条直线上的两个力组成的，故其有以下特性：

1) 力偶在其作用面内任一轴上的投影为零。
2) 力偶对其作用面内任一点之矩与矩心位置无关，恒等于力偶矩。

特别提示：

1) 力偶没有合力，一个力偶既不能用一个力代替，也不能和一个力平衡。力偶在任一轴上投影的代数和为零。
2) 只要力偶矩保持不变，力偶可在其平面内任意移转；或者同时改变力偶中力的大小和力臂的长短，力偶对物体的作用效应不变。
3) 与力的三要素类似，力偶矩的大小、力偶的转向和力偶的作用面也称为力偶的三要素。

2.2.3 平面力偶系的合成与平衡

1. 平面力偶系的合成

作用在同一物体上的若干个力偶组成一个力偶系。若力偶系中各力偶均作用在同一平面上，则称为**平面力偶系**。

既然力偶对物体只有转动效应而无移动效应，而且转动效应由力偶矩来度量，那么平面内有若干个力偶同时作用时（平面力偶系）也只能产生转动效应而无移动效应，且其转动效应的大小等于各力偶转动效应的总和。可以证明，平面力偶系合成的结果是一个合力偶，合力偶矩等于各分力偶矩的代数和，即

$$M = M_1 + M_2 + \cdots + M_n = \sum M \tag{2.7}$$

特别提示： 力矩和力偶都能使物体转动，但力矩使物体转动的效果与矩心的位置有关，力作用线到矩心的距离不同，力矩的大小也不同；而力偶就无所谓矩心，它对其作用平面内任一点的矩都一样，都等于力偶矩。

【**例 2.6**】 某物体受三个共面力偶的作用，试求合力偶，已知 $F_1 = 9$kN，$d_1 = 1$m，力偶转向为顺时针，$F_2 = 6$kN，$d_2 = 0.5$m，力偶转向为逆时针，$M_3 = -12$kN·m。

解 由式（2.6）可得

$$M_1 = -F_1 \cdot d_1 = -9 \times 1 = -9 \text{kN·m}$$
$$M_2 = F_2 \cdot d_2 = 6 \times 0.5 = 3 \text{kN·m}$$

由式（2.7）可得合力偶为

$$M = M_1 + M_2 + M_3 = -9 + 3 - 12 = -18\text{kN}\cdot\text{m}$$

> **实例点评**
> 力偶合成后仍然是力偶。

2. 平面力偶系的平衡条件

若平面力偶系的合力偶矩为零，则物体在该力偶系的作用下将不产生转动而处于平衡状态；反之，若物体在平面力偶系作用下处于平衡状态，则该力偶系的合力偶矩肯定为零。因此，平面力偶系平衡的必要和充分条件是：力偶系的合力偶矩等于零，即

$$\sum M = 0 \tag{2.8}$$

上式称为平面力偶系的平衡方程。平面力偶系只有一个独立的平衡方程，只能求解一个未知量。

[例 2.7] 梁 AB 受一力偶作用，力偶矩 $m=1000\text{N}\cdot\text{m}$，如图 2.14（a）所示。已知梁长 $AB=4\text{m}$，试求支座 A 和 B 的反力。

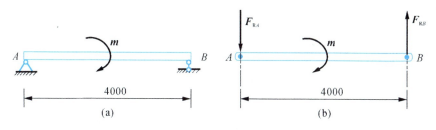

图 2.14 梁 AB 示意图

解 1) 取梁 AB 为研究对象。

2) 画梁 AB 的受力图，如图 2.14（b）所示。梁 AB 仅受一主动力偶 m 作用，则 A、B 两点也将组成力偶，与已知力偶平衡，则 B 点的反力可直接确定方向。根据力偶必须由力偶来平衡，支座 A 的反力也能确定为垂直向下，与 B 点的反力构成约束反力偶。

3) 列平衡方程。

$$\sum m = 0, \quad 4F_{RA} - m = 0$$

得

$$F_{RA} = m/4 = 250\text{N}$$
$$F_{RB} = F_{RA} = 250\text{N}$$

> **实例点评**
> 力偶必须且仅能由力偶来平衡。

【例 2.8】 平面机构 OABC 如图 2.15（a）所示，已知作用在 OA 杆上的力偶矩为 m_1，为使机构在 $α=β=45°$ 时处于平衡状态，试求作用在杆 BC 杆上的力偶矩 m_2，设 OA 长度为 a，BC 杆长度为 b，各杆重量与摩擦不计。

解 1）分别取 OA 和 BC 为研究对象，并画受力图，如图 2.15（b，c）所示。由于 AB 杆为二力杆，所以 F_{NAB}、F_{NBA} 都平行于连杆 AB，因而 O、C 两点的约束反力也都平行于杆 AB。

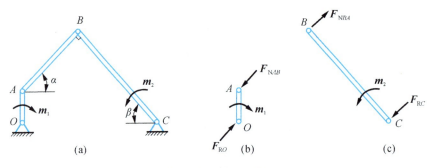

图 2.15 例 2.8 图

2）根据图 2.15（b）列平衡方程。

$$\sum m = 0, \quad F_{NAB} OA \cos 45° - m_1 = 0; \quad F_{NAB} = \frac{m_1}{a\cos 45°}$$

3）根据图 2.15（c）列平衡方程。

$$\sum m = 0, \quad m_2 - F'_{NBA} BC = 0, \quad m_2 = \frac{m_1 b}{a\cos 45°} = \sqrt{2}\,\frac{b}{a} m_1$$

— 实例点评 —

通过以上例题可以总结出求解平面力偶系平衡问题的关键点是：力偶只能和力偶平衡。从这一要点出发可以解决很多问题。

2.3 梁式结构的反力计算

工程中有很多结构形式，我们把以受弯为主的基本构件称为梁。如图 2.16（a）中承受均布荷载的梁支承在砖墙上，可简化为两端铰接的平面简支梁，图 2.16（b）中的雨篷挑梁可简化为一端固定的平面悬臂梁，图 2.16（c）中的双杠也可简化为两端铰接的外伸梁。

若各力系作用线在同一平面内，既不完全汇交于一点，也不完全平行，称为平面一般力系。若力系和结构都在同一平面内，则此结构就是平面一般力系作用下的平面结构。

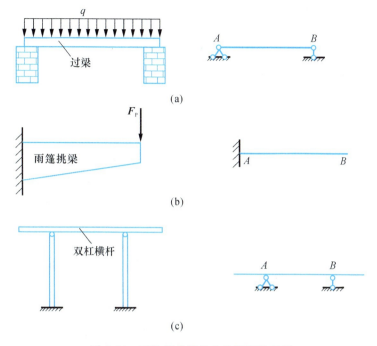

图 2.16 三种简单梁的支承情况示意图

2.3.1 平面一般力系的简化

1. 力的平移定理

对于刚体，刚体上的力沿其作用线滑移时的等效性质称为力的可传性，而力的作用线平行移动后将改变力对刚体的作用效果。作用于刚体上的力可向刚体上任一点平移，平移后需附加一力偶，才能保持作用效果同原结构，此力偶矩等于原力对平移点之矩，这就是力的平移定理。这一定理可用图 2.17 表示。图 2.17（a）为原结构，图 2.17（b）为原结构在 O 点加上一对大小相等、方向相反、作用点相同的力 F' 和 F''，使 $F' = -F'' = F$ 则不会改变原结构的受力情况。由图 2.17（c）可知，F，F'' 组成了力偶 M_O，三个图的受力等效，由图 2.17（a）到图 2.17（c）完成了力的平移过程。

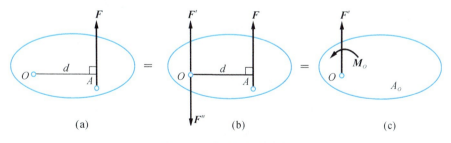

图 2.17 力的平移示意图

应用力的平移定理时必须注意：
1）力作用线平移时所附加的力偶矩的大小、转向与平移点的位置有关。
2）力的平移定理只适用于刚体，对变形体不适用。
3）力的作用线只能在同一刚体内平移，不能平移到另一刚体。
4）力的平移定理的逆定理也成立。

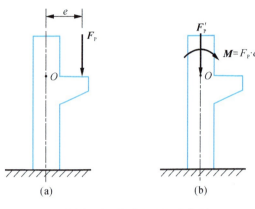

图 2.18 工业厂房柱示意图

由力的平移定理，可以将一个力分解为一个力和一个力偶；也可以将同一平面内的一个力和一个力偶合成一个力，合成过程就是图 2.17 的逆过程。

力的平移定理是力系向一点简化的理论依据，也是分析力对物体作用效应的重要方法之一。如在设计单层工业厂房的柱子时通常要将作用于牛腿上的力 F_P ［图 2.18（a）］平移到柱子的轴线上，如图 2.18（b）所示。显然，轴向力 F_P 使柱产生压缩效应，而力偶 M 使柱产生弯曲效应，该柱实际受到偏心压力的作用。

2 平面力系的简化

在不改变刚体作用效果的前提下，用简单力系代替复杂力系的过程，称为平面力系的简化。设刚体上作用着平面一般力系 F_1，F_2，F_3，…，F_n，如图 2.19（a）所示。在力系所在平面内任选一点 O 作为简化中心，并根据力的平移定理将力系中各力平移到 O 点，同时附加相应的力偶，于是原力系等效地简化为两个力系，即作用于 O 点的平面汇交力系 F'_1，F'_2，…，F'_n 和力偶矩 M_1，M_2，…，M_n 组成的附加平面力偶系，如图 2.19（b）所示，其中，

$$F'_1 = F_1, \quad F'_2 = F_2, \quad \cdots, \quad F'_n = F_n$$
$$M_1 = M_O(F_1), \quad M_2 = M_O(F_2), \quad \cdots, \quad M_n = M_O(F_n)$$

平面汇交力系 F'_1，F'_2，…，F'_n 可合成一个力，该力称为原力系的主矢量，记为 F'_R，即

$$F'_R = F'_1 + F'_2 + \cdots + F'_n = \sum F' = \sum F$$

其作用点在简化中心 O，大小、方向可用解析法计算，即

$$\left.\begin{aligned} F'_{Rx} &= F_{1x} + F_{2x} + \cdots + F_{nx} = \sum F_x \\ F'_{Ry} &= F_{1y} + F_{2y} + \cdots + F_{ny} = \sum F_y \\ F_R &= \sqrt{F'^2_{Rx} + F'^2_{Ry}} = \sqrt{(\sum F_x)^2 + (\sum F_y)^2} \\ \tan\alpha &= \left|\frac{F'_{Ry}}{F'_{Rx}}\right| = \left|\frac{\sum F_y}{\sum F_x}\right| \end{aligned}\right\} \quad (2.9)$$

式中，α ——F'_R 与 x 轴所夹的锐角。

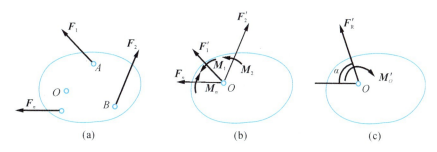

图 2.19 平面力系的简化示意图

F'_R 的指向可由 $\sum F_x$，$\sum F_y$ 的正负确定。显然，其大小与简化中心的位置无关。

附加力偶系可以合成为一个力偶，如图 2.19（c）所示，其力偶矩称为原力系的**主矩**，记作 M'_O，即

$$\begin{aligned}M'_O &= M_1 + M_2 + \cdots + M_n \\ &= M_O(\boldsymbol{F}_1) + M_O(\boldsymbol{F}_2) + \cdots + M_O(\boldsymbol{F}_n) \\ &= \sum M_O(\boldsymbol{F}_i)\end{aligned} \qquad (2.10)$$

显然，其大小与简化中心的位置有关。

平面内任意力系向一点简化，一般可以得到一个力和一个力偶，而最终结果可能出现以下四种情况：

1) 力系可简化为一个合力。

2) 当 $\boldsymbol{F}'_R \neq 0$，$M'_O \neq 0$ 时，根据力的平移定理逆过程，可将 $\boldsymbol{F}'_R$ 和 M_O 简化为一个合力，合力的大小、方向与主矢相同，合力作用线不通过简化中心。当 $\boldsymbol{F}'_R \neq 0$、$M'_O = 0$ 时，$\boldsymbol{F}'_R$ 即为原力系的合力，$\boldsymbol{F}_R = \boldsymbol{F}'_R$，且作用线通过简化中心。

3) 力系可简化为一个合力偶。当 $\boldsymbol{F}'_R = 0$，$M'_O \neq 0$ 时，原力系的最后简化结果就是一个合力偶，合力偶矩等于主矩。此时主矩与简化中心的位置无关。

4) 力系处于平衡状态。当 $\boldsymbol{F}'_R = 0$，$M'_O = 0$ 时，力系为平衡力系。

【例 2.9】 如 2.20（a）所示，物体受 $\boldsymbol{F}_1$，$\boldsymbol{F}_2$，$\boldsymbol{F}_3$，$\boldsymbol{F}_4$，$\boldsymbol{F}_5$ 五个力的作用，已知各力的大小均为 10N，试将该力系分别向 A 点和 D 点简化。

解 1) 建立直角坐标系 Axy，向 A 点简化的结果如图 2.20（b）所示。

$$F'_{Ax} = \sum F_x = F_1 - F_2 - F_5 \cos 45°$$

$$= 10 - 10 - 10 \times \frac{\sqrt{2}}{2} = -5\sqrt{2}\text{N}$$

$$F'_{Ay} = \sum F_y = F_3 - F_4 - F_5 \sin 45°$$

$$= 10 - 10 - 10 \times \frac{\sqrt{2}}{2} = -5\sqrt{2}\text{N}$$

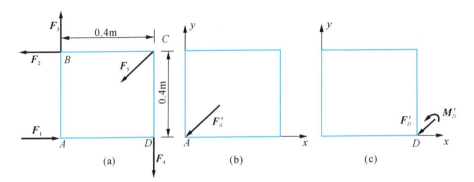

图 2.20 例 2.9 图

$$F'_A = \sqrt{F'^2_{Ax} + F'^2_{Ay}} = \sqrt{(-5\sqrt{2})^2 + (-5\sqrt{2})^2} = 10\text{N}$$

$$M'_A = \sum M_A(\boldsymbol{F}) = 0.4F_2 - 0.4F_4 = 0$$

2) 建立直角坐标系 Axy，向 D 点简化的结果如图 2.20 (c) 所示。

$$F'_{Dx} = \sum F_x = F_1 - F_2 - F_5\cos45°$$

$$= 10 - 10 - 10 \times \frac{\sqrt{2}}{2} = -5\sqrt{2}\text{N}$$

$$F'_{Dy} = \sum F_y = F_3 - F_4 - F_5\sin45°$$

$$= 10 - 10 - 10 \times \frac{\sqrt{2}}{2} = -5\sqrt{2}\text{N}$$

$$F'_D = \sqrt{F'^2_{Ax} + F'^2_{Ay}} = \sqrt{(-5\sqrt{2})^2 + (-5\sqrt{2})^2} = 10\text{N}$$

$$M'_D = \sum M_A(\boldsymbol{F}) = 0.4F_2 - 0.4F_3 + 0.4F_5\sin45°$$

$$= 0.4 \times 10 - 0.4 \times 10 + 0.4 \times 10 \times \frac{\sqrt{2}}{2} = 2\sqrt{2}\text{N}\cdot\text{m}$$

> **实例点评**
> 此题以实例说明主矢的大小与简化中心的位置无关，而主矩大小则与简化中心点的选取有关。

2.3.2 平面一般力系的平衡及应用

平面一般力系简化后，若主矢 $\boldsymbol{F}'_R$ 为零，刚体无移动效应；若主矩 M'_O 为零，刚体无转动效应；若两者均为零，则刚体既无移动效应也无转动效应，即刚体保持**平衡**。反之，若刚体平衡，则主矢和主矩必定同时为零，即

$$\left. \begin{array}{r} F'_R = 0 \\ M'_O = 0 \end{array} \right\}$$

平面一般力系平衡的必要和充分条件：$F'_R = 0$、$M'_O = 0$。由合力为零可知其在 x 轴

和 y 轴上的分力也必为零，可得

$$\left.\begin{array}{l}\sum F_x = F_{1x} + F_{2x} + \cdots + F_{nx} = 0 \\ \sum F_y = F_{1y} + F_{2y} + \cdots + F_{ny} = 0 \\ \sum M_O(\boldsymbol{F}) = M_O(\boldsymbol{F}_1) + M_O(\boldsymbol{F}_2) + \cdots + M_O(\boldsymbol{F}_n) = 0\end{array}\right\} \quad (2.11)$$

上式是由平衡条件导出的平面一般力系平衡方程的一般形式。平面一般力系平衡方程还有两种常用形式，即二矩式和三矩式。

二矩式平衡方程为

$$\left.\begin{array}{l}\sum F_x = 0 \\ \sum M_A(\boldsymbol{F}) = 0 \\ \sum M_B(\boldsymbol{F}) = 0\end{array}\right\} \quad (2.12)$$

应用二矩式的条件是 A、B 两点的连线不垂直于投影轴 x 轴。

三矩式平衡方程为

$$\left.\begin{array}{l}\sum M_A(\boldsymbol{F}) = 0 \\ \sum M_B(\boldsymbol{F}) = 0 \\ \sum M_C(\boldsymbol{F}) = 0\end{array}\right\} \quad (2.13)$$

应用三矩式的条件是 A、B、C 三点不共线。

物体在平面一般力系作用下的平衡条件各有三个平衡方程，解题时究竟采用哪一组平衡方程，主要取决于计算是否简便。但不论采用哪一组平衡方程，对于同一物体，只能列出三个独立的平衡方程，最多求解出三个未知力，任何多列出的平衡方程都不再是独立方程，但可以用来校核计算结果。

用平衡条件求解未知力的计算步骤为：

1）确定研究对象。应选取同时有已知力和未知力作用的物体为研究对象。

2）画出分离体的受力图。画出所有作用于研究对象上的力。

3）选取坐标轴和矩心。选取坐标轴时，应尽可能使坐标原点通过力的相交点，坐标轴平行或垂直于力作用线。

4）列出平衡方程，求解。根据具体结构，选择合适的平衡方程形式，以使计算简便。

由力矩的特点可知，如有两个未知力相互平行，可选垂直两力的直线为坐标轴；若有两个未知力相交，可选取两个未知力的交点为矩心。尽可能使一个平衡方程只包含一个未知数，这样可使方程计算很简单。

在平面一般力系中有一个特例，即各力的作用线互相平行，这种力系称为平面平行力系，在结构工程中也经常见到。如图 2.16（a）所示，简支梁在均布荷载作用下，其平衡方程可表达为

$$\left.\begin{array}{l}\sum F_y = 0 \quad (y \text{轴与力系作用线平行}) \\ \sum M_O(\boldsymbol{F}) = 0\end{array}\right\} \quad (2.14)$$

【例 2.10】 如图 2.21（a）所示为一管道支架，其上搁置两条管道。设支架所承受的管重 $G_1=12\text{kN}$，$G_2=7\text{kN}$，若支架的自重不计，求支座 A 和 C 的约束反力。

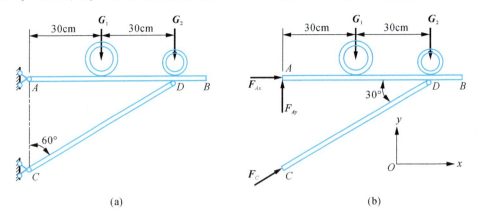

图 2.21 例 2.10 图

解 1）取横梁 AB 为研究对象，画受力图，建立直角坐标系 Oxy，如图 2.21（b）所示。

2）列平衡方程。

$$\sum M_A(\boldsymbol{F})=0,\quad F_C\cos30°\times 60\tan30°-G_1\times 30-G_2\times 60=0$$

$$F_C=G_1+2G_2=26\text{kN}$$

$$\sum F_x=0,\quad F_C\cos30°+F_{Ax}=0$$

$$F_{Ax}=-F_C\cos30°=-22.5\text{kN}$$

式中，负号表示实际方向与图中所设的指向相反。

$$\sum F_y=0,\quad F_C\sin30°+F_{Ay}-G_1-G_2=0$$

$$F_{Ay}=-F_C\sin30°+G_1+G_2=6\text{kN}$$

实例点评

此题还可采用二力矩形式的平衡方程求解。由 $\sum M_D(\boldsymbol{F})=0$ 得

$$-F_{Ay}\times 60+G_1\times 30=0$$

$$F_{Ay}=6\text{kN}$$

同样，如果用三力矩形式的平衡方程解本题，则保留上面的平衡方程 $\sum M_A(\boldsymbol{F})=0$，$\sum M_D(\boldsymbol{F})=0$，并列出平衡方程 $\sum M_C(\boldsymbol{F})=0$，即

$$-F_{Ax}\times 60\tan30°-G_1\times 30-G_2\times 60=0$$

$$F_{Ax}=-\frac{G_1+2G_2}{2\tan30°}=-22.5\text{kN}$$

所得结果与上文一致。由此可见，虽然以上对 AB 梁总共列出了 5 个平衡方程，但其中只有三个彼此独立，故所能求出的未知数不会超过 3 个。

小　　结

本单元主要研究平面汇交力系、平面力偶系和平面一般力系的合成、分解与平衡问题。

1. 平面汇交力系的合成结果是一个合力，这个力等于力系中所有各力的矢量和。

2. 平面汇交力系的平衡条件是合力为零，即 $\boldsymbol{F}_R=0$。

其平衡方程也可以表达为力在直角坐标系上的投影为零，即 $\sum F_x=0, \sum F_y=0$。

3. 力偶是力学中的一个基本量，它在坐标轴上的投影恒等于零。力偶对任意点之矩为一常量，等于力偶中力的大小与力偶臂的乘积。力偶不能与力平衡，只能与力偶平衡。力偶在作用面内任意移转，而且能同时改变力偶中力的大小和力偶臂的长短而不改变力偶的作用效应。

4. 平面力偶系的合成结果是一个合力偶，其大小等于力系中所有各力偶矩的代数和。

5. 平面力偶系的平衡条件：合力偶矩为零。

（1）合力偶 $m = \sum m$。

（2）平衡方程 $\sum m = 0$。

6. 力平行移动作用线后必须附加一个力偶。

7. 合力对某点之矩等于各分力对同一点力矩的代数和。力矩的大小和其作用点位置相关，随着作用点的位置的改变而改变。

8. 平面一般力系平衡的充分必要条件是主矢 $\boldsymbol{F}_R=0$，主矩 $M_O=0$。

平衡方程的一般形式为：$\sum F_x=0, \sum F_y=0, \sum M_O(\boldsymbol{F})=0$。

9. 平面一般力系平衡问题的解题步骤为：

（1）选取研究对象。

（2）画出隔离体受力图。

（3）选取坐标轴和矩心。

（4）列出平衡方程，求解未知量。

（5）对计算结构进行讨论分析。

10. 平面一般力系是工程中最常见的受力形式，其受力可分解为平面一般力系和平面力偶系，学习内容也是平面汇交力系和力偶系的综合应用，学习时要注意三者的相关关系，融会贯通。

思　考　题

2.1　在什么情况下力在轴上的投影等于力的大小？在什么情况下力在轴上的投影等于零，而力本身不为零？同一个力在两个相互垂直的轴上的投影有何关联？

2.2 写出图中所示各力在坐标轴 x、y 上的投影。

2.3 如图所示，A、B 为光滑面，求重量为 G 的球对 A、B 面的压力。有人这样考虑：把球的重力 G 向 OA 方向投影就行了，这样他就得出了 $N_A = N_B = G\cos 30°$。这样做对吗？正确的解法应该如何？

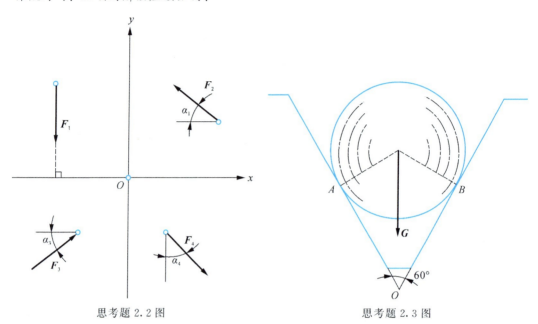

思考题 2.2 图　　　　　　　　　　　思考题 2.3 图

2.4 "力偶的合力为零"，这样说的对吗？为什么？

2.5 力偶不能用一个力来平衡，那么如何解释图示的平衡现象？

2.6 如图所示，杆 AB 上作用一力偶，已知力的大小为 F，AB 杆的长度为 L，则 $m(\mathbf{F}, \mathbf{F}') = F \cdot L$。对吗？为什么？

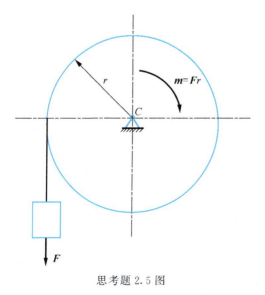
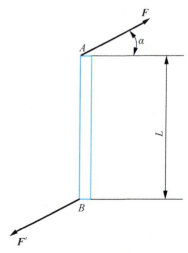

思考题 2.5 图　　　　　　　　　　　思考题 2.6 图

习　题

一、填空题

1. 力 F 与 x 轴垂直，则力 F 在 x 轴上的投影为 _____。
2. 力 F 的作用线通过 A 点，则力 F 对 A 点的力矩 $M_A(F)$ = _____。
3. 平面汇交力系合成的结果是 _____。
4. 平面一般力系合成的结果是 _____。
5. 力偶在任一轴上的投影都等于 _____。
6. 当一个力使物体绕矩心逆时针转动时，此力矩取 _____。

二、单选题

1. 平面汇交力系的平衡方程是（　　）。
   A. $\sum F_x = 0$　　　　　　　　B. $\sum F_y = 0$
   C. $\sum M_O(F) = 0$　　　　　D. A 和 B

2. 平面一般力系的平衡方程是（　　）。
   A. $\sum F_x = 0$　　　　　　　　B. $\sum F_y = 0$
   C. $\sum M_O(F) = 0$　　　　　D. 以上三个都是

3. 关于平面力系与其平衡方程，下列表述中正确的是（　　）。
   A. 任何平面力系都具有三个独立的平衡方程式
   B. 任何平面力系只能列出三个平衡方程式
   C. 任何平面力系都具有两个独立的平衡方程式
   D. 平面力系如果平衡，则该力系在任意选取的投影轴上投影的代数和必为零。

4. 平面一般力系的独立平衡方程个数为（　　）个。
   A. 5　　　　B. 4　　　　C. 3　　　　D. 2

三、判断题

1. 根据力的平移定理，可以将一个力分解成一个力和一个力偶；反之，一个力和一个力偶可以合成为一个力。（　　）
2. 平面一般力系平衡的必要与充分条件是：力系的合力等于零。（　　）
3. 平面汇交力系的合力等于零，该力系平衡。（　　）
4. 力偶没有合力，所以不能用一个力来代替，也不能和一个力平衡，力偶只能和力偶平衡。（　　）
5. 两个力在 x 轴上的投影相等，则这两个力大小相等。（　　）

四、主观题

1. 如图所示，球体重 50N，放在倾角为 30°的光滑斜面上，用一平行于斜面的绳子

BC 系住,试求绳子的拉力和斜面所受到的压力。

2. 试求图示三角架中杆 AC 和 BC 所受的力。已知载荷 P=100N,杆的自重不计,α=30°,β=60°。

3. 如图所示简易起重机用钢丝绳吊起重 G=4kN 的重物,不计杆件自重、摩擦及滑轮大小,A、B、C 三处均为铰链连接,求杆 AB 和 AC 所受的力。

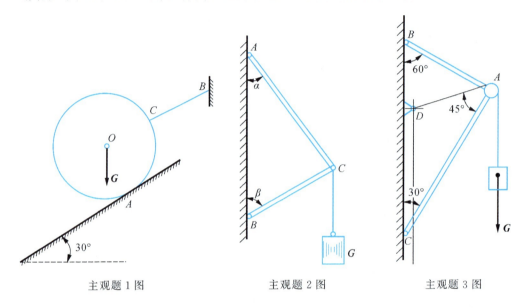

主观题1图　　　主观题2图　　　主观题3图

4. 连杆增力夹具如图所示,已知推力 P 作用于 A 点,夹紧平衡时杆与水平线的夹角为 α,求夹紧时 Q 的大小。(杆重不计)

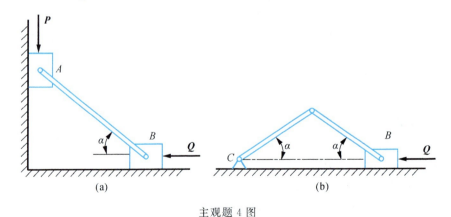

主观题4图

5. 如图所示,三铰钢架受集中力 P 作用,不计自重,求支座 A、B 的约束反力。

6. 梁的受力情况如图所示,求支座 A、B 的约束反力。

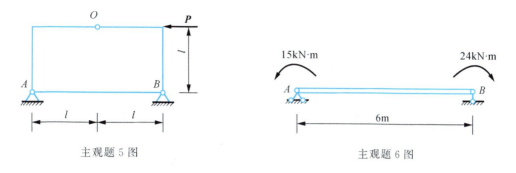

主观题 5 图   主观题 6 图

7. 试计算图中各力 **P** 对 O 点之矩。

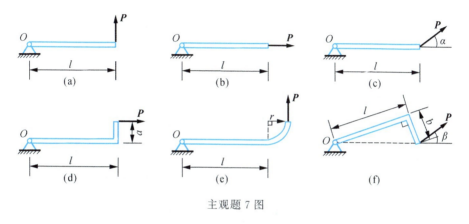

主观题 7 图

8. 如图所示铰接四连杆机构的杆 OA 上作用有力矩为 $m_2 = \dfrac{m_1}{4}$ 的力偶。为使机构在 $\alpha = 90°$、$\beta = 30°$ 时处于平衡，试求必须作用在杆 O_1B 上的力偶矩 m_2。设 $OA = 400$mm，$O_1B = 200$mm，各杆的自重与摩擦不计。

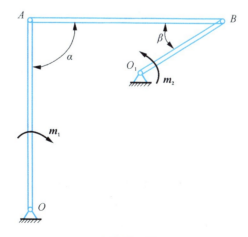

主观题 8 图

9. 试求图示各悬臂梁的支座反力。

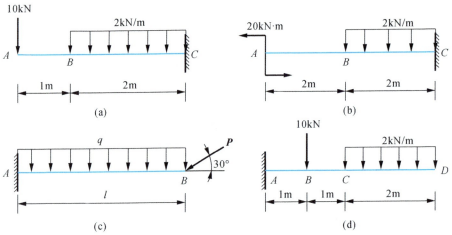

主观题 9 图

10. 求图示各外伸梁的支座反力。

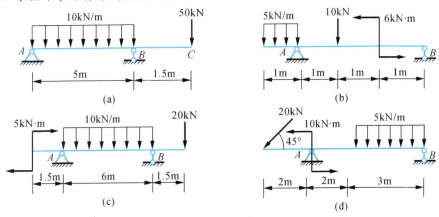

主观题 10 图

11. 求图示多跨静定梁的支座反力。

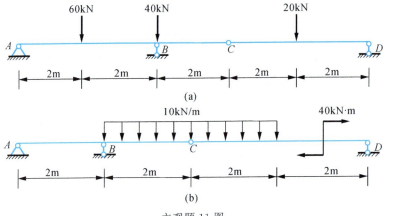

主观题 11 图

12. 试求图示三铰刚架的支座反力。

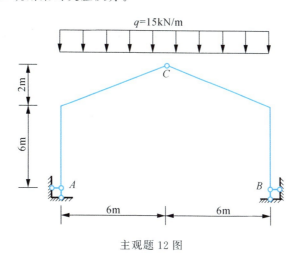

主观题 12 图

第 3 单元

构件的内力、应力及强度计算

☞ 【教学目标】

了解杆件的受力、变形特点；了解内力、应力的概念；熟练绘制杆的轴力图；掌握杆件横截面上的内力、应力、强度计算；了解剪切和挤压的概念；掌握连接件的强度计算。

了解圆轴扭转时受力、变形特点；掌握外力偶矩、扭矩的计算和扭矩图的绘制；正确理解和应用圆轴扭转时横截面上的剪应力公式；掌握圆轴扭转的强度条件。

了解工程上常见梁的受力、变形特点，熟练绘制单跨梁的剪力、弯矩图；掌握梁横截面上的内力、应力、强度计算。

了解一点应力状态的概念；能用解析法计算任一斜截面上的应力；能用解析法计算主平面和主应力；能用解析法计算梁的主应力。

【学习重点与难点】

杆件的受力、变形特点；内力、应力的概念；绘制杆的轴力图；杆件横截面上的内力、应力、强度计算；剪切和挤压的概念；连接件的强度计算。

圆轴扭转时的受力、变形特点；外力偶矩、扭矩的计算和扭矩图的绘制；圆轴扭转时横截面上的剪应力公式；圆轴扭转的强度条件。

工程上常见梁的受力、变形特点，单跨梁的剪力、弯矩图；梁横截面上的内力、应力强度计算。

一点应力状态的概念；计算任一斜截面上的应力；解析法计算主平面和主应力；解析法计算梁的主应力。

在拔河比赛中，甲乙双方各在一方用力拉绳索，争取胜利。这绳索受怎样的力呢？比赛的每一个人应该怎样用力，才能发挥最大的作用？

3.1 轴向拉压杆的内力、应力及强度计算

在建筑物和机械等工程结构中经常使用受拉伸或压缩的构件。

如图 3.1 所示,拔桩机在工作时,油缸顶起吊臂,将桩从地下拔起,油缸杆受压缩而变形,桩在拔起时受拉伸而变形,钢丝绳受拉伸而变形。

如图 3.2 所示,桥墩承受桥面传来的载荷,以压缩变形为主。

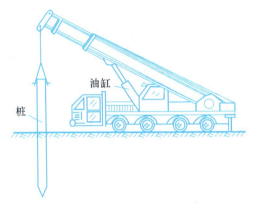

图 3.1 拔桩

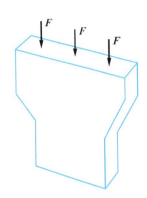

图 3.2 桥墩示意图

如图 3.3 所示,钢木组合桁架中的钢拉杆以拉伸变形为主。图 3.4 所示厂房用的混凝土立柱以压缩变形为主。

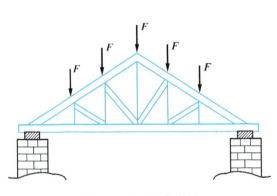

图 3.3 钢木组合桁架

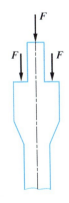

图 3.4 混凝土立柱

3.1.1 轴向拉伸与压缩的概念

在工程中以拉伸或压缩变形为主的构件称为**杆件**。

杆件的外力特点:杆件所承受的外力或外力合力作用线与杆轴线重合。杆件受拉

力作用产生的变形称为**轴向拉伸**，杆件受压力作用产生的变形称为**轴向压缩**。

杆件的变形特点：杆件在外力作用下所有的纵向纤维都有相同的伸长或缩短，即产生**轴向拉伸**或**轴向压缩变形**。

3.1.2 轴向拉（压）杆的内力与轴力图

1. 内力的概念

凡其他物体对研究对象的作用都视为外力，例如支座反力、荷载等。

物体在外力作用下内部各质点的相对位置将发生改变，其质点的相互作用力也会发生变化。这种由于物体受到外力作用而引起的内力的改变量称为**附加内力**，简称**内力**。在建筑力学中，将物体不受外力作用时的内力看作零，而把外力作用后引起的附加内力定义为**内力**。

内力随外力的增大而增大，但是它的变化是有一定限度的，不能随外力的增加而无限地增加。当内力加大到一定限度时构件就会破坏，因而内力与构件的强度、刚度是密切相关的。内力是建筑力学研究的重要内容。

2. 求解内力的基本方法——截面法

求构件内力的基本方法是截面法，即假想将杆件沿需求内力的截面截开，将杆分成两部分，任取其中一部分作为研究对象，此时截面上的内力显示了出来。杆件在内力与外力的作用下保持平衡，由静力平衡条件可求出内力。这种求内力的方法就是截面法。

截面法的计算可用三个词来归纳：

1) 截取：在需求内力的截面用一个假想的平面将杆件截开，将杆分成两部分，任取其中一部分作为研究对象。

2) 代替：将弃去部分对留下部分的作用以截面上的内力来代替。

3) 平衡：对留下的部分建立平衡方程，求出内力的数值和方向。

在轴向外力 F 作用下的等直杆，如图 3.5（a）所示，假想用一横截面将杆沿截面 m—m 截开，取左段部分为研究对象，画受力图；由于整个杆件处于平衡状态，所以左段也保持平衡。利用截面法可以确定 m—m 横截面上的唯一内力分量为**轴力** F_N，其作用线垂直于横截面并通过形心，如图 3.5（b）所示。

利用平衡方程

$$\sum F_x = 0$$

得

$$F_N = F$$

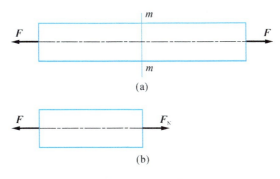

图 3.5 等直杆图

通常规定：轴力 F_N 使杆件受拉时为正，受压时为负。

特别提示：内力正负号规定要认真理解，它是构件内部的力外露所致，不同于外力正负号规定。

3. 轴力图

为了表明轴力沿杆轴线变化的情况，用平行于轴线的坐标表示横截面的位置，垂直于杆轴线的坐标表示横截面上轴力的数值，以此表示轴力与横截面位置关系的几何图形称为**轴力图**。作轴力图时应注意以下几点：

1）轴力图的位置应和杆件的位置相对应。轴力的大小按比例画在坐标上，并在图上标出代表点数值。

2）习惯上将正值（拉力）的轴力图画在坐标的正向，负值（压力）的轴力图画在坐标的负向。

【例 3.1】 一等直杆的受力情况如图 3.6（a）所示，试作杆的轴力图。如何调整外力，使杆上的轴力分布得比较合理？

解 1）求 AB 段的轴力。[图 3.6（b）] 用假设截面在 1—1 处截开，设轴力 F_N 为拉力，其指向背离横截面，由平衡方程得

$$F_{N1} = 5\text{kN}$$

2）同理，求 BC 段轴力 [图 3.6（c）]。

$$F_{N2} = 5 + 10 = 15\text{kN}$$

3）求 CD 段轴力。[图 3.6（d）] 为简化计算，取右段为分离体，有

$$F_{N3} = 30\text{kN}$$

4）按作轴力图的规则作出轴力图，如图 3.6（e）所示。

5）轴力的合理分布。该题若将 C 截面的外力 15kN 和 D 截面的外力 30kN 对调，轴力图如图 3.6（f）所示，杆上最大轴力减小了，轴力分布就比较合理。

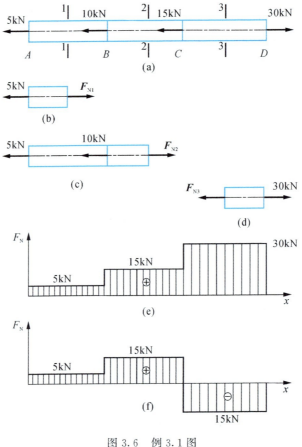

图 3.6 例 3.1 图

> **实例点评**
> 　　在杆件截面尺寸不变时，因为轴力和正应力是正比函数关系。如果杆件上的轴力减小，应力也减小，杆件的强度就会提高。因此，有条件地调整杆上外力的分布，可以达到减小轴力、提高杆件强度的目的。

3.1.3 轴向拉（压）时横截面上的应力

1. 应力的概念

用截面法可求出拉压杆横截面上分布内力的合力，它只表示截面上总的受力情况。单凭内力的合力的大小还不能判断杆件是否会因强度不足而破坏。例如，两根材料相同、截面面积不同的杆，受同样大小的轴向拉力 F 作用，显然两根杆件横截面上的内力是相等的，随着外力的增加，截面面积小的杆件必然先断，这是因为轴力只是杆横截面上分布内力的合力，而要判断杆的强度问题，还必须知道内力在截面上分布的密集程度（简称内力集度）。

内力在一点处的集度称为应力。为了说明截面上某一点 E 处的应力，可绕 E 点取一微小面积 ΔA，作用在 ΔA 上的内力合力记为 ΔF [图 3.7（a）]，则比值

$$p_\mathrm{m} = \frac{\Delta F}{\Delta A}$$

称为 ΔA 上的平均应力。

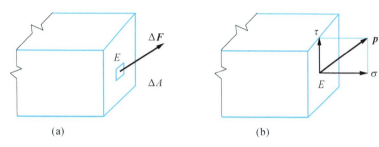

图 3.7 一点处的应力

一般情况下，截面上各点处的内力虽然是连续分布的，但并不一定均匀，因此平均应力的值将随 ΔA 的大小而变化，它还不能表明内力在 E 点处的真实强弱程度。只有当 ΔA 无限缩小并趋于零时，平均应力 p_m 的极限值 p 才能代表 E 点处的内力集度。

$$p = \lim_{\Delta A \to 0} \frac{\Delta F}{\Delta A} = \frac{\mathrm{d}F}{\mathrm{d}A}$$

p 称为 E 点处的应力。

应力 p 也称为 E 点的总应力。通常应力 p 与截面既不垂直也不相切，力学中总是将它分解为垂直于截面和相切于截面的两个分量 [图 3.7（b）]。与截面垂直的应力分量称为正应力（或法向应力），用 σ 表示；与截面相切的应力分量称为剪应力（或切向应力），用 τ 表示。

应力的单位是帕斯卡，简称帕，符号为 Pa。

$$1\mathrm{Pa} = 1\mathrm{N/m^2} \quad (1\text{ 帕} = 1\text{ 牛}/\text{米}^2)$$

工程实际中应力数值较大，常用千帕（kPa）、兆帕（MPa）及吉帕（GPa）作为单位。

$$1\mathrm{kPa} = 10^3 \mathrm{Pa}$$
$$1\mathrm{MPa} = 10^6 \mathrm{Pa}$$
$$1\mathrm{GPa} = 10^9 \mathrm{Pa}$$

工程图纸上，长度尺寸常以 mm 为单位，则

$$1\mathrm{MPa} = 10^6 \mathrm{N/m^2} = 10^6 \mathrm{N}/10^6 \mathrm{mm^2} = 1\mathrm{N/mm^2}$$

特别提示：应力是构件内某一点内力的集度。

2. 杆件横截面上的应力

轴力是轴向拉压杆横截面上的唯一内力分量，但是轴力不是直接衡量拉压杆强度的指标，因此必须研究拉压杆横截面上的应力，即轴力在横截面上分布的集度，试验方法是研究杆件横截面应力分布的主要途径。图 3.8（a）表示横截面为正方形的试样，

其边长为 a，在试样表面相距 l 处画了两个垂直轴线的边框线，表示截面 m—m 和 n—n。试验开始，在试样两端缓慢加轴向外力，当到达 F 时可以观察到边框线 m—m 和 n—n 相对产生了位移 Δl [图3.8（b）]，同时正方形的边长 a 减小，但其形状保持不变，m'—m' 和 n'—n' 仍垂直于轴线。根据试验现象可做以下假设：**受轴向拉伸的杆件，变形后横截面仍保持为平面，两平面相对地位移了一段距离，这个假设称为平面假设。**根据这个假设，可以推论 m'—n' 段纵向纤维伸长一样。根据材料均匀性假设，变形相同，则截面上每点受力相同，即轴力在横截面上分布集度相同 [图3.8（c）]，结论为：**轴向拉压等截面直杆，横截面上正应力均匀分布。**表达式为

$$\sigma = \frac{F_N}{A}$$

或

$$\int_A \sigma \mathrm{d}A = F_N \tag{3.1}$$

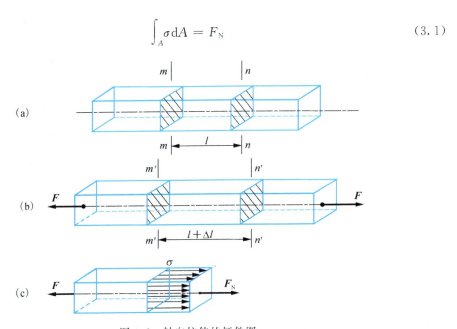

图3.8 轴向拉伸的杆件图

特别提示：经试验证实，以上公式适用于轴向拉压，符合平面假设的横截面为任意形状的等截面直杆。

正应力与轴力有相同的正、负号，即**拉应力为正，压应力为负**。

【**例3.2**】 一阶梯形直杆受力如图3.9（a）所示，已知横截面面积为 $A_1 = 400\mathrm{mm}^2$，$A_2 = 300\mathrm{mm}^2$，$A_3 = 200\mathrm{mm}^2$，试求各横截面上的应力。

解 1）计算轴力，画轴力图。利用截面法可求得阶梯杆各段的轴力为

$$F_1 = 50\mathrm{kN}, \quad F_2 = -30\mathrm{kN}, \quad F_3 = 10\mathrm{kN}, \quad F_4 = -20\mathrm{kN}$$

轴力图如图3.9（b）所示。

2）计算各段的正应力。

AB 段：
$$\sigma_{AB} = \frac{F_1}{A_1} = \frac{50 \times 10^3}{400} = 125 \text{MPa} \quad （拉应力）$$

BC 段：
$$\sigma_{BC} = \frac{F_2}{A_2} = \frac{-30 \times 10^3}{300} = -100 \text{MPa} \quad （压应力）$$

CD 段：
$$\sigma_{CD} = \frac{F_3}{A_2} = \frac{10 \times 10^3}{300} = 33.3 \text{MPa} \quad （拉应力）$$

DE 段：
$$\sigma_{DE} = \frac{F_4}{A_3} = \frac{-20 \times 10^3}{200} = -100 \text{MPa} \quad （压应力）$$

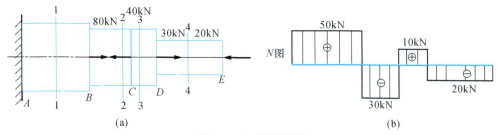

图 3.9　阶梯形直杆图

实例点评

该案例说明了内力、截面、应力三者之间的相互关系，即：内力相同，截面不同，应力不同；内力不同，截面相同，应力不同。并明确作轴力图方法，步骤和要点。

【例 3.3】　石砌桥墩的墩身高 $h=10\text{m}$，其横截面尺寸如图 3.10 所示。如果载荷 $F=1000\text{kN}$，材料的重度 $\gamma=23\text{kN/m}^3$，求墩身底部横截面上的压应力。

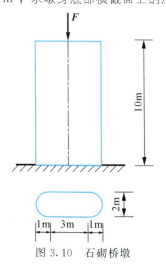

图 3.10　石砌桥墩

解 建筑构件自重比较大时，在计算中应考虑其对应力的影响。

墩身横截面面积

$$A = 3 \times 2 + \frac{\pi \times 2^2}{4} = 9.14 \text{m}^2$$

墩身底面应力

$$\sigma = \frac{F}{A} + \frac{\gamma \cdot Ah}{A} = \frac{1000 \times 10^3}{9.14} + 10 \times 23 \times 10^3$$
$$= 34 \times 10^4 \text{Pa} = 0.34 \text{MPa}(压)$$

实例点评

在结构自重作用下最大内力和最大应力的计算，一定在结构的底部截面。

3.1.4 安全因数、许用应力和强度条件

1. 安全因数与许用应力

在力学性能试验中我们测得了两个重要的强度指标——屈服极限 σ_s 和强度极限 σ_b。对于塑性材料，当应力达到屈服极限时零部件已发生明显的塑性变形，影响其正常工作，称之为**失效**，因此把屈服极限作为塑性材料的**极限应力**。对于脆性材料，直到断裂也无明显的塑性变形，断裂是失效的唯一标志，因而把强度极限作为脆性材料的极限应力。

根据失效的准则，将屈服极限时的应力与强度极限时的应力通称为极限应力，用 σ_u 表示。

为了保障构件在工作中有足够的强度，构件在载荷作用下的工作应力必须低于极限应力。为了确保安全，构件还应有一定的安全储备。在强度计算中，把极限应力 σ_u 除以一个大于1的因数，得到的应力值称为**许用应力**，用 $[\sigma]$ 表示，即

$$[\sigma] = \frac{\sigma_u}{n} \tag{3.2}$$

式中，大于1的因数 n 称为**安全因数**。

许用拉应力用 $[\sigma_t]$ 表示，许用压应力用 $[\sigma_c]$ 表示。在工程中安全因数 n 的取值范围由国家标准规定，一般不能任意改变。一般常用材料的安全因数及许用应力数值在国家标准或有关手册中均可以查到。

2. 强度条件

为了保障构件安全工作，构件内**最大工作应力**必须小于许用应力，表示为

$$\sigma_{max} = \left(\frac{F_N}{A}\right)_{max} \leqslant [\sigma] \tag{3.3}$$

公式（3.3）称为拉压杆的**强度条件**。对于等截面拉压杆，最大工作应力表示为

$$\sigma_{max} = \frac{F_{Nmax}}{A} \leqslant [\sigma] \tag{3.4}$$

利用强度条件可以解决以下三类强度问题：

（1）强度校核

在已知拉压杆的形状、尺寸和许用应力及受力情况下检验构件能否满足上述强度条件，以判别构件能否安全工作。

（2）设计截面

已知拉压杆所受的载荷及所用材料的许用应力，根据强度条件设计截面的形状和尺寸，表达式为

$$A \geqslant \frac{F_{Nmax}}{[\sigma]} \tag{3.5}$$

（3）计算许用载荷

已知拉压杆的截面尺寸及所用材料的许用应力，计算杆件所能承受的许可轴力，再根据此轴力计算许用载荷，表达式为

$$F_{Nmax} \leqslant A[\sigma] \tag{3.6}$$

在计算中，若工作应力不超过许用应力的 5%，在工程中仍然是允许的。

【例 3.4】 已知一个三角托架（图 3.11），AB 杆由两根 $80 \times 80 \times 7$ 等边角钢组成，横截面积为 A_1，长度为 2m；AC 杆由两根 10 号槽钢组成，横截面积为 A_2，钢材为 3 号钢，容许应力 $[\sigma] = 120$MPa，求许可载荷。

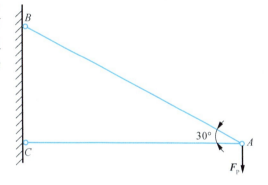

图 3.11 三角托架

解 1）对 A 节点进行受力分析。

$$\sum F_y = 0, \quad F_{NAB}\sin 30° - F_P = 0$$

$$F_{NAB} = \frac{F_P}{\sin 30°} = 2F_P \quad （受拉）$$

$$\sum F_x = 0, \quad -F_{NAB}\cos 30° - F_{NAC} = 0$$

$$F_{NAC} = -F_{NAB}\cos 30° = -1.732F_P \quad （受压）$$

2）计算许可轴力。查型钢表，得

$$A_1 = 10.86 \times 2 = 21.7\text{cm}^2, \quad A_2 = 12.74 \times 2 = 25.48\text{cm}^2$$

由强度计算公式

$$\sigma_{max} = \frac{F_{Nmax}}{A} \leqslant [\sigma]$$

则

$$[F_P] = A[\sigma]$$

$$[F_{NAB}] = 21.7 \times 10^2 \times 120 = 260\text{kN}$$

$$[F_{NAC}] = 25.48 \times 10^2 \times 120 = 306\text{kN}$$

3）计算许可载荷。

$$[F_{P1}] = \frac{[F_{NAB}]}{2} = \frac{260}{2} = 130\text{kN}$$

$$[F_{P2}] = \frac{[F_{NAC}]}{1.732} = \frac{306}{1.732} = 176.5 \text{kN}$$

$$[F_P] = \min\{F_{P1}, F_{P2}\} = 130 \text{kN}$$

> **实例点评**
> 在计算许可载荷时，杆 AB 及杆 AC 分别计算许可载荷后应取最小值。这是为什么？请思考。

【例 3.5】 起重吊钩（图 3.12）的上端靠螺母固定，若吊钩螺栓内径 $d=55\text{mm}$，$F=170\text{kN}$，材料许用应力 $[\sigma]=160\text{MPa}$，试校核螺栓部分的强度。

解 计算螺栓内径处的面积。

$$A = \frac{\pi d^2}{4} = \frac{\pi \times 55^2}{4} = 2375 \text{mm}^2$$

$$\sigma = \frac{F_N}{A} = \frac{170 \times 10^3}{2375} = 71.6 \text{MPa} < [\sigma] = 160 \text{MPa}$$

吊钩螺栓部分强度条件满足。

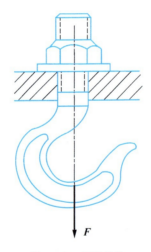

图 3.12 起重吊钩

> **实例点评**
> 强度校核时，在已知结构所受外力、结构各构件的截面尺寸、结构各构件组成材料的前提下，先计算构件的内力，再计算构件的工作应力，后进行校核。

【例 3.6】 如图 3.13 所示一三角托架，AC 是圆钢杆，许用拉应力 $[\sigma_t]=160\text{MPa}$；BC 是方木杆，$F=60\text{kN}$，试选定钢杆直径 d。

解 1）轴力分析。取结点 C 为研究对象，并假设钢杆的轴力 F_{NAC} 为拉力，木杆轴力 F_{NAC} 为压力，对 C 点进行受力分析。

$$\sum F_y = 0, \qquad -F_{NBC} \cdot \sin\alpha - F = 0$$

$$F_{NBC} = -\frac{F}{\sin\alpha} = -\frac{60}{\dfrac{2}{\sqrt{2^2+3^2}}} = -108\text{kN}$$

$$\sum F_x = 0, \qquad -F_{NBC}\cos\alpha - F_{NAC} = 0$$

$$F_{NAC} = -F_{NBC}\cos\alpha = \frac{F}{\sin\alpha}\cos\alpha = 60 \times \frac{3}{2} = 90\text{kN}$$

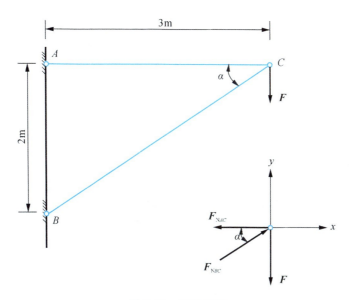

图 3.13 三角托架

2) 设计截面。钢杆横截面积

$$A = \frac{\pi d^2}{4} \geqslant \frac{F_{NAC}}{[\sigma_t]}$$

$$d \geqslant \sqrt{\frac{4F_{NAC}}{\pi[\sigma_t]}} = \sqrt{\frac{4 \times 90 \times 10^3}{\pi \times 160}} = 26.8\text{mm}$$

按模数取 $d = 28$mm。

实例点评

在截面尺寸设计中,构件尺寸的最终值一般要取正整数,有时还需按原材料模数取值。

3.1.5 连接件的强度计算

在工程实际中,任何一个结构物总是通过一些连接件将一些基本构件连接起来而形成的,例如连接构件用的螺栓、销钉、焊接、榫接等。这些连接件不仅受剪切作用,而且伴随着挤压作用，本节主要介绍剪切和挤压的实用计算。

1. 剪切计算

在工程中连接件主要产生剪切变形。如图 3.14 所示，两块钢板通过铆钉连接，其中铆钉的受力如图 3.14（b）所示，在外力作用下，铆钉的 m—n 截面将发生相对错动，m—n 截面称为**剪切面**。利用截面法，从 m—n 截面截开，在剪切面上与截面相切的内力如图 3.14（c）所示，称为**剪力**，用 F_Q 表示，由平衡方程可知

$$F_Q = F$$

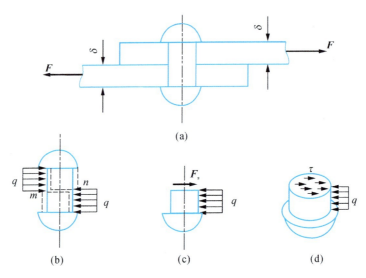

图 3.14 铆钉连接

在剪切面上，假设切应力均匀分布，得到**名义切应力**，即

$$\tau = \frac{F_Q}{A} \tag{3.7}$$

式中，A——剪切面面积。

剪切极限应力可通过材料的剪切破坏试验确定。在试验中测得材料剪断时的剪力值，同样按式（3.7）计算，得剪切极限应力 τ_u，极限应力 τ_u 除以安全因数，即得出材料的许用应力 $[\tau]$，则剪切强度条件可表示为

$$\tau = \frac{F_Q}{A} \leqslant [\tau] \tag{3.8}$$

在工程中，剪切计算主要应用在以下三个方面：①强度校核；②截面设计；③计算许用荷载。现分别举例说明。

【例 3.7】 正方形截面的混凝土柱（图 3.15），其横截面边长为 200mm，基底为边长 1m 的正方形混凝土板，柱承受轴向压力 $F=100$kN。设地基对混凝土板的支座反力为均匀分布，混凝土的许用切应力 $[\tau]=1.5$MPa，试计算混凝土板的最小厚度 δ 为多少时才不至

于使柱穿过混凝土板。

解 1) 混凝土板的受剪面面积。
$$A = 0.2 \times 4 \times \delta = 0.8\delta$$

2) 剪力计算。
$$F_Q = F - \left[0.2 \times 0.2 \times \left(\frac{1F}{1 \times 1}\right)\right]$$
$$= 100 \times 10^3 - \left[0.04 \times \left(\frac{100 \times 10^3}{1}\right)\right]$$
$$= 96 \times 10^3 \text{N}$$

3) 混凝土板厚度计算。
$$\delta \geqslant \frac{F_Q}{[\tau] \times 800} = \frac{96 \times 10^3}{1.5 \times 800} = 80\text{mm}$$

因此取混凝土板厚度 $\delta = 80$mm。

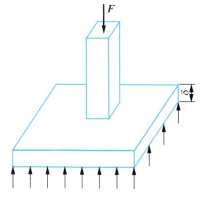

图 3.15 正方形截面的混凝土柱

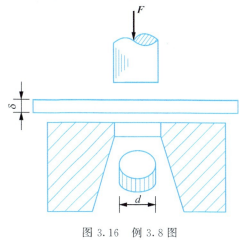

图 3.16 例 3.8 图

【**例 3.8**】 钢板的厚度 $\delta = 5$mm（图 3.16），其剪切极限应力 $\tau_u = 400$MPa，问：要加多大的冲剪力 F，才能在钢板上冲出一个直径 $d = 18$mm 的圆孔？

解 1) 钢板受剪面面积。
$$A = \pi d \delta$$

2) 剪断钢板的冲剪力。
$$\tau = \frac{F_Q}{A} = \frac{F}{A} > \tau_u$$
$$F = \tau_u A = \tau_u \pi d \delta$$
$$= 400 \times \pi \times 18 \times 5$$
$$= 113 \times 10^3 = 113\text{kN}$$

实例点评

剪切计算在土建工程和机械工业中应用都很广泛，需要我们去研究，掌握其规律。

【**例 3.9**】 为使压力机在超过最大压力 $F = 160$kN 作用时重要机件不发生破坏（图 3.17），在压力机冲头内装有保险器（压塌块）。设极限切应力 $\tau_u = 360$MPa，已知保险器（压塌块）的尺寸 $d_1 = 50$mm，$d_2 = 51$mm，$D = 82$mm，试求保险器（压塌块）的尺寸 δ。

解 为了保障压力机安全运行，应使保

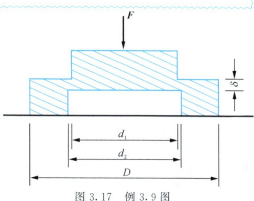

图 3.17 例 3.9 图

险器达到最大冲压力时即破坏，则

$$\tau = \frac{F}{\pi d_1 \delta} \geqslant \tau_u$$

$$\delta = \frac{F}{\pi d_1 \tau_u} = \frac{160 \times 10^3}{\pi \times 50 \times 360} = 2.83 \text{mm}$$

> **实例点评**
>
> 利用保险器被剪断，以保障主机安全运行的安全装置在压力容器、电力输送及生活中（如高压锅等）均可以见到。

2. 挤压计算

连接件与被连接件在互相传递力时接触表面是相互压紧的，接触表面上的总压紧力称为**挤压力**，相应的应力称为**挤压应力**，用 σ_{bs} 表示。当挤压应力过大时，将引起连接件和被连接件发生塑性变形，导致结构连接松动而失效。实际挤压应力在连接件上的分布很复杂，例如圆柱形连接件与钢板孔壁间接触面上的挤压应力，其应力分布如图 3.18（a）所示。

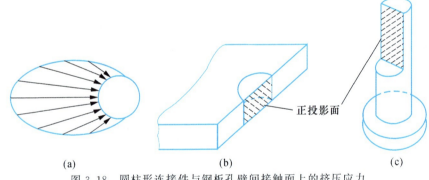

图 3.18 圆柱形连接件与钢板孔壁间接触面上的挤压应力

工程上为了简化计算，假定挤压应力在计算挤压面上均匀分布，则挤压应力可表示为

$$\sigma_{bs} = \frac{F_{bs}}{A_{bs}} \tag{3.9}$$

式中，F_{bs}——挤压力；

A_{bs}——挤压面面积。

对于铆钉、销轴、螺栓等圆柱形连接件，实际挤压面为半圆面，其计算挤压面面积 A_{bs} 取为实际接触面在直径平面上的正投影面积 [图 3.18（c）]；对于钢板、型钢、轴套等被连接件，实际挤压面为半圆孔壁，计算挤压面面积 A_{bs} 取凹半圆面的正投影面作为挤压面 [图 3.18（b）]。按式（3.9）计算得到的**名义挤压应力**与接触中点处的**最大理论挤压应力**值相近。对于键连接和榫齿连接，其挤压面为平面，挤压面面积按实际挤压面计算。

通过试验，按名义挤压应力公式得到材料的**极限挤压应力**，从而确定了许用挤压应力 $[\sigma_{bs}]$。为保障连接件和被连接件不致因挤压而失效，其应满足的挤压强度条件为

$$\sigma_{bs} = \frac{F_{bs}}{A_{bs}} \leqslant [\sigma_{bs}] \tag{3.10}$$

对于钢材等塑性材料，许用挤压应力 $[\sigma_{bs}]$ 与许用拉应力 $[\sigma_t]$ 有如下关系，即

$$[\sigma_{bs}] = (1.7 \sim 2.0)[\sigma_t]$$

如果连接件和被连接件的材料不同，应以抵抗挤压能力较弱的构件为基准进行强度计算。

【**例 3.10**】 如图 3.19 (a) 所示为木屋架结构，图 3.19 (b) 为端节点 A 的单榫齿连接详图，该节点受上弦杆 AC 的压力 $\boldsymbol{F}_{NAC}$、下弦杆 AB 的拉力 $\boldsymbol{F}_{NAB}$ 及支座 A 的反力 $\boldsymbol{F}_{Ay}$ 的作用。力 $\boldsymbol{F}_{NAC}$ 使上弦杆与下弦杆的接触面 ae 处发生挤压；力 $\boldsymbol{F}_{NAC}$ 的水平分力使下弦杆的端部沿剪切面发生剪切。此外，在下弦杆截面削弱处 ec 截面将产生拉伸（按轴向拉伸考虑）。已知 $l = 400\text{mm}$，$h_1 = 60\text{mm}$，$b = 160\text{mm}$，$h = 200\text{mm}$，$F_{NAC} = 60\text{kN}$，$\alpha = \dfrac{\pi}{6}$，试求挤压应力 σ_{bs}、切应力 τ 和拉应力 σ。

解 1) 求 ae 截面的挤压应力。

挤压面面积

$$A_{bs} = \frac{h_1}{\cos\alpha} \times b = \frac{60}{\cos 30°} \times 160 = 11.1 \times 10^3 \text{mm}^2$$

挤压应力

$$\sigma_{bs} = \frac{F_{bs}}{A_{bs}} = \frac{60 \times 10^3}{11.1 \times 10^3} = 5.41 \text{MPa}$$

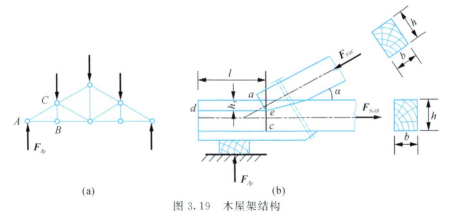

图 3.19 木屋架结构

2) 求 ed 截面的切应力。

剪切面面积

$$A = lb = 400 \times 160 = 64 \times 10^3 \text{mm}^2$$

切应力

$$\tau = \frac{F_Q}{A} = \frac{F_{NAC}\cos\alpha}{A} = \frac{60 \times 10^3 \times \cos 30°}{64 \times 10^3} = 0.812 \text{MPa}$$

3）计算下弦杆截面削弱处 ec 截面的拉应力。

$$\sigma = \frac{F_{NAB}}{A_{ec}} = \frac{60 \times 10^3 \times \cos 30°}{(200-60) \times 160} = 2.32 \text{MPa}$$

实例点评

木结构在连接的局部区域内同时存在着剪切、挤压和拉伸强度计算，计算时主要是分析哪些是剪切面，哪些是挤压面，再应用有关公式来计算。

3.2 等截面圆轴扭转的内力、应力及强度计算

工程中受扭的构件、杆件是很多的，例如汽车的转向轴，轴的上端受到经由方向盘传来的力偶作用，下端则受到来自转向器的阻抗力偶作用，如图 3.20 所示。

房屋中的雨篷梁，在雨篷板上荷载的作用下会发生一定的扭转变形，如图 3.21 所示。

钻机的空心圆截面钻杆，上端受到钻机的主动力偶作用，下端受到土对钻杆的摩擦力偶作用，如图 3.22 所示。

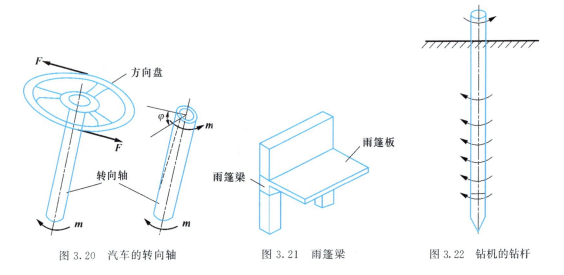

图 3.20 汽车的转向轴　　图 3.21 雨篷梁　　图 3.22 钻机的钻杆

这些受扭构件的共同特点是：杆件都是直杆，杆件受力偶系的作用，这些力偶的作用都垂直于杆轴线，在这种情况下杆件各横截面均绕轴线作了相对转动。工程上常把产生扭转的杆件称为轴。轴的横截面有圆形也有矩形，大多数受扭的杆件其横截面为圆形，受扭的圆截面杆称为圆轴。

本节主要研究圆轴扭转的外力、内力、应力和变形的计算,同时讨论圆轴扭转的强度、刚度的计算和校核。

3.2.1 扭转的概念及外力偶矩的计算

1. 扭转的概念

扭转变形是杆件的基本变形之一。在垂直杆件轴线的两平面内作用一对大小相等、转向相反的力偶时,杆件就产生扭转变形,以扭转变形为主的圆杆称为圆轴。

扭转的受力特点是:承受的外力或其合力均是绕轴线转动的外力偶。

扭转的变形特点是:杆件各横截面绕轴线要发生相对转动。

取一根圆截面的橡皮直杆,如图3.23所示,用手紧握杆的两端,并朝相反方向转动,这相当于在杆两端分别在垂直于杆轴线的两个平面内作用一对转向不同的力偶,其结果可见到杆表面上的纵向直线变成螺旋线,两横截面都绕杆轴作了相对的转动,即杆发生了扭转变形。横截面相对转动的角位移称为扭转角,用 φ 表示;纵向直线转了一个角度,称为剪切角,用 γ 表示。

图 3.23 圆截面的橡皮直杆

2. 外力偶矩的计算

工程中作用于轴上的外力偶矩往往不是直接给出的,有时外力矩由力系简化确定;有时是给出轴的传递功率及轴的转速,需要把它换算成外力偶矩,它们之间的关系为

$$M_e = 9549 P_N / n \tag{3.11}$$

式中,P_N——轴的传递功率,单位为千瓦(kW);

n——轴的转速,单位为转/分(r/min);

M_e——轴扭转外力偶矩,单位为牛顿·米(N·m)。

或

$$M_e = 7024 P_s / n \tag{3.12}$$

式中,P_s——轴的传递功率,单位为马力①(Ps);

n——轴的转速,单位为转/分(r/min);

M_e——轴扭转外力偶矩,单位为牛顿·米(N·m)。

---

① 1马力=0.7457kW。

3.2.2 圆轴扭转时横截面上的内力

传动轴的外力偶矩 M_e 计算出来后便可通过截面法求得传动轴上的内力——扭矩。

(1) 扭矩

如图 3.24 (a) 所示的圆轴，在垂直于轴线的两个平面内，受一对外力偶矩 M_e 作用，现求任一截面 m—m 的扭矩。

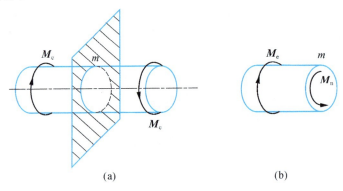

图 3.24 截面法求扭矩

求扭矩的基本方法是截面法，即用一个假想横截面在轴的任意位置 m—m 处将轴截开，取左段为研究对象，如图 3.24 (b) 所示。由于左端作用一个外力偶 M_e，为了保持左段轴的平衡，左截面 m—m 的平面内必然存在一个与外力偶相平衡的内力偶，其内力偶矩 M_n 称为扭矩，大小由

$$\sum M_x = 0$$

得

$$M_n = M_e$$

如取 m—m 截面右段轴为研究对象，也可得到同样的结果，但转向相反。

扭矩的单位与力矩相同，常用 N·m 或 kN·m。

(2) 扭矩正负号规定

为了使由截面的左、右两段轴求得的扭矩具有相同的正负号，对扭矩的正负作如下规定：采用右手螺旋法则，**右手四指弯曲，表示扭矩的转向，当拇指的指向与截面外法线方向一致时扭矩为正号，反之为负号**，如图 3.25 所示。

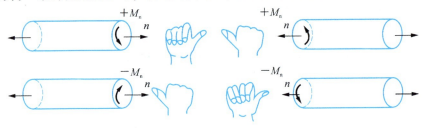

图 3.25 扭矩正负的判断

当横截面上的扭矩未知时，一般先假设扭矩为正，若求得结果为正，表示扭矩实际转向与假设相同；若求得结果为负，则表示扭矩实际转向与假设相反。

【例 3.11】 如图 3.26 所示，一传动系统的主轴转速 $n=960\text{r}/\text{min}$，输入功率 $P_{NA}=27.5\text{kW}$，输出功率 $P_{NB}=20\text{kW}$，$P_{NC}=7.5\text{kW}$，试求指定截面 1—1，2—2 上的扭矩。

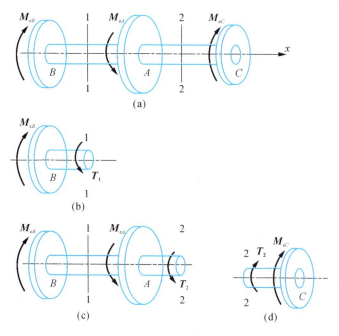

图 3.26 传动系统的主轴

解 1）计算外力偶。由式（3.11）得

$$M_{eA} = 9549P_N/n = 9549 \times 27.5/960 = 274\text{N} \cdot \text{m}$$

同理可得

$$M_{eB} = 9549P_N/n = 9549 \times 20/960 = 199\text{N} \cdot \text{m}$$

$$M_{eC} = 9549P_N/n = 9549 \times 7.5/960 = 75\text{N} \cdot \text{m}$$

2）计算扭矩。用截面法分别计算截面 1—1，2—2 上的扭矩。

截面 1—1：假想地沿截面 1—1 处将轴截开，取左段为研究对象，并假设截面 1—1 上的扭矩为 T_1，且为正方向 [图 3.26（b）]，由平衡条件 $\sum M_x = 0$ 得

$$T_1 - M_{eB} = 0, \quad T_1 = M_{eB} = 199\text{N} \cdot \text{m}$$

正号表示该截面上的扭矩实际转向与假设转向相同，即为正方向。

截面 2—2：假想地沿截面 2—2 处将轴截开，取左段为研究对象，并假设截面 2—2 上的扭矩为 T_2，且为正方向 [图 3.26（c）]，由平衡条件 $\sum M_x = 0$ 得

$$T_2 + M_{eA} - M_{eB} = 0$$

$$T_2 = -M_{eA} + M_{eB} = -75 \text{N} \cdot \text{m}$$

负号表示该截面上的扭矩实际转向与假设转向相反,即为负方向。

若以 2—2 截面右段为研究对象[图 3.26 (d)],同理,由平衡条件 $\sum M_c = 0$ 得

$$T_2 + M_{eC} = 0$$
$$T_2 = -M_{eC} = -75 \text{N} \cdot \text{m}$$

所得结果与取左段为研究对象的结果相同,计算却比较简单。所以,计算某截面上的扭矩时,应取受力比较简单的一段为研究对象。

> **实例点评**
> 由上面的计算可以看出:受扭杆件任一横截面上扭矩的大小等于此截面一侧(左或右)所有外力偶矩的代数和。

3.2.3 扭矩图

若作用于轴上的外力偶多于两个,则轴上每一段的扭矩值也不相同。为了清楚地表示各横截面上的扭矩沿轴线的变化情况,通常以横坐标表示截面的位置,纵坐标表示相应截面上扭矩的大小,从而得到扭矩随截面位置而变化的图形,称为扭矩图。根据扭矩图可以确定最大扭矩值及其所在截面的位置。

扭矩图的绘制方法与轴力图相似,需先以轴线为横轴 x,以扭矩 T 为纵轴,建立 $T-x$ 坐标系,然后将各截面上的扭矩标在 $T-x$ 坐标系中,正扭矩标在 x 轴上方,负扭矩标在 x 轴下方。

下面通过例题说明扭矩图绘制的方法和步骤。

【例 3.12】 如图 3.27 所示,一传动系统的转速 $n = 300 \text{r/min}$,输入功率 $P_{NA} = 50 \text{kW}$,输出功率 $P_{NB} = P_{NC} = 15 \text{kW}$,$P_{ND} = 20 \text{kW}$,试画出轴的扭矩图。

解 1) 计算外力偶。由式 (3.11) 得

$$M_{eA} = 9549 P_N / n = 9549 \times 50 / 300 = 1591.5 \text{N} \cdot \text{m}$$

同理可得

$$M_{eB} = M_{eC} = 9549 P_N / n = 9549 \times 15 / 300 = 477.5 \text{N} \cdot \text{m}$$
$$M_{eD} = 9549 P_N / n = 9549 \times 20 / 300 = 636.5 \text{N} \cdot \text{m}$$

2) 计算扭矩。根据作用在轴上的外力偶将轴分成 BC、CA 和 AD 三段,用截面法分别计算各段轴的扭矩,如图 3.27 (b~d) 所示。

BC 段:$T_1 = -M_{eB} = -477.5 \text{N} \cdot \text{m}$。

CA 段:$T_2 = -M_{eB} - M_{eC} = -955 \text{N} \cdot \text{m}$。

AD 段:$T_3 = M_{eD} = 636.5 \text{N} \cdot \text{m}$。

3) 作扭矩图。建立 $T-x$ 坐标系，x 轴沿轴线方向，T 向上为正。将各截面上的扭矩标在 $T-x$ 坐标系中，由于 BC 段各横截面上扭矩均为 $-477.5\text{N}\cdot\text{m}$，故扭矩图为平行于 x 轴的直线，且位于 x 轴下方；而 CA 段、AD 段各横截面上的扭矩分别为 $-955\text{N}\cdot\text{m}$ 和 $636.5\text{N}\cdot\text{m}$，故扭矩图均为平行于 x 轴的直线，且分别位于 x 轴下方和上方，于是得到如图 3.27（e）所示的扭矩图。

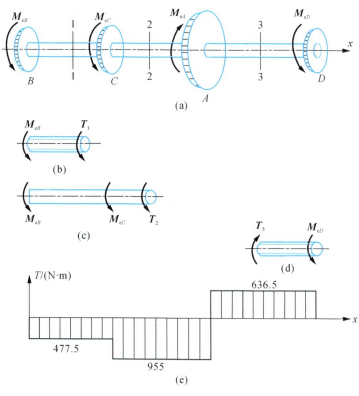

图 3.27 传动主轴

【实例点评】

从扭矩图中可以看出，在集中力偶作用处，其左右截面扭矩不同，此处发生突变，突变值等于集中力偶的大小；最大扭矩发生在 CA 段内，且 $T_{\max}=955\text{N}\cdot\text{m}$。

讨论：对同一根轴来说，主动轮和从动轮的位置不同，轴所承受的最大扭矩也随之改变，如图 3.28 所示，这时轴的最大扭矩发生在 AC 段内，且 $T_{\max}=1114\text{N}\cdot\text{m}$。轴的强度和刚度都与最大扭矩值有关，因此布置轮子的位置时要尽可能降低轴内的最大扭矩值。显然，图 3.27 的布局比较合理。

【知识链接】

外力偶矩、扭矩、扭矩图。

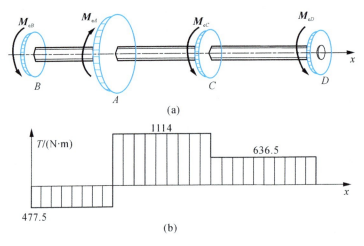

图 3.28 传动主轴

3.2.4 等直圆轴扭转时横截面上的剪应力

为了解决扭转时的强度问题，在求得横截面上的扭矩之后还需要进一步研究横截面上的应力。首先需要弄清在圆轴扭转时其横截面上产生的是什么应力，是正应力还是剪应力，它们又是怎样分布的，如何进行计算等。为此，仍可由几何、物理、静力三方面的条件进行研究，通过实验观察变形，提出假设，再进行理论推导等，得到圆轴截面上任一点的剪应力公式为

$$\tau_\rho = \frac{T\rho}{I_\rho} \tag{3.13}$$

式中，τ_ρ——圆轴横截面上某点的剪应力；

T——圆轴横截面上的扭矩；

ρ——计算剪应力的点至圆心的距离；

I_ρ——截面对圆心的极惯性矩，单位为 mm⁴ 或 m⁴，为截面图形的一种几何性质，与材料无关。

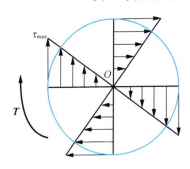

图 3.29 圆轴截面上剪应力的分布

根据式（3.13）可知圆轴截面上剪应力的分布规律，如图 3.29 所示，当 $\rho=0$ 时剪应力为零；当 $\rho=D/2$ 时，即在横截面周边上的各点处，剪应力将达到其最大值 τ_{max}，为

$$\tau_{max} = \frac{T\dfrac{D}{2}}{I_\rho} = \frac{T}{\dfrac{I_\rho}{D/2}}$$

令
$$W_\rho = \frac{I_\rho}{\dfrac{D}{2}}$$

则
$$\tau_{max} = \frac{T}{W_\rho} \tag{3.14}$$

式中，τ_{max}——横截面上的最大剪应力；

T——横截面上的扭矩；

W_ρ——抗扭截面模量或抗扭截面系数，单位为 mm³ 或 m³。

对于实心圆杆，直径为 D，如图 3.30（a）所示，有
$$I_\rho = \frac{\pi D^4}{32}, \qquad W_\rho = \frac{\pi D^3}{16}$$

对于空心圆杆，内径为 d，外径为 D，如图 3.30（b）所示，其比值 $\alpha = d/D$，有
$$I_\rho = \frac{\pi(D^4 - d^4)}{32} = \frac{\pi D^4(1-\alpha^4)}{32} \cdot W_\rho = \frac{\pi D^3}{16}(1-\alpha^4)$$

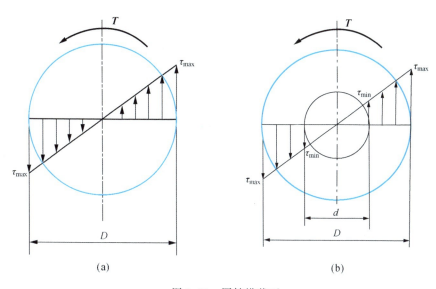

图 3.30　圆轴横截面

由剪应力在横截面上的分布规律不难看出，剪应力在靠近圆心的部分数值很小，这部分材料不能充分发挥作用。因此，可以设想把中间材料去掉，使实心圆轴变成空心圆轴，从而大大降低轴的自重，且节约了材料。如果把中间这部分材料加在圆轴的外侧，使其成为直径更大的空心轴，那么它所能抵抗的扭矩就要比截面面积相同的实心圆轴大得多。在材料用量相同的条件下，材料分布距轴心越远，轴所能承担的扭矩就越大。因此说，空心轴的截面即环形截面是轴的合理截面。工程实际中空心轴得到

了广泛的应用。但是空心轴的壁厚也不能太薄,壁厚太薄的空心圆轴受扭时筒内壁的压应力会使筒壁发生局部失稳,反而使承载力降低。

3.2.5　等直圆轴扭转时的强度计算

为保证轴在工作时不致因强度不够而破坏,显然轴内最大工作剪应力不得超过材料的许用剪应力（各种材料的许用剪应力可查阅有关手册）,即

$$\tau_{\max} \leqslant [\tau] \tag{3.15}$$

所以圆轴扭转时的强度条件为

$$\tau_{\max} = \frac{T_{\max}}{W_\rho} \leqslant [\tau] \tag{3.16}$$

式中,$\tau_{\max}$——圆轴的最大剪应力;

　　　$T_{\max}$——圆轴的最大扭矩;

　　　W_ρ——抗扭截面模量或抗扭截面系数,单位为 mm^3 或 m^3;

　　　$[\tau]$——材料的许用剪应力。

利用圆轴扭转时的强度条件可以求解三方面问题,即强度校核、截面设计和确定许用荷载。

【例3.13】　图3.31（a）所示为钢制圆轴,受一对外力偶的作用,其力偶矩 M_e = 2.5kN·m,已知轴的直径 d=60mm,许用切应力 τ=60MPa,试对该轴进行强度校核。

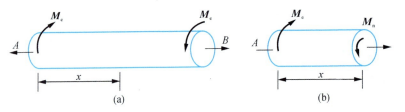

图3.31　钢制圆轴

解　1）计算扭矩 T [图3.31（b）]。

$$T = M_e$$

2）校核强度。圆轴受扭时最大切应力按式（3.16）计算,得

$$\tau_{\max} = \frac{T_{\max}}{W_\rho} = \frac{T_{\max}}{\frac{\pi D^3}{16}} = \frac{2.5 \times 10^6 \times 16}{3.14 \times 60^3} = 59\text{MPa} < [\tau] = 60\text{MPa}$$

故轴满足强度要求。

实例点评

由强度条件可以进行三个方面的计算,即强度校核、截面设计和荷载设计。本题是由强度条件进行强度校核的典型例题。

3.3 直梁的内力、应力及强度计算

3.3.1 直梁的弯曲概念

1. 平面弯曲

当杆件受到垂直于杆轴的外力作用或在纵向平面内受到力偶作用时（图3.32），杆轴由直线弯成曲线，这种变形称为**弯曲**。以弯曲变形为主的杆件称为**梁**。

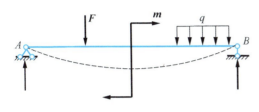

图 3.32 受弯杆件的受力形式

弯曲变形是工程中最常见的一种基本变形。例如，房屋建筑中的楼面梁受到楼面荷载和梁自重的作用将发生弯曲变形[图 3.33（a，b）]，楼面梁、阳台挑梁[图 3.33（c，d）]等都是以弯曲变形为主的构件。

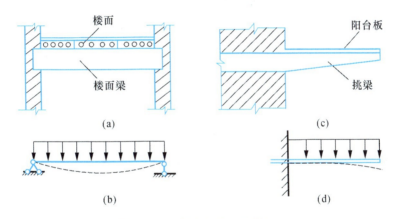

图 3.33 工程中常见的受弯构件

工程中常见的梁，其横截面往往有一条对称轴，如图 3.34 所示，这条对称轴与梁轴所组成的平面称为纵向对称平面（图 3.35）。如果作用在梁上的外力（包括荷载和支座反力）和外力偶都位于纵向对称平面内，梁变形后轴线将在此纵向对称平面内弯曲。**这种梁的弯曲平面与外力作用平面相重合的弯曲称为平面弯曲**。平面弯曲是一种最简单，也是最常见的弯曲变形，本节将主要讨论等截面直梁的平面弯曲问题。

2. 单跨静定梁的几种形式

工程中对于单跨静定梁按其支座情况分为下列三种形式：

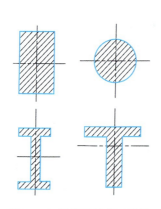

图 3.34 梁常见的截面形状

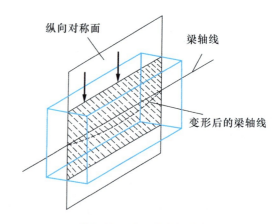

图 3.35 平面弯曲的特征

1) 悬臂梁:梁的一端为固定端,另一端为自由端[图 3.36(a)]。
2) 简支梁:梁的一端为固定铰支座,另一端为可动铰支座[图 3.36(b)]。
3) 外伸梁:梁的一端或两端伸出支座的简支梁[图 3.36(c)]。

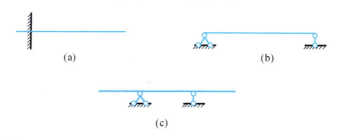

图 3.36 三种静定梁

3.3.2 直梁的内力及内力图

为了计算梁的强度和刚度问题,在求得梁的支座反力后就必须计算梁的内力。下面将着重讨论梁的内力的计算方法。

1. 截面法求内力

(1) 剪力和弯矩

图 3.37(a)所示为一简支梁,荷载 F 和支座反力 F_{RA}、F_{RB} 组成作用在梁的纵向对称平面内的平衡力系,现用截面法分析任一截面 $m—m$ 上的内力。假想将梁沿 $m—m$ 截面分为两段,现取左段为研究对象,由图 3.37(b)可见,因有支座反力 F_{RA} 作用,为使左段满足 $\sum F_y = 0$,截面 $m—m$ 上必然有与 F_{RA} 等值、平行且反向的内力 F_Q 存在,这个内力 F_Q,称为**剪力**;同时,因 F_{RA} 对截面 $m—m$ 的形心 O 点有一个力矩 $F_{RA}a$ 的作用,为满足 $\sum M_O = 0$,截面 $m—m$ 上也必然有一个与力矩 $F_{RA}a$ 大小相等且转向相反的内力偶矩 M 存在,这个内力偶矩 M 称为**弯矩**。由此可见,梁发生弯曲时横截面

上同时存在着两个内力因素，即剪力和弯矩。

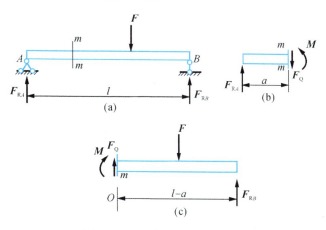

图 3.37　用截面法求梁的内力

剪力的常用单位为 N 或 kN，弯矩的常用单位为 N·m 或 kN·m。

剪力和弯矩的大小可由左段梁的静力平衡方程求得，即

$$\sum F_y = 0, \quad F_{RA} - F_Q = 0$$

得

$$F_Q = F_{RA}$$

$$\sum M_O = 0, \quad F_{RA} \cdot a - M = 0$$

得

$$M = F_{RA} \cdot a$$

如果取右段梁作为研究对象，同样可求得截面 $m—m$ 上的 F_Q 和 M，根据作用与反作用力的关系，它们与从右段梁求出的 $m—m$ 截面上的 F_Q 和 M 大小相等、方向相反，如图 3.37（c）所示。

（2）剪力和弯矩的正、负号规定

为了使从左、右两段梁求得的同一截面上的剪力 F_Q 和弯矩 M 具有相同的正负号，并考虑到土建工程上的习惯要求，对剪力和弯矩的正负号特作如下规定。

1）**剪力的正负号：使梁段有顺时针转动趋势的剪力为正**［图 3.38（a）］；**反之为负**［图 3.38（b）］。

2）**弯矩的正负号：使梁段产生下侧受拉的弯矩为正**［图 3.39（a）］；**反之为负**［图 3.39（b）］。

（3）用截面法计算指定截面上的剪力和弯矩

用截面法求指定截面上的剪力和弯矩的步骤如下：

1）计算支座反力。

2）用假想的截面在需求内力处将梁截成两段，取其中任一段为研究对象。

3）画出研究对象的受力图（截面上的 F_Q 和 M 都先假设为正的方向）。

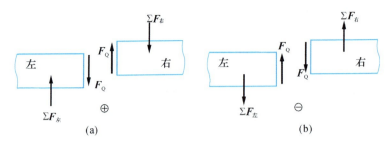

图 3.38 剪力的正负号规定

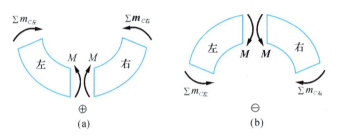

图 3.39 弯矩的正负号规定

4) 建立平衡方程，解出内力。

下面举例说明用截面法计算指定截面上的剪力和弯矩。

【例 3.14】 简支梁如图 3.40（a）所示，已知 $F_1=30\text{kN}$，$F_2=30\text{kN}$，试求截面 1—1 上的剪力和弯矩。

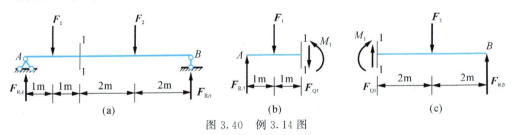

图 3.40 例 3.14 图

解 1）求支座反力，考虑梁的整体平衡。

$$\sum M_B = 0, \quad F_1 \times 5 + F_2 \times 2 - F_{RA} \times 6 = 0$$
$$\sum M_A = 0, \quad -F_1 \times 1 - F_2 \times 4 + F_{RB} \times 6 = 0$$

得

$$F_{RA} = 35\text{kN}(\uparrow), \quad F_{RB} = 25\text{kN}(\uparrow)$$

校核

$$\sum F_y = F_{RA} + F_{RB} - F_1 - F_2 = 35 + 25 - 30 - 30 = 0$$

2）求截面 1—1 上的内力。在截面 1—1 处将梁截开，取左段梁为研究对象，画出其受

力，内力 F_Q 和 M_1 均先假设为正的方向 [图 3.40（b）]，列平衡方程

$$\sum F_y = 0, \quad F_{RA} - F_1 - F_{Q_1} = 0$$

$$\sum M_1 = 0, \quad -F_{RA} \times 2 + F_1 \times 1 + M_1 = 0$$

得

$$F_{Q_1} = F_{RA} - F_1 = 35 - 30 = 5\text{kN}$$

$$M_1 = F_{RA} \times 2 - F_1 \times 1 = 35 \times 2 - 30 \times 1 = 40\text{kN} \cdot \text{m}$$

求得 F_Q 和 M_1 均为正值，表示截面 1—1 上内力的实际方向与假定的方向相同；按内力的符号规定，剪力、弯矩都是正的。所以，画受力图时一定要先假设内力为正的方向，由平衡方程求得结果的正负号就能直接代表内力本身的正负。

如取 1—1 截面右段梁为研究对象 [图 3.40（c）]，可得出同样的结果。

【**例 3.15**】 一悬臂梁，其尺寸及梁上荷载如图 3.41 所示，求截面 1—1 上的剪力和弯矩。

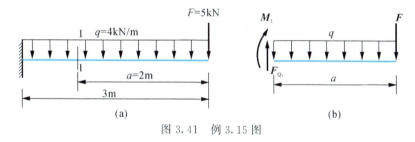

图 3.41 例 3.15 图

解 对于悬臂梁，不需求支座反力，可取右段梁为研究对象，其受力图如图 3.36（b）所示。

$$\sum F_y = 0, \quad F_{Q_1} - qa - F = 0$$

$$\sum M_1 = 0, \quad -M_1 - qa \cdot \frac{a}{2} - Fa = 0$$

得

$$F_{Q_1} = qa + F = 4 \times 2 + 5 = 13\text{kN}$$

$$M_1 = -\frac{qa^2}{2} - Fa = -\frac{4 \times 2^2}{2} - 5 \times 2 = -18\text{kN} \cdot \text{m}$$

求得 F_{Q_1} 为正值，表示 F_{Q_1} 的实际方向与假定的方向相同；M_1 为负值，表示 M_1 的实际方向与假定的方向相反。所以，按梁内力的符号规定，1—1 截面上的剪力为正，弯矩为负。

2 简便法求指定截面的内力

通过上述例题可以总结出直接根据外力计算梁内力的规律。

（1）剪力的规律

计算剪力是对截面左（或右）段梁建立投影方程，经过移项后可得

$$F_Q = \sum F_{y左}$$

或
$$F_Q = \sum F_{y右}$$

上两式说明：梁内任一横截面上的剪力在数值上等于该截面一侧所有外力在垂直于轴线方向投影的代数和。若外力对所求截面产生顺时针方向转动趋势时，等式右方取正号［图 3.38（a）］，反之取负号［图 3.38（b）］。此规律可记为**顺转剪力正**。

（2）求弯矩的规律

计算弯矩是对截面左（或右）段梁建立力矩方程，经过移项后可得
$$M = \sum M_{C左}$$

或
$$M = \sum M_{C右}$$

上两式说明：梁内任一横截面上的弯矩在数值上等于该截面一侧所有外力（包括力偶）对该截面形心力矩的代数和。将所求截面固定，若外力矩使所考虑的梁段产生下凸弯曲变形时（即上部受压，下部受拉），等式右方取正号［图 3.39（a）］，反之取负号［图 3.39（b）］。此规律可记为**下凸弯矩正**。

利用上述规律直接由外力求梁内力的方法称为简便法。用简便法求内力可以省去画受力图和列平衡方程，从而简化计算过程，现举例说明。

【例 3.16】 用简便法求图 3.42 所示简支梁 1—1 截面上的剪力和弯矩。

解 1）求支座反力。由梁的整体平衡求得
$$F_{RA} = 8kN(\uparrow), \quad F_{RB} = 7kN(\uparrow)$$

2）计算 1—1 截面上的内力。由 1—1 截面以左部分的外力来计算内力。根据"顺转剪力正"和"下凸弯矩正"得
$$F_{Q_1} = F_{RA} - F_1 = 8 - 6 = 2kN$$
$$M_1 = F_{RA} \times 3 - F_1 \times 2 = 8 \times 3 - 6 \times 2 = 12kN \cdot m$$

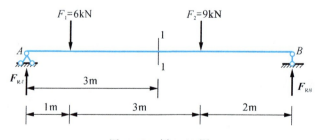

图 3.42 例 3.16 图

3．用内力方程法绘制剪力图和弯矩图

为了计算梁的强度和刚度问题，除了要计算指定截面的剪力和弯矩外，还必须知道剪力和弯矩沿梁轴线的变化规律，从而找到梁内剪力和弯矩的最大值以及它们所在截面的位置。

(1) 剪力方程和弯矩方程

从上节的讨论可以看出,梁内各截面上的剪力和弯矩一般随截面的位置而变化。若横截面的位置用沿梁轴线的坐标 x 来表示,则各横截面上的剪力和弯矩都可以表示为坐标 x 的函数,即

$$F_Q = F_Q(x), \qquad M = M(x)$$

以上两个函数式表示梁内剪力和弯矩沿梁轴线的变化规律,分别称为剪力方程和弯矩方程。

(2) 剪力图和弯矩图

为了形象地表示剪力和弯矩沿梁轴线的变化规律,可以根据剪力方程和弯矩方程分别绘制剪力图和弯矩图。以沿梁轴线的横坐标 x 表示梁横截面的位置,以纵坐标表示相应横截面上的剪力或弯矩。在土建工程中,习惯上把正剪力画在 x 轴上方,负剪力画在 x 轴下方,而把弯矩图画在梁受拉的一侧,即正弯矩画在 x 轴下方,负弯矩画在 x 轴上方,如图 3.43 所示。

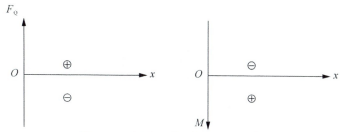

图 3.43 画剪力图和弯矩图的规定

【例 3.17】 简支梁受均布荷载作用,如图 3.44 (a) 所示,试画出梁的剪力图和弯矩图。

解 1) 求支座反力。由对称关系可得

$$F_{RA} = F_{RB} = \frac{1}{2}ql(\uparrow)$$

2) 列剪力方程和弯矩方程。取距 A 点为 x 处的任意截面,假想将梁截开,考虑左段平衡,可得

$$F_Q(x) = F_{RA} - qx = \frac{1}{2}ql - qx \qquad (0 < x < l) \tag{1}$$

$$M(x) = F_{RA}x - \frac{1}{2}qx^2 = \frac{1}{2}qlx - \frac{1}{2}qx^2 \qquad (0 \leqslant x \leqslant l) \tag{2}$$

3) 画剪力图和弯矩图。由式 (1) 可见,$F_Q(x)$ 是 x 的一次函数,即剪力方程为一直线方程,剪力图是一条斜直线。

当 $x=0$ 时,$F_{QA} = \dfrac{ql}{2}$;

当 $x=l$ 时,$F_{QB} = \dfrac{ql}{2}$。

根据这两个截面的剪力值画出剪力图,如图 3.44 (b) 所示。

由式 (2) 知,$M(x)$ 是 x 的二次函数,说明弯矩图是一条二次抛物线,应至少计算三个截面的弯矩值,才可描绘出曲线的大致形状。

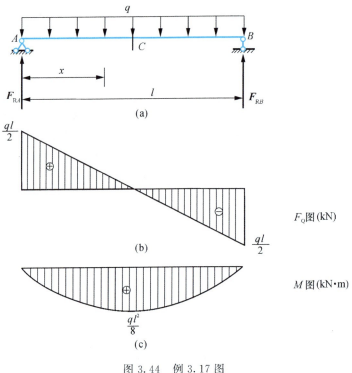

图 3.44 例 3.17 图

当 $x=0$ 时,$M_A=0$;

当 $x=\dfrac{l}{2}$ 时,$M_C=\dfrac{ql^2}{8}$;

当 $x=l$ 时,$M_B=0$。

根据以上计算结果画出弯矩图,如图 3.44 (c) 所示。

从剪力图和弯矩图中可知,受均布荷载作用的简支梁,其剪力图为斜直线,弯矩图为二次抛物线;最大剪力发生在两端支座处,绝对值为 $|F_Q|_{max}=\dfrac{1}{2}ql$,而最大弯矩发生在剪力为零的跨中截面上,其绝对值为 $|M|_{max}=\dfrac{1}{8}ql^2$。

结论:在均布荷载作用的梁段,剪力图为斜直线,弯矩图为二次抛物线。在剪力等于零的截面上弯矩有极值。

【**例 3.18**】 简支梁受集中力作用,如图 3.45 (a) 所示,试画出梁的剪力图和弯矩图。

解 1) 求支座反力。

$$\sum M_B = 0, \quad F_{RA} = \frac{Fb}{l}(\uparrow)$$

$$\sum M_A = 0, \quad F_{RB} = \frac{Fa}{l}(\uparrow)$$

校核

$$\sum F_y = F_{RA} + F_{RB} - F = \frac{Fb}{l} + \frac{Fa}{l} - F = 0$$

计算无误。

2) 列剪力方程和弯矩方程。梁在 C 处有集中力作用，故 AC 段和 CB 段的剪力方程和弯矩方程不相同，要分段列出。

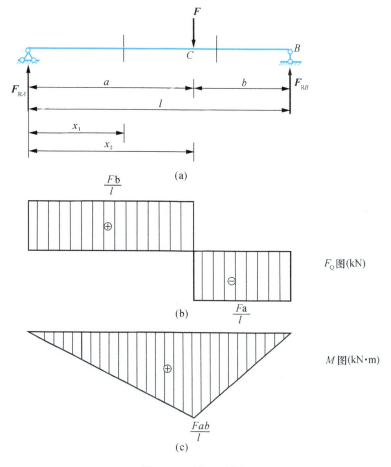

图 3.45 例 3.18 图

AC 段：距 A 端为 x_1 的任意截面处将梁假想截开，并考虑左段梁平衡，列出剪力方程和弯矩方程为

$$F_Q(x_1) = F_{RA} = \frac{Fb}{l} \quad (0 < x_1 < a) \tag{1}$$

$$M(x_1) = F_{RA}x_1 = \frac{Fb}{l}x_1 \quad (0 \leqslant x_1 \leqslant a) \tag{2}$$

CB 段：距 A 端为 x_2 的任意截面外假想截开，并考虑左段的平衡，列出剪力方程和弯矩方程，即

$$F_Q(x_2) = F_{RA} - F = \frac{Fb}{l} - F = -\frac{Fa}{l} \quad (a < x_2 < l) \tag{3}$$

$$M(x_2) = F_{RA}x_2 - F(x_2 - a) = \frac{Fa}{l}(l - x_2) \quad (a \leqslant x_2 \leqslant l) \tag{4}$$

3) 画剪力图和弯矩图。根据剪力方程和弯矩方程画剪力图和弯矩图。

F_Q 图：AC 段剪力方程 $F_Q(x_1)$ 为常数，其剪力值为 $\frac{Fb}{l}$，剪力图是一条平行于 x 轴的直线，且在 x 轴上方。CB 段剪力方程 $F_Q(x_2)$ 也为常数，其剪力值为 $-\frac{Fa}{l}$，剪力图也是一条平行于 x 轴的直线，但在 x 轴下方。画出全梁的剪力图，如图 3.45（b）所示。

M 图：AC 段弯矩 $M(x_1)$ 是 x_1 的一次函数，弯矩图是一条斜直线，只要计算两个截面的弯矩值就可以画出弯矩图。

当 $x_1 = 0$ 时，$M_A = 0$；

当 $x_1 = a$ 时，$M_C = \frac{Fab}{l}$。

根据计算结果可画出 AC 段弯矩图。

CB 段弯矩 $M(x_2)$ 也是 x_2 的一次函数，弯矩图仍是一条斜直线。

当 $x_2 = a$ 时，$M_C = \frac{Fab}{l}$；

当 $x_2 = l$ 时，$M_B = 0$。

由上面两个弯矩值，画出 CB 段弯矩图。全梁的弯矩图如图 3.45（c）所示。

从剪力图和弯矩图中可见，简支梁受集中荷载作用，当 $a > b$ 时 $|F_Q|_{max} = \frac{Fa}{l}$，发生在 BC 段的任意截面上；$|M|_{max} = \frac{Fab}{l}$，发生在集中力作用处的截面上。若**集中力作用在梁的跨中，则最大弯矩发生在梁的跨中截面上，其值为** $M_{max} = \frac{Fl}{4}$。

结论：在无荷载梁段剪力图为平行线，弯矩图为斜直线。在集中力作用处，左右截面上的剪力图发生突变，其突变值等于该集中力的大小，突变方向与该集中力的方向一致；而弯矩图出现转折，即出现尖点，尖点方向与该集中力方向一致。

4. 用微分关系法绘制剪力图和弯矩图

（1）荷载集度、剪力和弯矩之间的微分关系

上一节从直观上总结出了剪力图、弯矩图的一些规律和特点，现进一步讨论剪力图、弯矩图与荷载集度之间的关系。

如图 3.46（a）所示，梁上作用有任意的分布荷载 $q(x)$，设 $q(x)$ 以向上为正，取 A

为坐标原点，x 轴以向右为正。现取分布荷载作用下的一微段 dx 来研究［图 3.46（b）］。

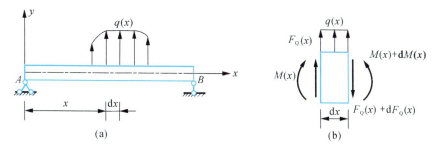

图 3.46 荷载与内力的微分关系

由于微段的长度 dx 非常小，因此在微段上作用的分布荷载 $q(x)$ 可以认为是均布的。微段左侧横截面上的剪力是 $F_Q(x)$，弯矩是 $M(x)$；微段右侧截面上的剪力是 $F_Q(x)+dF_Q(x)$，弯矩是 $M(x)+dM(x)$，并设它们都为正值。考虑微段的平衡，由

$$\sum F_y = 0, \quad F_Q(x) + q(x)dx - [F_Q(x) + dF_Q(x)] = 0$$

得

$$\frac{dF_Q(x)}{dx} = q(x) \tag{3.17}$$

结论一：梁上任意一横截面上的剪力对 x 的一阶导数等于作用在该截面处的分布荷载集度。这一微分关系的几何意义是：剪力图上某点切线的斜率等于相应截面处的分布荷载集度。

再由

$$\sum M_C = 0, \quad -M(x) - F_Q(x)dx - q(x)dx\frac{dx}{2} + [M(x) + dM(x)] = 0$$

式中，C 点为右侧横截面的形心。经过整理，并略去二阶微量 $q(x)\frac{dx^2}{2}$ 后，得

$$\frac{dM(x)}{dx} = F_Q(x) \tag{3.18}$$

结论二：梁上任一横截面上的弯矩对 x 的一阶导数等于该截面上的剪力。这一微分关系的几何意义是：弯矩图上某点切线的斜率等于相应截面上的剪力。

对式（3.18）两边求导，可得

$$\frac{d^2 M(x)}{dx^2} = q(x) \tag{3.19}$$

结论三：梁上任一横截面上的弯矩对 x 的二阶导数等于该截面处的分布荷载集度。这一微分关系的几何意义是：弯矩图上某点的曲率等于相应截面处的荷载集度，即由分布荷载集度的正负可以确定弯矩图的凹凸方向。

（2）用微分关系法绘制剪力图和弯矩图

利用弯矩、剪力与荷载集度之间的微分关系及其几何意义可总结出下列一些规律，

以校核或绘制梁的剪力图和弯矩图。

1) 在无荷载梁段，即 $q(x)=0$ 时。由式（3.17）可知 $F_Q(x)$ 是常数，即剪力图是一条平行于 x 轴的直线；又由式（3.18）可知该段弯矩图上各点切线的斜率为常数，因此弯矩图是一条斜直线。

2) 均布荷载梁段，即 $q(x)$ 常数时。由式（3.17）可知剪力图上各点切线的斜率为常数，即 $F_Q(x)$ 是 x 的一次函数，剪力图是一条斜直线；又由式（3.18）可知该段弯矩图上各点切线的斜率为 x 的一次函数，因此 $M(x)$ 是 x 的二次函数，即弯矩图为二次抛物线。这时可能出现两种情况，如图 3.47 所示。

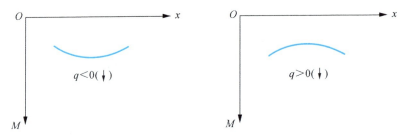

图 3.47　M 图的凹凸向与 $q(x)$ 的关系

3) 弯矩的极值。由 $\dfrac{\mathrm{d}M(x)}{\mathrm{d}x}=F_Q(x)=0$ 可知，在 $F_Q(x)=0$ 的截面处 $M(x)$ 具有极值，即**剪力等于零的截面上弯矩具有极值；反之，弯矩具有极值的截面上剪力一定等于零**。

利用上述荷载、剪力和弯矩之间的微分关系及规律可更简捷地绘制梁的剪力图和弯矩图，其步骤如下：

① 分段，即根据梁上外力及支承等情况将梁分成若干段。
② 根据各段梁上的荷载情况判断其剪力图和弯矩图的大致形状。
③ 利用计算内力的简便方法直接求出若干控制截面上的 F_Q 和 M 值。
④ 逐段直接绘出梁的 F_Q 图和 M 图。

【例 3.19】　一外伸梁，梁上荷载如图 3.48（a）所示，已知 $l=4\mathrm{m}$，试利用微分关系绘出外伸梁的剪力图和弯矩图。

解　1) 求支座反力。

$$F_{RB}=20\mathrm{kN}(\uparrow),\qquad F_{RD}=8\mathrm{kN}(\uparrow)$$

2) 根据梁上的外力情况将梁分段。将梁分为 AB、BC 和 CD 三段。

3) 计算控制截面的剪力，画剪力图。AB 段梁上有均布荷载，该段梁的剪力图为斜直线，其控制截面剪力为

$$F_{QA}=0$$
$$F_{QB左}=-\frac{1}{2}ql=-\frac{1}{2}\times 4\times 4=-8\mathrm{kN}$$

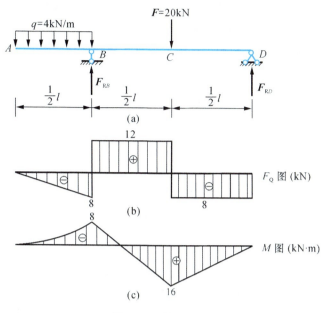

图 3.48 例 3.19 图

BC 和 CD 段均为无荷载区段，剪力图均为水平线，其控制截面剪力为

$$F_{QB右} = -\frac{1}{2}ql + F_{RB} = -8 + 20 = 12\text{kN}$$

$$F_{QD} = -F_{RD} = -8\text{kN}$$

画出剪力图，如图 3.48（b）所示。

4) 计算控制截面弯矩，画弯矩图。AB 段梁上有均布荷载，该段梁的弯矩图为二次抛物线。因 q 向下（$q<0$），所以曲线向下凸，其控制截面弯矩为

$$M_A = 0$$

$$M_B = -\frac{1}{2}ql \cdot \frac{l}{4} = -\frac{1}{8} \times 4 \times 4^2 = -8\text{kN} \cdot \text{m}$$

BC 段与 CD 段均为无荷载区段，弯矩图均为斜直线，其控制截面弯矩为

$$M_B = -8\text{kN} \cdot \text{m}$$

$$M_C = F_{RD} \cdot \frac{l}{2} = 8 \times 2 = 16\text{kN} \cdot \text{m}$$

$$M_D = 0$$

画出弯矩图，如图 3.48（c）所示。

从以上看到，对本题来说，只需算出 $F_{QB左}$、$F_{QB右}$、$F_{QD左}$ 和 M_B、M_C 就可画出梁的剪力图和弯矩图。

5. 用叠加法画弯矩图

（1）叠加原理

由于在小变形条件下梁的内力、支座反力、应力和变形等参数均与荷载成线性关

系，每一荷载单独作用时引起的某一参数不受其他荷载的影响，所以梁在 n 个荷载共同作用时所引起的某一参数（内力、支座反力、应力和变形等）等于梁在各个荷载单独作用时所引起同一参数的代数和，这种关系称为**叠加原理**（图3.49）。

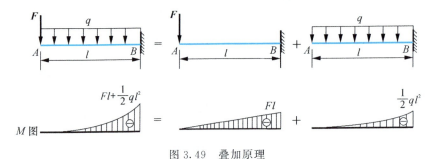

图3.49 叠加原理

（2）叠加法画弯矩图

根据叠加原理来绘制梁的内力图的方法称为**叠加法**。由于剪力图一般比较简单，因此不用叠加法绘制。下面只讨论用叠加法作梁的弯矩图，其方法为：先分别作出梁在每一个荷载单独作用下的弯矩图，然后将各弯矩图中同一截面上的弯矩代数相加，即可得到梁在所有荷载共同作用下的弯矩图。

为了便于应用叠加法绘内力图，在表3.1中给出了梁在简单荷载作用下的剪力图和弯矩图，供查用。

表3.1 单跨梁在简单荷载作用下的弯矩图

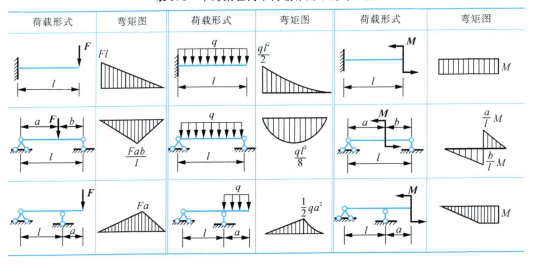

【例3.20】 试用叠加法画出图3.50所示简支梁的弯矩图。

解 1）先将梁上的荷载分为集中力偶 m 和均布荷载 q 两组。

2）分别画出 m 和 q 单独作用时的弯矩 M_1 和 M_2 图 ［图3.50（b，c）］，然后将这两个弯矩图相叠加。叠加时是将相应截面的纵坐标代数相加。叠加方法如图3.50（a）所示，先

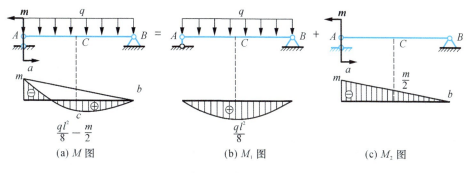

图 3.50 例 3.20 图

作出直线形的弯矩图 M_1（即 ab 直线，可用虚线画出），再以 ab 为基准线作出曲线形的弯矩图 M_2。这样，将两个弯矩图相应纵坐标代数相加后，就得到 m 和 q 共同作用下的最终弯矩 M 图 [图 3.50（a）]，其控制截面为 A、B、C，即

A 截面弯矩为

$$M_A = -m + 0 = -m$$

B 截面弯矩为

$$M_B = 0 + 0 = 0$$

跨中 C 截面弯矩为

$$M_C = \frac{ql^2}{8} - \frac{m}{2}$$

叠加时宜先画直线形的弯矩图，再叠加上曲线形或折线形的弯矩图。

由上例可知，用叠加法作弯矩图，一般不能直接求出最大弯矩的精确值。若需要确定最大弯矩的精确值，应找出剪力 $F_Q = 0$ 的截面位置，求出该截面的弯矩，即得到最大弯矩的精确值。

【例 3.21】 用叠加法画出图 3.51 所示简支梁的弯矩图。

解 1) 先将梁上的荷载分为两组，其中集中力偶 m_A 和 m_B 为一组，集中力 **F** 为一组。

2) 分别画出两组荷载单独作用下的 M_1 和 M_2 弯矩图 [图 3.51（b，c）]，然后将这两个弯矩图相叠加，叠加方法如图 3.51（a）所示，先作出直线形的 M_1 弯矩图（即 ab 直线，用虚线画出），再以 ab 为基准线作出折线形的 M_2 弯矩图。这样，将两个弯矩图相应纵坐标代数相加后，就得到两组荷载共同作用下的最终 M 弯矩图[图 3.51（a）]，其控制截面为 A、B、C，即

A 截面弯矩为

$$M_A = m_A + 0 = m_A$$

B 截面弯矩为

$$M_B = m_B + 0 = m_B$$

跨中 C 截面弯矩为

$$M_C = \frac{m_A + m_B}{2} + \frac{Fl}{4}$$

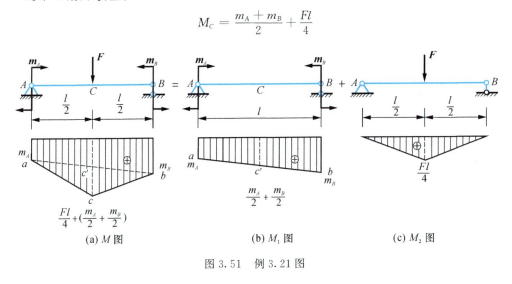

图 3.51　例 3.21 图

3.3.3　直梁的应力计算

由于梁横截面上有剪力 F_Q 和弯矩 M 两种内力存在，它们在梁的横截面上会引起相应的切应力 τ 和正应力 σ。下面着重给出梁的正应力、切应力计算公式及其强度条件。

1. 梁横截面上的应力

（1）正应力的分布规律

为了解正应力在横截面上的分布情况，可先观察梁的变形。取一弹性较好的矩形截面梁，在其表面上画上一系列与轴线平行的纵向线及与轴线垂直的横向线，构成许多均等的小矩形，然后在梁的两端施加一对力偶矩为 M 的外力偶，使梁发生纯弯曲变形，如图 3.52（a）所示，这时可观察到下列现象：

1) 各横向线仍为直线，只倾斜了一个角度。
2) 各纵向线弯成曲线，上部纵向线缩短，下部纵向线伸长。

根据上面观察到的现象推测梁的内部变形，可作出如下的假设和推断：

1) 平面假设：各横向线代表横截面，变形前后都是直线，表明横截面变形后仍保持平面，且仍垂直于弯曲后的梁轴线，如图 3.52（b）所示。

2) 单向受力假设：将梁看成由无数纤维组成，各纤维只受到轴向拉伸或压缩，不存在相互挤压。

从上部各层纤维缩短到下部各层纤维伸长的连续变化中，必有一层纤维既不缩短也不伸长，这层纤维称为**中性层**。中性层与横截面的交线称为**中性轴**，见图 3.52（c）。中性轴通过横截面形心，且与竖向对称轴 y 垂直，将梁横截面分为受压和受拉两个区域。

由此可知，梁弯曲变形时各截面绕中性轴转动，使梁内纵向纤维伸长和缩短，中性层上

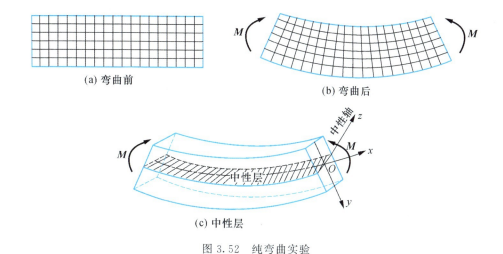

图 3.52 纯弯曲实验

各纵向纤维变形为零。由于变形是连续的，各层纵向纤维的线应变沿截面高度应为线性变化规律，从而由胡克定律可推出，梁弯曲时横截面上的正应力沿截面高度呈线性分布规律变化，如图 3.53 所示。

（2）正应力计算公式

如图 3.54 所示，根据理论推导（推导从略），梁弯曲时横截面上任一点正应力的计算公式为

$$\sigma = \frac{My}{I_z} \tag{3.20}$$

式中，M—— 横截面上的弯矩；

y—— 所计算应力点到中性轴的距离；

I_z—— 截面对中性轴的惯性矩。

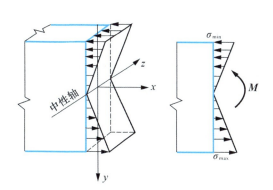

图 3.53 正应力沿截面高度的分布规律

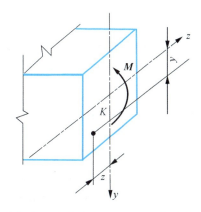

图 3.54 计算横截面上任一点的正应力

式（3.20）说明：梁弯曲时横截面上任一点的正应力 σ 和弯矩 M 与该点到中性轴

的距离 y 成正比，与截面对中性轴的惯性矩 I_z 成反比，正应力沿截面高度呈线性分布；中性轴上（$y=0$）各点处的正应力为零；在上、下边缘处（$y=y_{max}$）正应力的绝对值最大。用式（3.20）计算正应力时，M 和 y 均用绝对值代入。当截面上有正弯矩时，中性轴以下部分为拉应力，以上部分为压应力，当截面有负弯矩时则相反。

【例 3.22】 长为 l 的矩形截面悬壁梁，在自由端处作用一集中力 F，如图 3.55 所示。已知 $F=3$kN，$h=180$mm，$b=120$mm，$y=60$mm，$l=3$m，$a=2$m，求 C 截面上 K 点的正应力。

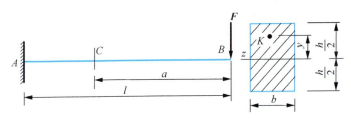

图 3.55 例 3.22 图

解 1）计算 C 截面的弯矩。

$$M_C = -Fa = -3 \times 2 = -6 \text{kN} \cdot \text{m}$$

2）计算截面对中性轴的惯性矩。

$$I_z = \frac{bh^3}{12} = \frac{120 \times 180^3}{12} = 58.32 \times 10^6 \text{mm}^4$$

3）计算 C 截面上 K 点的正应力。将 M_C、y（均取绝对值）及 I_z 代入正应力公式（3.20），得

$$\sigma_K = \frac{M_C y}{I_z} = \frac{6 \times 10^6 \times 60}{58.32 \times 10^6} = 6.17 \text{MPa}$$

由于 C 截面的弯矩为负，K 点位于中性轴上方，所以 K 点的应力为拉应力。

2 梁横截面上的切应力

（1）切应力分布规律假设

对于高度 h 大于宽度 b 的矩形截面梁，其横截面上的剪力 F_Q 沿 y 轴方向，如图 3.56 所示，现假设切应力的分布规律如下：

1）横截面上各点处的切应力 τ 都与剪力 F_Q 方向一致。

2）横截面上距中性轴等距离各点处切应力大小相等，即沿截面宽度为均匀分布。

（2）矩形截面梁的切应力计算公式

根据以上假设可以推导出矩形截面梁横截面上任意一点处切应力的计算公式为

$$\tau = \frac{F_Q S_z^*}{I_z b} \tag{3.21}$$

式中，F_Q——横截面上的剪力；

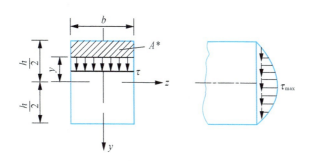

图 3.56 矩形截面梁横截面上的切应力分布图

I_z——整个截面对中性轴的惯性矩；

b——需求切应力处横截面的宽度；

S_z^*——横截面上需求切应力点处的水平线以上（或以下）部分的面积 A^* 对中性轴的静矩。

用式（3.21）计算时，F_Q 与 S_z^* 均用绝对值代入即可。

切应力沿截面高度的分布规律可从式（3.21）得出。对于同一截面，F_Q、I_z 及 b 都为常量，因此截面上的切应力 τ 是随静矩 S_z^* 的变化而变化的。

通过计算得到矩形截面梁横截面上的最大切应力为

$$\tau_{\max} = \frac{3F_Q}{2bh} = 1.5\frac{F_Q}{A} \tag{3.22}$$

式中，$\dfrac{F_Q}{A}$——截面上的平均切应力。

由式（3.22）可见，矩形截面梁横截面上的最大切应力是平均切应力的 1.5 倍，发生在中性轴上。

（3）工字形截面梁的切应力

工字形截面梁由腹板和翼缘组成［图 3.57（a）］。腹板是一个狭长的矩形，所以它的切应力可按矩形截面的切应力公式计算，即

$$\tau = \frac{F_Q S_z^*}{I_z d} \tag{3.23}$$

式中，d——腹板的宽度；

S_z^*——横截面上所求切应力处的水平线以下（或以上）至边缘部分面积 A^* 对中性轴的静矩。

由式（3.23）可求得切应力 τ 沿腹板高度按抛物线规律变化，如图 3.57（b）所示。最大切应力发生在中性轴上，其值为

$$\tau_{\max} = \frac{F_{Q\max} S_{z\max}^*}{I_z d} = \frac{F_{Q\max}}{(I_z/S_{z\max}^*)b}$$

式中，$S_{z\max}^*$——工字形截面中性轴以下（或以上）面积对中性轴的静矩。

对于工字钢，$I_z/S_{z\max}^*$ 可从型钢表中查得。

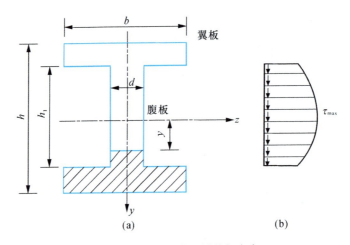

图 3.57 工字形截面梁的切应力

翼缘部分的切应力很小，一般情况下不必计算。

【例 3.23】 一矩形截面简支梁如图 3.58 所示。已知 $l=3\text{m}$，$h=160\text{mm}$，$b=100\text{mm}$，$h_1=40\text{mm}$，$F=3\text{kN}$，求 m—m 截面上的切应力。

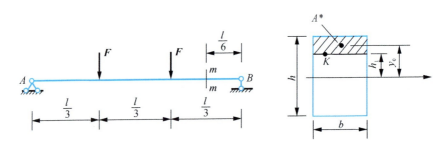

图 3.58 例 3.23 图

解 1) 求支座反力及 m—m 截面上的剪力。
$$F_{RA} = F_{RB} = F = 3\text{kN}(\uparrow)$$
$$F_Q = -F_{RB} = -3\text{kN}$$

2) 计算截面的惯性矩及面积 A^* 对中性轴的静矩。
$$I_z = \frac{bh^3}{12} = \frac{100 \times 160^3}{12} = 34.1 \times 10^6 \text{mm}^4$$
$$S_z = A^* y_0 = 100 \times 40 \times 60 = 24 \times 10^4 \text{mm}^3$$

3) 计算 m—m 截面上 K 点的切应力。
$$\tau_K = \frac{F_Q S_z^*}{I_z d} = \frac{3 \times 10^3 \times 24 \times 10^4}{34.1 \times 10^6 \times 100} = 0.21\text{MPa}$$

3.3.4 梁的强度条件

1. 梁的正应力强度条件

(1) 最大正应力

在强度计算时必须算出梁的最大正应力。产生最大正应力的截面称为危险截面。对于等直梁,最大弯矩所在的截面就是危险截面。危险截面上的最大应力点称为危险点,它发生在距中性轴最远的上、下边缘处。

对于中性轴是截面对称轴的梁,最大正应力的值为

$$\sigma_{max} = \frac{M_{max} y_{max}}{I_z}$$

令

$$W_z = \frac{I_z}{y_{max}}$$

则

$$\sigma_{max} = \frac{M_{max}}{W_z} \tag{3.24}$$

式中,W_z——抗弯截面系数(或模量),它是一个与截面形状和尺寸有关的几何量,其常用单位为 m^3 或 mm^3。

对高为 h、宽为 b 的矩形截面,其抗弯截面系数为

$$W_z = \frac{I_z}{y_{max}} = \frac{bh^3/12}{h/2} = \frac{bh^2}{6}$$

对直径为 D 的圆形截面,其抗弯截面系数为

$$W_z = \frac{I_z}{y_{max}} = \frac{\pi D^4/64}{D/2} = \frac{\pi D^3}{32}$$

对工字钢、槽钢、角钢等型钢截面,其抗弯截面系数 W_z 可从型钢表中查得。

(2) 正应力强度条件

为了保证梁具有足够的强度,必须使梁危险截面上的最大正应力不超过材料的许用应力,即

$$\sigma_{max} = \frac{M_{max}}{W_z} \leqslant [\sigma] \tag{3.25}$$

式(3.25)为梁的正应力强度条件。

根据强度条件可解决工程中有关强度方面的三类问题。

1) 强度校核。在已知梁的横截面形状和尺寸、材料及所受荷载的情况下,可校核梁是否满足正应力强度条件,即校核是否满足式(3.25)。

2) 设计截面。当已知梁的荷载和所用的材料时,可根据强度条件,先计算出所需的最小抗弯截面系数,即

$$W_z \geqslant \frac{M_{max}}{[\sigma]}$$

然后根据梁的截面形状，再由 W_z 值确定截面的具体尺寸或型钢号。

3) 确定许用荷载。已知梁的材料、横截面形状和尺寸，根据强度条件先算出梁所能承受的最大弯矩，即

$$M_{\max} \leqslant W_z[\sigma]$$

然后由 $M_{\max}$ 与荷载的关系算出梁所能承受的最大荷载。

2. 梁的切应力强度条件

为保证梁的切应力强度，梁的最大切应力不应超过材料的许用切应力 $[\tau]$，即

$$\tau = \frac{F_{Q\max} S^*_{z\max}}{I_z b} \leqslant [\tau] \tag{3.26}$$

式（3.26）称为梁的切应力强度条件。

3. 梁强度条件的应用

在梁的强度计算中，必须同时满足正应力和切应力两个强度条件。通常先按正应力强度条件设计出截面尺寸，然后按切应力强度条件进行校核。对于细长梁，按正应力强度条件设计的梁一般都能满足切应力强度要求，就不必作切应力校核了。

【例 3.24】 如图 3.59 所示，一悬臂梁长 $l=1.5\text{m}$，自由端受集中力 $F=32\text{kN}$ 作用，梁由 22a 工字钢制成，自重按 $q=0.33\text{kN/m}$ 计算，$[\sigma]=160\text{MPa}$，试校核梁的正应力强度。

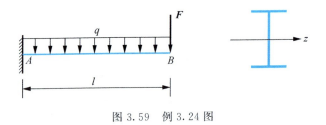

图 3.59 例 3.24 图

解 1) 画弯矩图，求最大弯矩的绝对值。

$$|M_{\max}| = Fl + \frac{ql^2}{2} = 32 \times 1.5 + \frac{1}{2} \times 0.33 \times 1.5^2 = 48.4 \text{kN} \cdot \text{m}$$

2) 查型钢表，22a 工字钢的抗弯截面系数为

$$W_z = 309 \text{cm}^3$$

3) 校核正应力强度。

$$\sigma_{\max} = \frac{M_{\max}}{W_z} = \frac{48.4 \times 10^6}{309 \times 10^3} = 157 \text{MPa} < [\sigma] = 160 \text{MPa}$$

满足正应力强度条件。

【例 3.25】 一热轧普通工字钢截面简支梁，如图 3.60 所示，已知 $l=6\text{m}$，$F_1=15\text{kN}$，$F_2=21\text{kN}$，钢材的许用应力 $[\sigma]=170\text{MPa}$，试选择工字钢的型号。

解 1) 画弯矩图，确定 $M_{\max}$。

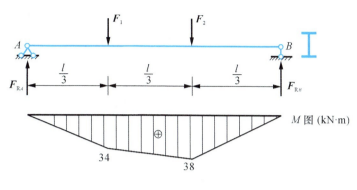

图 3.60 例 3.25 图

① 求支反力。

$$F_{RA} = 17\text{kN} (\uparrow)$$
$$F_{RB} = 19\text{kN} (\uparrow)$$

② 绘 M 图，最大弯矩发生在 F_2 作用截面上，其值为

$$M_{\max} = 38\text{kN}\cdot\text{m}$$

2）计算工字钢梁所需的抗弯截面系数，为

$$W_{z1} \geqslant \frac{M_{\max}}{[\sigma]} = \frac{38 \times 10^6}{170} = 223.5 \times 10^3 \text{mm}^3 = 223.5\text{cm}^3$$

3）选择工字钢型号。查型钢表，得 20a 工字钢的 W_z 值为 237cm³，略大于所需的 W_{z1}，故采用 20a 号工字钢。

【例 3.26】 如图 3.61 所示，40a 号工字钢截面简支梁的跨度 $l=8\text{m}$，跨中点受集中力 F 作用。已知 $[\sigma]=140\text{MPa}$，考虑自重，求许用荷载 $[F]$。

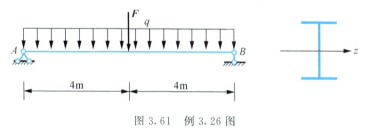

图 3.61 例 3.26 图

解 1）由型钢表查有关数据。

工字钢每米长自重

$$q = 67.6\text{kgf/m} \approx 676\text{N}$$

抗弯截面系数

$$W_z = 1090\text{cm}^3$$

2）按强度条件求许用荷载 $[F]$。

$$M_{max} = \frac{ql^2}{8} + \frac{Fl}{4} = \frac{1}{8} \times 676 \times 8^2 + \frac{1}{4} \times F \times 8 = (5408 + 2F) \text{N} \cdot \text{m}$$

根据强度条件

$$[M_{max}] \leqslant W_z[\sigma]$$

即

$$5408 + 2F \leqslant 1090 \times 10^{-3} \times 140 \times 10^6$$

解得

$$[F] = 73\,600\text{N} = 73.6\text{kN}$$

取

$$[F] = 73\text{kN}$$

【例 3.27】 一外伸工字钢梁，工字钢的型号为 22a，梁上荷载如图 3.62（a）所示。已知 $l=6\text{m}$，$F=30\text{kN}$，$q=6\text{kN/m}$，$[\sigma]=170\text{MPa}$，$[\tau]=100\text{MPa}$，校核此梁是否安全。

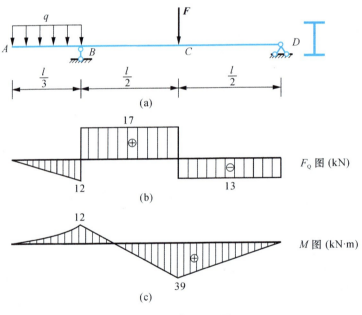

图 3.62 例 3.27 图

解 1）绘剪力图和弯矩图，如图 3.62（b，c）所示，则

$$M_{max} = 39\text{kN} \cdot \text{m}$$
$$F_{Qmax} = 17\text{kN} \cdot \text{m}$$

2）由型钢表查得有关数据。

$$b = 0.75\text{cm}$$
$$\frac{I_z}{S^*_{max}} = 18.9\text{cm}$$
$$W_z = 309\text{cm}^3$$

3) 校核正应力强度及切应力强度。

$$\sigma_{max} = \frac{M_{max}}{W_z} = \frac{39 \times 10^6}{309 \times 10^3} = 126\text{MPa} < [\sigma] = 170\text{MPa}$$

$$\tau_{max} = \frac{F_{Qmax}S^*_{max}}{I_z b} = \frac{17 \times 10^3}{18.9 \times 10 \times 7.5} = 12\text{MPa} < [\tau] = 100\text{MPa}$$

所以梁满足强度条件。

4. 梁的合理截面的选择

设计梁时，一方面要保证梁具有足够的强度，使梁在荷载作用下能安全工作；同时，应使设计的梁能充分发挥材料的潜力，以节省材料，这就需要选择合理的截面形状和尺寸。

梁的强度一般是由横截面上的最大正应力控制的。当弯矩一定时，横截面上的最大正应力 σ_{max} 与抗弯截面系数 W_z 成反比，W_z 愈大就愈有利，而 W_z 的大小与截面的面积及形状有关，合理的截面形状是在截面面积 A 相同的条件下有较大的抗弯截面系数 W_z，也就是说，比值 W_z/A 大的截面形状合理。由于在一般截面中 W_z 与其高度的平方成正比，所以尽可能地使横截面面积分布在距中性轴较远的地方，这样在截面面积一定的情况下可以得到尽可能大的抗弯截面系数 W_z，而使最大正应力 σ_{max} 减少，或者在抗弯截面系数 W_z 一定的情况下减少截面面积，以节省材料和减轻自重。所以，工字形、槽形截面比矩形截面合理，矩形截面立放比平放合理，正方形截面比圆形截面合理。

梁的截面形状的合理性也可从正应力分布的角度来说明。梁弯曲时，正应力沿截面高度呈直线分布，在中性轴附近正应力很小，这部分材料没有充分发挥作用。如果将中性轴附近的材料尽可能减少，而把大部分材料布置在距中性轴较远的位置处，则材料就能充分发挥作用，截面形状就显得合理。所以，工程上常采用工字形、圆环形、箱形（图 3.63）等截面形式。工程中常用的空心板、薄腹梁等就是根据这个道理设计的。

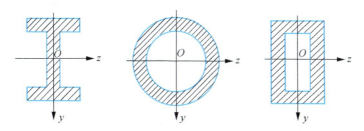

图 3.63 工程中常用的梁截面

此外，在梁横截面上距中性轴最远的各点处分别有最大拉应力和最大压应力，为了充分发挥材料的潜力，应使它们同时达到材料相应的许用应力，例如 T 形截面的钢筋混凝土梁（图 3.64）。

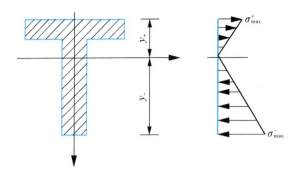

图 3.64 T 形截面梁的应力分布

※3.4 梁的应力状态与强度理论

3.4.1 应力状态的概念

1. 应力状态的概念

在分析轴向拉压杆内任一点的应力时,我们知道,不同方位截面的应力是不同的。一般地讲,在受力构件内,在通过同一点各不同方位的截面上,应力的大小和方向是随截面的方位按一定的规律变化的,因此为了深入了解受力构件内的应力情况,正确分析构件的强度,必须研究一点处的应力情况,即通过构件内某一点所有不同截面上的应力情况集合,称为**点的应力状态**。

研究一点处的应力状态时往往围绕该点取一个无限小的正六面体,称为**单元体**。作用在单元体上的应力可认为是均匀分布的。

2 应力状态分类

根据一点处的应力状态中各应力在空间的位置可以将应力状态分为**空间应力状态**和**平面应力状态**。单元体上三对平面都存在应力的状态称为**空间应力状态**,而只有两对平面存在应力的状态称为**平面应力状态**。图 3.65(a)所示的三向应力状态属空间应力状态,图 3.65(b~d)所示的双向、单向及纯剪切应力状态属平面应力状态。单向应力状态也称简单应力状态,其他称为复杂应力状态。

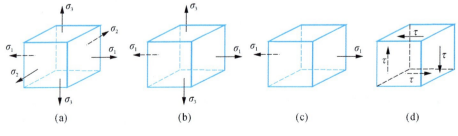

图 3.65 单元体的应力状态

本节主要研究平面应力状态。

3.4.2 平面应力分析

分析平面应力状态的方法有解析法和图解法两种，这里只介绍解析法。

1. 斜截面上的应力分析——解析法

设从受力构件中某一点取一单元体，置于 xy 平面内，如图 3.66（a）所示，已知 x 面上的应力有 σ_x 及 τ_x，y 面上的应力有 σ_y 及 τ_y，根据剪应力互等定理，$\tau_x = \tau_y$。现在需要求任一斜截面 BC 上的应力。用斜面截 BC 将单元体切开 [图 3.66（b）]，斜截面的外法线 n 与 x 轴的夹角用 α 表示（以后 BC 截面称为 α 截面），在 α 截面上的应力用 σ_α 及 τ_α 表示。规定 α 角由 x 轴到 n 轴逆时针转向为正；正应力 σ_α 以拉应力为正，压应力为负；剪应力 τ_α 以绕单元体顺时针转向为正，反之为负。

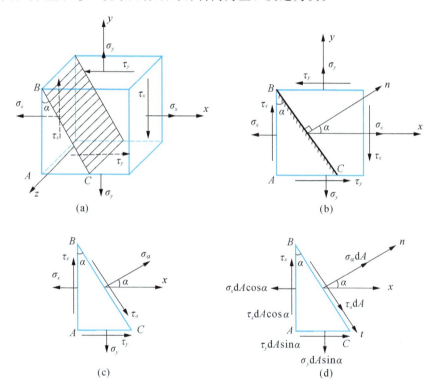

图 3.66 平面应力分析

取 BC 左部分为研究对象 [图 3.66（c）]，设斜截面上的面积为 dA，则 BA 面和 AC 面的面积分别为 $dA\cos\alpha$ 和 $dA\sin\alpha$。建立 n 和 t 坐标，如图 3.66（d）所示，列出平衡方程，即

$$\sum F_n = 0, \quad \sigma_\alpha dA - (\sigma_x dA\cos\alpha)\cos\alpha + (\tau_x dA\cos\alpha)\sin\alpha - (\sigma_y dA\sin\alpha)\sin\alpha + (\tau_y dA\sin\alpha)\cos\alpha = 0$$

$$\sum F_t = 0,\quad \tau_\alpha dA - (\sigma_x dA\cos\alpha)\sin\alpha - (\tau_x dA\cos\alpha)\cos\alpha + (\sigma_y dA\sin\alpha)\cos\alpha + (\tau_y dA\sin\alpha)\sin\alpha = 0$$

由于 $\tau_x = \tau_y$，再利用三角公式

$$\cos^2\alpha = \frac{1+\cos2\alpha}{2}$$

$$\sin^2\alpha = \frac{1-\cos2\alpha}{2}$$

$$2\sin\alpha\cos\alpha = \sin2\alpha$$

整理，得到

$$\sigma_\alpha = \frac{\sigma_x+\sigma_y}{2} + \frac{\sigma_x-\sigma_y}{2}\cos2\alpha - \tau_x\sin2\alpha \tag{3.27}$$

$$\tau_x = \frac{\sigma_x-\sigma_y}{2}\sin2\alpha + \tau_x\cos2\alpha \tag{3.28}$$

式（3.27）和式（3.28）是计算平面应力状态下任一斜截面上应力的一般公式。

【例 3.28】 图示单元体各面应力如图 3.67 所示，试求斜截面上的应力 σ_α，τ_α。

解 已知 $\sigma_x = 30\text{MPa}$，$\sigma_y = 50\text{MPa}$，$\tau_x = -20\text{MPa}$，由式（3.27）和式（3.28），得

$$\begin{aligned}\sigma_\alpha &= \frac{\sigma_x+\sigma_y}{2} + \frac{\sigma_x-\sigma_y}{2}\cos2\alpha - \tau_x\sin2\alpha \\ &= \frac{30+50}{2} + \frac{30-50}{2}\times\frac{1}{2} + 20\times\frac{\sqrt{3}}{2} \\ &= 40 - 5 + 10\sqrt{3} = 52.32\text{MPa}\end{aligned}$$

$$\begin{aligned}\tau_\alpha &= \frac{\sigma_x-\sigma_y}{2}\sin2\alpha + \tau_x\cos2\alpha \\ &= \frac{30-50}{2}\times\frac{\sqrt{3}}{2} - 20\times\frac{1}{2} \\ &= -8.66 - 10 = -18.66\text{MPa}\end{aligned}$$

2 主平面和主应力

由式（3.27）和式（3.28）可知，当 σ_x、σ_y 和 τ_x 为已知时 σ_α 和 τ_α 是 α 角的函数，即它们的大小和方向是随截面方位 α 角而变化的。正应力取得极值的截面上剪应力一定为零，剪应力等于零的截面称为**主平面**，主平面上的正应力称为**主应力**，主应力即是正应力的极值。主平面位置由下式确定，即

$$\tan2\alpha_0 = \frac{-2\tau_x}{\sigma_x-\sigma_y} \tag{3.29}$$

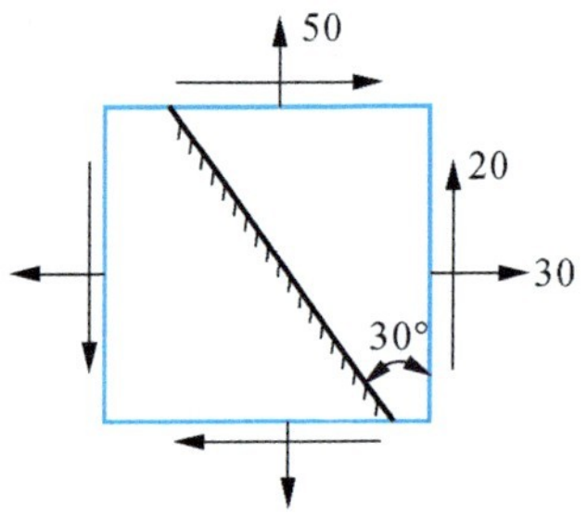

图 3.67 例 3.28 图

由上式可求出相差 90°的两个值，即 α_0 与 $\alpha_0+90°$，可见两个主平面相互垂直。两

个主平面上的主应力一个是极大值,用 σ_{max} 表示,另一个是极小值,用 σ_{min} 表示。应用几何关系可求得最大主应力 σ_{max} 和最小主应力 σ_{min} 为

$$\sigma_{min}^{max} = \frac{\sigma_x + \sigma_y}{2} \pm \sqrt{\left(\frac{\sigma_x - \sigma_y}{2}\right)^2 + \tau_x^2} \quad (3.30)$$

3. 主剪应力及其平面位置

利用求正应力极值的方法同样可求得剪应力 τ_α 的极值及其平面方位 α_1,即 $\alpha = \alpha_1$ 时

$$\tan 2\alpha_1 = \frac{\sigma_x - \sigma_y}{2\tau_x} \quad (3.31)$$

$$\tau_{min}^{max} = \pm \sqrt{\left(\frac{\sigma_x - \sigma_y}{2}\right)^2 + \tau_x^2} \quad (3.32)$$

由式(3.29)和式(3.31)可知

$$\tan 2\alpha_1 = -\cot 2\alpha_0 = \tan(2\alpha_0 + 90°)$$

即剪应力极值所在平面与主平面相差 45°角。

比较式(3.30)和式(3.32)还可得出

$$\tau_{min}^{max} = \pm \frac{\sigma_{max} - \sigma_{min}}{2} \quad (3.33)$$

式(3.33)表明,剪应力的极值等于最大主应力与最小主应力差的一半。

【例 3.29】 求如图 3.68(a)所示一单元体的主应力、主平面与最大切应力,已知 $\sigma_x = 20\text{MPa}$,$\sigma_y = -10\text{MPa}$,$\tau_x = 20\text{MPa}$。

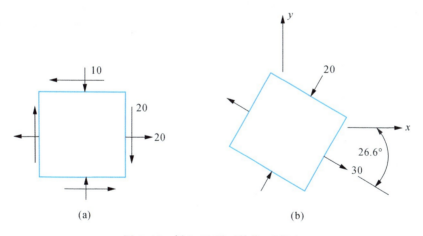

图 3.68 例 3.29 图(单位:MPa)

解 1)确定单元体的主平面。由式(3.29)得

$$\tan 2\alpha_0 = -\frac{2\tau_x}{\sigma_x - \sigma_y} = -\frac{2 \times 20}{20 - (-10)} = -1.33$$

$$\alpha_0 = -26.6°$$

$$\alpha_0 + 90° = 63.4°$$

2) 计算主应力。由式（3.30）得

$$\sigma_3^1 = \sigma_{\min}^{\max} = \frac{\sigma_x + \sigma_y}{2} \pm \sqrt{\left(\frac{\sigma_x - \sigma_y}{2}\right)^2 + \tau_x^2}$$

$$= \frac{20-10}{2} \pm \sqrt{\left[\frac{20-(-10)}{2}\right]^2 + 20^2}$$

$$= \begin{cases} 30 \\ -20 \end{cases} \text{MPa}$$

因此，三个主应力分别为

$$\sigma_1 = 30\text{MPa}, \quad \sigma_2 = 0, \quad \sigma_3 = -20\text{MPa}$$

单元体如图 3.68 (b) 所示，最大主应力 σ_1 沿 τ_x 指向的一侧。

3) 最大切应力可由式（3.28）直接得出，即

$$\tau_{\max} = \frac{\sigma_1 - \sigma_3}{23} = \frac{30-(-20)}{2} = 25\text{MPa}$$

3.4.3 梁的主应力和主应力迹线

1. 梁的主应力

梁在剪切弯曲时横截面上除了上、下边缘及中性轴上各点处只有一种应力外，其余各点都同时存在正应力和剪应力。利用上一节的公式可以确定梁内任一点处的主应力。

图 3.69 所示为一个剪切弯曲的梁。从任一横截面 $m—m$ 上取 1、2、3、4、5 五个单元体。各单元体 x 面上的正应力和切应力可以由式（3.20）和式（3.21）求得，即

$$\sigma_x = \sigma = \frac{My}{I_z}, \quad \tau_x = \tau = \frac{F_Q S_z^*}{I_z b}$$

在各单元体的 y 面上有

$$\sigma_y = 0, \quad \tau_y = -\tau_x$$

将 $\sigma_x = \sigma$，$\sigma_y = 0$，$\tau_x = \tau$ 代入式（3.30）和式（3.29），可得梁的主应力及主平面位置的计算公式，即

$$\sigma_{\min}^{\max} = \frac{\sigma}{2} \pm \sqrt{\left(\frac{\sigma}{2}\right)^2 + \tau^2} \tag{3.34}$$

$$\tan 2\alpha_0 = -\frac{2\tau}{\sigma} \tag{3.35}$$

由式（3.34）可见，$\sigma_{\max}$ 一定大于零，$\sigma_{\min}$ 一定小于零。由于单元体上可以看作有三对主应力，其排列顺序是 $\sigma_1 > \sigma_2 > \sigma_3$，所以 $\sigma_1 = \sigma_{\max}$ 是主拉应力，$\sigma_3 = \sigma_{\min}$ 是主压应力，与纸面平行的主平面上的主应力 $\sigma_2 = 0$。用式（3.34）和式（3.35）求出各点的主应力及方向，如图 3.69 (b, c) 所示。

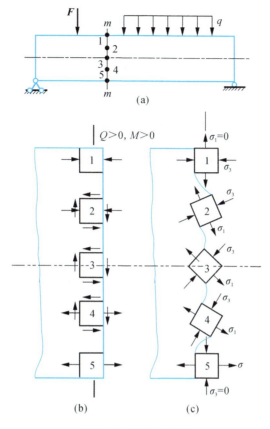

图 3.69 梁的主应力

2 主应力迹线

若在梁内取若干个横截面,从其中任一横截面 1—1 上的任一点 a 开始画出 a 点处的主应力(主拉应力 σ_1 或主压应力 σ_3)方向,将其延长,与邻近的截面 2—2 相交于 b 点,再求出 b 点处的主应力方向,延长与截面 3—3 交于 c 点,依次继续下去,便可得到一条折线,如图 3.70(a)所示。如果截面取到无穷多,同时每个截面上的点也取到无穷多时,就可以得到无穷多条光滑曲线,曲线上任一点的切线即代表该点的主应力方向。这样的曲线称为**梁的主应力迹线**。

图 3.70(b)所示为一简支梁在均布荷载作用时的主应力迹线,其中实线代表**主拉应力迹线**,虚线代表**主压应力迹线**。因为单元体的主拉应力和主压应力的方向总是相互垂直的,所以主拉应力迹线和主压应力迹线总是正交的。梁的上、下边缘处主应力迹线为水平线,梁的中性层处主应力迹线的倾角为 45°。在钢筋混凝土梁中,受拉钢筋的布置大致与主拉应力迹线一致[图 3.70(c)]。在工程实际中,考虑到施工的方便,将钢筋弯成与主应力迹线相接近的折线形,而不是曲线形。

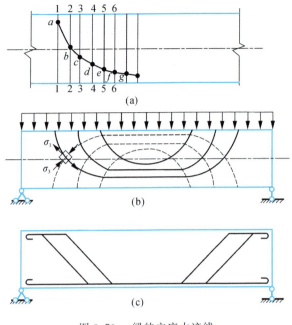

图 3.70 梁的主应力迹线

小 结

1. 轴向拉压杆的内力、应力及强度计算。

(1) 以拉伸或压缩变形为主的构件称为杆件。把外力作用后引起的附加内力定义为内力，计算构件内力的基本方法是截面法。

(2) 内力在一点处的集度称为应力。轴向拉压等截面直杆，横截面上正应力均匀分布。

(3) 拉压杆的强度条件为

$$\sigma_{\max} = \left(\frac{F_N}{A}\right)_{\max} \leqslant [\sigma]$$

拉压杆的强度条件可用于三类强度计算：①强度校核；②设计截面；③计算许用载荷。

(4) 在剪切面上与截面相切的内力称为**剪力**。在剪切面上，假设切应力均匀分布，称为**名义切应力**。剪切强度条件

$$\tau = \frac{F_Q}{A} \leqslant [\tau]$$

(5) 接触表面上的总压紧力称为**挤压力**；相应的应力称为**挤压应力**。
挤压强度条件

$$\sigma_{bs} = \frac{F_{bs}}{A_{bs}} \leqslant [\sigma_{bs}]$$

2. 等截面圆轴扭转的内力、应力及强度计算。

（1）扭转的概念及外力偶矩的计算。在垂直杆件轴线的两平面内，作用一对大小相等、转向相反的力偶时，杆件就产生扭转变形；以扭转变形为主的圆杆称圆轴。

（2）等直圆轴扭转时横截面上的剪应力公式为

$$\tau_\rho = \frac{T\rho}{I_\rho}$$

（3）等截面圆轴扭转的强度条件为

$$\tau_{\max} = \frac{T_{\max}}{W_\rho} \leqslant [\tau]$$

3. 直梁的内力、应力及强度计算。

（1）以弯曲变形为主的杆件称为梁。梁的弯曲平面与外力作用平面相重合的弯曲称为平面弯曲。

（2）单跨静定梁的几种形式：悬臂梁、简支梁、外伸梁。

（3）剪力的正负号：使梁段有顺时针转动趋势的剪力为正。

（4）弯矩的正负号：使梁段产生下侧受拉的弯矩为正。

（5）简便法求指定截面内力。

（6）用内力方程法绘制剪力图和弯矩图。

（7）用微分关系法绘制剪力图和弯矩图，以及用叠加法画弯矩图。

（8）直梁的应力计算。正应力的计算公式为

$$\sigma = \frac{My}{I_z}$$

任意一点处切应力的计算公式为

$$\tau = \frac{F_Q S_z^*}{I_z b}$$

矩形截面梁横截面上的最大切应力为

$$\tau_{\max} = 1.5 \frac{F_Q}{A}$$

（9）梁的强度条件为

$$\sigma_{\max} = \frac{M_{\max}}{W_z} \leqslant [\sigma], \quad \tau = \frac{F_{Q\max} S_{z\max}^*}{I_z b} \leqslant [\tau]$$

（10）梁的合理截面的选择。

4. 梁的应力状态与强度理论。

（1）通过构件内某一点所有不同截面上的应力情况的集合称为点的应力状态。

（2）任一斜截面上应力的一般公式为

$$\sigma_\alpha = \frac{\sigma_x + \sigma_y}{2} + \frac{\sigma_x - \sigma_y}{2}\cos 2\alpha - \tau_x \sin 2\alpha$$

$$\tau_x = \frac{\sigma_x - \sigma_y}{2}\sin 2\alpha + \tau_x \cos 2\alpha$$

（3）主应力和主平面。

$$\sigma_{\min}^{\max} = \frac{\sigma_x + \sigma_y}{2} \pm \sqrt{\left(\frac{\sigma_x - \sigma_y}{2}\right)^2 + \tau_x^2}$$

$$\tan 2\alpha_0 = \frac{-2\tau_x}{\sigma_x - \sigma_y}$$

（4）主剪应力及其平面位置。

$$\tau_{\min}^{\max} = \pm \sqrt{\left(\frac{\sigma_x - \sigma_y}{2}\right)^2 + \tau_x^2}$$

$$\tan 2\alpha_1 = \frac{\sigma_x - \sigma_y}{2\tau_x}$$

（5）梁的主应力和主应力迹线的概念。

思 考 题

3.1 两根不同材料的拉杆，杆长 l、横截面面积 A 均相同，并受相同的轴向拉力 F 作用，试问：它们横截面上的正应力 σ 及杆件的伸长量 Δl 是否相同？

3.2 两根圆截面拉杆，一根为铜杆，一根为钢杆，两杆的拉压刚度 EA 相同，并受相同的轴向拉力 F 作用，试问：它们的伸长量 Δl 和横截面上的正应力 σ 是否相同？

3.3 下图为不同材料的应力-应变图，如何利用材料的应力-应变图比较材料的强度、刚度和塑性？图中哪种材料的强度高、刚度大、塑性好？

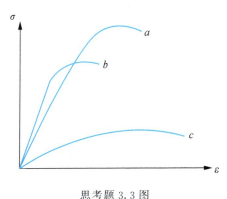

思考题 3.3 图

3.4 购买钢材时应先查阅钢材的材质单，材质单上有哪两项强度指标和哪两项塑性指标？试阐述其物理意义。

3.5 如何判断塑性材料和脆性材料？试比较塑性材料和脆性材料的力学性能特点。

3.6 什么是梁的中性层？什么是中性轴？

3.7 正应力公式的适用条件是什么？

3.8 梁的最大正应力和最大剪应力分别出现在梁的何处？

3.9　为什么平面图形对过形心的轴的静矩一定为零？

3.10　梁的正应力强度条件可解决哪三方面问题？

3.11　提高梁抗弯强度的途径有哪几种？

习　　题

一、填空题

1. 杆件的四种基本变形是_____、_____、_____、_____。

2. 由于外力作用，构件的一部分对另一部分的作用称为_____。

3. 内力在一点处的集度值称为_____。

4. 轴向拉压时与轴线相重合的内力称_____。

5. 轴向拉压时正应力计算公式的应用条件是_____和_____。

6. 单位长度上的纵向变形称_____。

7. 强度条件有三方面的力学计算分别是_____、_____、_____。

8. 由于杆件外形的突然变化而引起局部应力急剧增大的现象称_____。

9. 梁受力后主要发生的变形是_____。

10. 若外力作用平面与梁的_____重合时，则梁发生的变形称为平面弯曲。

11. 内力图上的纵标值表示该截面上内力的_____和_____。

12. 单跨静定梁按支座情况分为_____、_____和_____。

13. 梁横截面上的所有纵向对称轴组成的平面称为_____。

14. 剪力为零处，梁的弯矩图在该处_____。

15. 梁的中性层与横截面的交线称为_____。

16. 梁横截面上的最大正应力发生在距_____最远的上、下边缘处。

17. 梁中既不伸长也不缩短的纤维层称为_____。

18. 在进行梁的强度计算时，若许用应力的单位采用 MPa，则 M 的单位应采用_____，W_z 的单位应采用_____。

19. 宽为 a 高为 b 的矩形截面梁的抗弯截面系数等于_____。

20. 圆形截面的抗弯截面系数等于_____。

二、单选题

1. 轴向拉（压）时横截面上的正应力（　　）分布。
　　A. 均匀　　B. 线性　　C. 假设均匀　　D. 抛物线

2. 材料的强度指标是（　　）。
　　A. 都是　　B. δ 和 ψ　　C. E 和 μ　　D. σ_s 和 σ_b

3. 构件抵抗变形的能力称为（　　）。
　　A. 稳定性　　B. 强度　　C. 刚度　　D. 极限强度

4. 杆件的应力与杆件的（　　）有关。

  A. 外力   B. 外力、截面

  C. 外力、截面、材料   D. 外力、截面、杆长、材料

5. 两根相同截面，不同材料的杆件，受相同的外力作用，它们的纵向绝对变形（ ）。

  A. 相同   B. 不一定   C. 不相同   D. 都不是

6. 梁横截面上弯矩的正负号规定为（ ）。

  A. 顺时针转向为正，逆时针转向为负

  B. 逆时针转向为正，顺时针转向为负

  C. 使所选脱离体下侧受拉为正，反之为负

  D. 使所选脱离体上侧受拉为正，反之为负

7. 梁横截面上剪力的正负号规定为（ ）。

  A. 向上作用的剪力为正，向下作用的剪力为负

  B. 向下作用的剪力为正，向上作用的剪力为负

  C. 使所选脱离体顺时针转为正，反之为负

  D. 使所选脱离体逆时针为正，反之为负

8. 集中力偶作用处，梁的弯矩图（ ），剪力图（ ）。

  A. 有突变   B. 无变化   C. 有转折   D. 为零

9. 集中力作用处，梁的弯矩图（ ），剪力图（ ）。

  A. 无变化   B. 有突变   C. 为零   D. 有转折

10. 若梁上作用向下的均布荷载，则该梁段的弯矩图形状为（ ）。

  A. 向下凸的抛物线   B. 向上凸的抛物线

  C. 斜直线   D. 水平线

11. 梁中各横截面上只有弯矩没有剪力的弯曲称为（ ）。

  A. 剪切弯曲   B. 斜弯曲   C. 纯弯曲

12. 梁在纯弯曲变形后的中性层长度（ ）。

  A. 伸长   B. 不变   C. 缩短

13. 对于脆性材料梁，从强度方面来看截面形状最好采用（ ）。

  A. 矩形   B. T 形   C. 工字形

14. 梁横截面上弯曲正应力为零的点发生在截面的（ ）。

  A. 最上端   B. 最下端   C. 中性轴上

15. 对于许用拉应力与许用压应力相等的直梁，从强度角度看，其合理的截面形状是（ ）。

  A. 工字形   B. 矩形   C. T 形

三、判断题

1. 变形是物体的形状和大小的改变。（ ）

2. 抗拉刚度只与材料有关。（ ）

3. 应力集中对构件强度的影响与组成构件的材料无关。（   ）

4. 外力越大，杆件横截面上应力一定越大。（   ）

5. 在满足强度的条件下杆件的内力只与作用在杆件上的外力有关。（   ）

6. 当梁发生弯曲时，若某段上无荷载作用，则弯矩图在此段内必为平行于轴线的直线。（   ）

7. 若直梁的某段上弯矩图为斜直线，则该段上必无均布荷载作用。（   ）

8. 梁上多加个集中力偶作用，对剪力图的形状无影响。（   ）

9. 若弯矩图抛物线下凸，则该段梁上均布荷载向下作用。（   ）

10. 梁横截面上的内力仅与跨度、荷载有关，而与梁的材料、横截面的形状、尺寸无关。（   ）

11. 梁在负弯矩作用下，中性轴以上部分截面受压。（   ）

12. 梁在正弯矩作用下，中性轴以上部分截面受压。（   ）

13. 矩形截面梁横截面上各点的剪应力方向都与剪力 F_Q 的方向一致。（   ）

14. 中性轴上的点正应力等于零。（   ）

15. 某截面对中性轴的惯性矩等于 $\dfrac{bh^3}{12}$，该截面的形状是圆形。（   ）

四、主观题

1. 试作图示各杆的轴力图。

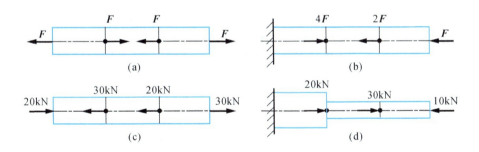

主观题 1 图

2. 图示为等截面混凝土的吊柱和立柱，已知横截面面积 A 和长度 a，以及材料的重度 γ，柱的受力如图示，其中 $F=10\gamma Aa$，试按两种情况作轴力图，并求各段横截面上的应力：

(1) 不考虑柱的自重。

(2) 考虑柱的自重。

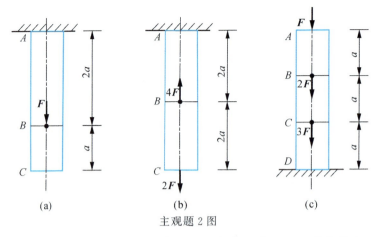

主观题 2 图

3. 一起重架由 100mm×100mm 的木杆 BC 和直径为 30mm 的钢拉杆 AB 组成，如图所示，现起吊一重物，$W=40\text{kN}$，求杆 AB 和 BC 中的正应力。

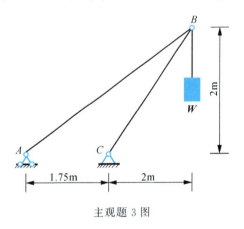

主观题 3 图

4. 两块钢板用四个铆钉连接，受 $F=4\text{kN}$ 的力作用，设每个铆钉承担 $F/4$ 的力，铆钉的直径 $d=5\text{mm}$，钢板的宽 $b=50\text{mm}$，厚度 $\delta=1\text{mm}$，连接按（a）、（b）两种形式，试分别作钢板的轴力图，并求最大应力 $\sigma_{\max}$。

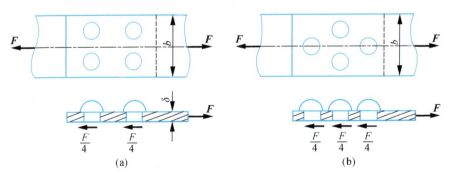

主观题 4 图

5. 用钢索起吊一钢管，如图所示，已知钢管重 $W=10\text{kN}$，钢索的直径 $d=40\text{mm}$，许用应力 $[\sigma]=10\text{MPa}$，试校核钢索的强度。

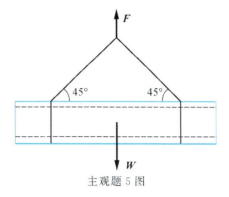

主观题 5 图

6. 正方形截面的阶梯混凝土柱受力如图示，设混凝土的 $\gamma=20\text{kN/m}^3$，荷载 $F=100\text{kN}$，许用应力 $[\sigma]=2\text{MPa}$，试根据强度选择截面尺寸 a 和 b。

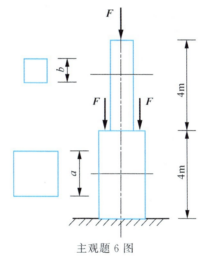

主观题 6 图

7. 图示起重架在 D 点作用荷载 $F=30\text{kN}$，若 AD、ED、AC 杆的许用应力分别为 $[\sigma]_{AD}=40\text{MPa}$，$[\sigma]_{ED}=100\text{MPa}$，$[\sigma]_{AC}=100\text{MPa}$，求三根杆所需的面积。

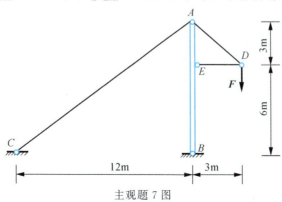

主观题 7 图

8. 试求图示各梁指定截面的剪力和弯矩。

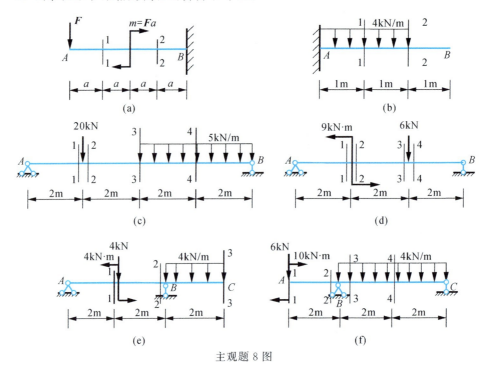

主观题 8 图

9. 作图示梁的剪力图和弯矩图。

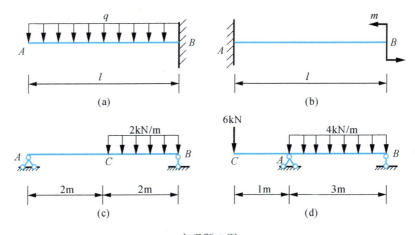

主观题 9 图

10. 试用叠加法作图示梁的弯矩图。

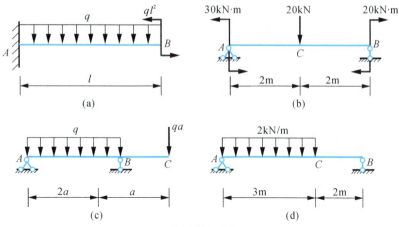

(a) (b) (c) (d)

主观题 10 图

11. 图示一简支梁，试求其截面 C 上 a、b、c、d 四点处应力的大小，并说明是拉应力还是压应力。

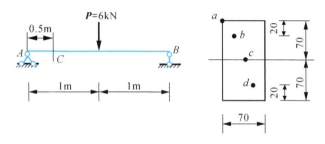

主观题 11 图

12. 试求下列各梁的最大正应力及其所在位置。

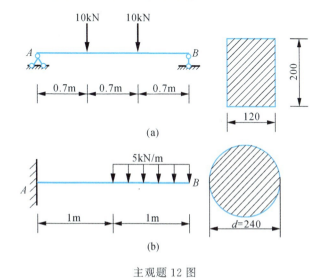

主观题 12 图

13. 简支梁受均布荷载作用，已知荷载 $q=3\text{kN/m}$，$l=4\text{m}$，截面为矩形，宽 $b=120\text{mm}$，高 $h=180\text{mm}$，如图所示，材料的许用应力 $[\sigma]=10\text{MPa}$，试校核梁的正应力强度。

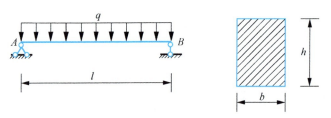

主观题 13 图

14. 外伸圆木梁受荷载作用如图示，已知 $P=3\text{kN}$，$q=3\text{kN/m}$，木材的许用应力 $[\sigma]=10\text{MPa}$，试选择梁的直径 d。

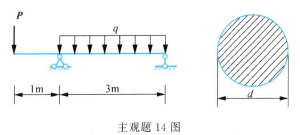

主观题 14 图

第4单元

构件在多种受力状态下的强度计算

☞ 【教学目标】

了解组合变形的概念,会将组合变形问题分解为基本变形的叠加;掌握斜弯曲、偏心压缩(拉伸)等组合变形杆件的内力、应力和强度计算;了解截面核心的概念。

【学习重点与难点】

实际工程常见的杆件在多种受力状态下的强度计算。

在日常生活中,人们用左背挑东西,人体向右偏斜,这是为什么?这种现象是否可用力学来解释?回答是肯定的。

在建筑工程中,在同一构件内往往会同时发生两种或两种以上的基本变形,怎样来解决这一类问题是本章要讨论的内容。

4.1 构件多种受力状态的概念及计算方法

4.1.1 构件多种受力状态的概念

前面的章节中分别介绍了杆件在基本变形时的强度和刚度。在实际工程结构中,由于构件的受力情况很复杂,有许多构件往往会同时发生两种或两种以上的基本变形,称这类变形为**组合变形**。例如图 4.1 所示斜屋架上的檩条,从屋架传下的荷载对檩条来说并不作用在它的纵向对称平面内,这样的荷载将引起两个平面内的弯曲变形,称为斜弯曲或双向弯曲。图 4.2 所示工业厂房中的柱子,由于屋架传给柱子的荷载 F_1 和吊车传给柱子的荷载 F_2,它们的合力一般不正好作用在柱子的轴线上,这样的荷载将引起柱子的压缩和弯曲变形,称为偏心压缩。图 4.3(a)所示为一雨篷梁,其计算简图如图 4.3(b)所示,作用的荷载除均布荷载 q 外,还有雨篷传递给梁的均布力偶 m_e,因此雨篷梁的变形是弯曲变形和扭转变形的组合。

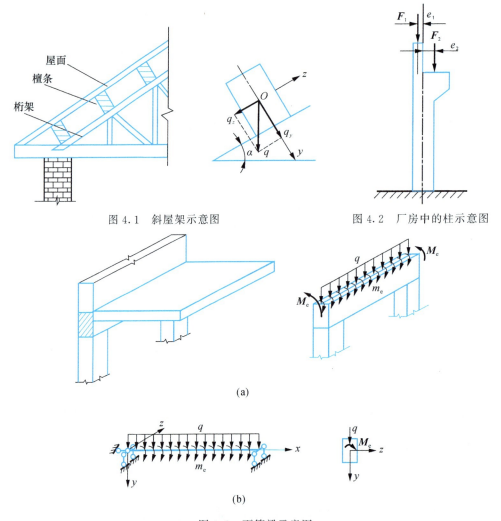

图 4.1 斜屋架示意图
图 4.2 厂房中的柱示意图
图 4.3 雨篷梁示意图

4.1.2 构件多种受力状态的计算方法

在小变形和材料服从胡克定律的前提下，可以认为组合变形中的每一种基本变形都各自独立，互不影响，因此可应用叠加原理。

用叠加原理对组合变形问题进行强度和刚度计算的步骤如下：

1）将所作用的荷载分解或简化为几个各自只引起一种基本变形的荷载分量。

2）分别计算各个荷载分量所引起的应力及变形。

3）根据叠加原理，把所求得的应力或变形相应地叠加，即得到原来荷载作用下构件所产生的应力及变形。

本章着重讨论斜弯曲和偏心压缩（拉伸）杆件的强度计算方法。

4.2 梁在斜弯曲状态下的强度计算

4.2.1 梁斜弯曲的概念

前面的章节已经讨论了平面弯曲问题。若梁具有纵向对称面，当横向外力作用在梁的纵向对称面内时，梁的轴线将在其纵向对称面内弯曲成一条曲线，这就是平面弯曲；当横向外力不作用在梁的纵向对称面内，梁弯曲后的轴线将不再位于外力作用面内，这就是斜弯曲。例如图 4.1（a）所示屋架上的檩条，其矩形截面具有两个对称轴。从屋面板传送到檩条上的荷载垂直向下，荷载作用线虽通过横截面的形心，但不与两主形心轴重合。如果我们将荷载沿两个主形心轴分解［图 4.1（b）］，此时檩条在两个分荷载作用下分别在横向对称平面（Oxz 平面）和竖向对称平面（Oxy 平面）内发生平面弯曲，这类梁的弯曲变形称为**斜弯曲**或双向弯曲，它是两个互相垂直方向的平面弯曲的组合。

4.2.2 梁斜弯曲时的应力计算

以矩形截面悬臂梁为例来讨论斜弯曲的强度计算问题。斜弯曲梁的强度通常是由弯矩引起的最大正应力控制的，剪力影响较小，因此忽略剪力的影响，只考虑弯矩。

如图 4.4（a）所示，矩形截面上的 y，z 轴为主形心惯性轴。设在梁的自由端受一集中力 F 的作用，力 F 作用线垂直于梁轴线，且与纵向对称轴 y 成一夹角 φ，当梁发生斜弯曲时，求梁中距固定端为 x 的任一截面 $m—m$ 上点 $C(y,z)$ 处的应力。

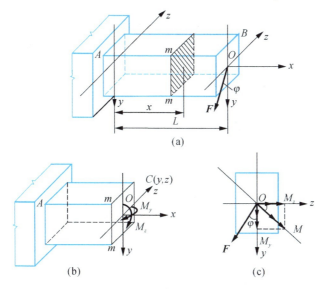

图 4.4 斜弯曲梁受力示意图

将力 F 沿 y，z 轴分解为两个分量，$F_y = F\cos\varphi$，$F_z = F\sin\varphi$。由图 4.4（b）可知，F_y 将使梁在 Oxy 平面发生平面弯曲，F_z 将使梁在 Oxz 平面发生平面弯曲，F_y 和 F_z

在截面 m—m 上产生的弯矩为 $M_z = F_y(l-x) = F(l-x)\cos\varphi = M\cos\varphi$ 和 $M_y = F_z(l-x) = F(l-x)\sin\varphi = M\sin\varphi$，转向如图 4.4（b）所示，分弯矩与总弯矩的矢量合成关系式可表示为 $M = \sqrt{M_z^2 + M_y^2}$，如图 4.4（c）所示。

图 4.4 所示梁的任意横截面 m—m 上任一点 $C(y,z)$ 处，由弯矩 M_z 和 M_y 引起的正应力分别为

$$\sigma' = \frac{M_z}{I_z} \cdot y = \frac{M\cos\varphi}{I_z} \cdot y$$

$$\sigma'' = \frac{M_y}{I_y} \cdot z = \frac{M\sin\varphi}{I_y} \cdot z$$

根据叠加原理，将 σ' 和 σ'' 对应地叠加，即得到梁在斜弯曲情况下截面 m—m 上 C 点处的总的正应力为

$$\sigma = \sigma' + \sigma'' = \frac{M_z}{I_z} \cdot y + \frac{M_y}{I_y} \cdot z = M\left(\frac{\cos\varphi}{I_z} \cdot y + \frac{\sin\varphi}{I_y} \cdot z\right) \tag{4.1}$$

式中，I_z，I_y——横截面对称轴 z 和 y 的惯性矩；

M_z，M_y——截面上位于铅垂和水平对称平面内的弯矩。

公式（4.1）是梁在斜弯曲情况下计算任一横截面上正应力的一般表达式。在应用此公式时可以先不考虑弯矩 M_z，M_y 和坐标 y，z 的正负号，都以其绝对值代入式中。σ' 和 σ'' 的正负号可通过观察梁的变形情况确定，即若所求应力的点位于弯曲拉伸区，则该项应力为拉应力，取正号；若位于压缩区，则为压应力，取负号。

公式（4.1）说明，发生斜弯曲时，截面上的正应力是 y 和 z 的线性函数，即正应力沿截面高度呈线性分布［图 4.5（a）］；截面的最大拉应力或最大压应力必发生在离中性轴最远的截面上，中性轴上各点处的正应力均为零。

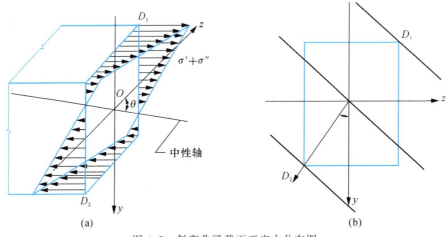

图 4.5 斜弯曲梁截面正应力分布图

4.2.3 梁斜弯曲时的强度计算

对斜弯曲来说，与平面弯曲一样，梁的强度计算仍是以最大正应力来控制的。所

以，作强度计算时，首先确定危险截面（产生最大正应力的截面）和危险点（危险截面上的最大应力点）的位置。由图 4.5（a）可以看出，在悬臂梁固定端截面 A 处弯矩 M_z 和 M_y 均达到最大值，故该截面是危险截面。

因为各点处正应力值大小与各点距中性轴的距离成正比，所以危险点发生在距中性轴最远的上、下边缘处。可以证明（此处从略），在斜弯曲情况下，中性轴是一根通过截面形心的斜线。对于矩形截面，可以直接断定截面的 σ_{max}（σ_{tmax} 或 σ_{cmax}）必发生在 σ' 和 σ'' 具有相同符号的截面的角点 D_1（D_2）处，如图 4.5（b）所示。σ_{max}（σ_{tmax} 或 σ_{cmax}）可由下式求得，即

$$\sigma_{max} = \frac{M_{zmax}}{I_z} y_{max} + \frac{M_{ymax}}{I_y} z_{max} = \frac{M_{zmax}}{W_z} + \frac{M_{ymax}}{W_y} \tag{4.2}$$

式中，W_z——抗弯截面系数（或模量），它是一个与截面形状和尺寸有关的几何量，其常用单位为 m^3 或 mm^3。

对高为 h、宽为 b 的矩形截面，其抗弯截面系数为

$$W_z = \frac{I_z}{y_{max}} = \frac{bh^3/12}{h/2} = \frac{bh^2}{6}$$

对直径为 D 的圆形截面，其抗弯截面系数为

$$W_z = \frac{I_z}{y_{max}} = \frac{\pi D^4/64}{D/2} = \frac{\pi D^3}{32}$$

对于工字形、槽形及由它们组成的组合截面，公式（4.2）仍然适用，它们的抗弯截面系数 W_z 可从型钢表中查得。

因斜弯曲时危险点处于单向应力状态，故强度条件为

$$\sigma_{max} = \frac{M_{zmax}}{W_z} + \frac{M_{ymax}}{W_y} \leqslant [\sigma] \tag{4.3}$$

利用强度条件可以解决工程实际中有关强度方面的三类问题，即强度校核、截面设计和确定许可荷载。但是在设计截面尺寸时，要遇到 W_z 和 W_y 两个未知数，通常先假设一个 W_z/W_y 的比值，根据强度条件［式（4.3）］计算出构件所需的 W_z（或 W_y）值，再按式（4.3）进行强度校核，这样循序渐进才能得出最后的合理尺寸。对于不同的截面形状，W_z/W_y 的比值可按下述范围选取：

矩形截面

$$\frac{W_z}{W_y} = \frac{h}{b} = 1.2 \sim 2$$

工字形截面

$$\frac{W_z}{W_y} = \frac{h}{b} = 8 \sim 10$$

槽形截面

$$\frac{W_z}{W_y} = \frac{h}{b} = 6 \sim 8$$

【例 4.1】 图 4.6（a）所示一简支梁，跨长 $l=3m$，用 25a 号工字钢制成，梁跨中受

一集中力作用，$F=20\text{kN}$，其与横截面铅垂对称轴的夹角 $\varphi=15°$，已知钢的许用应力 $[\sigma]=170\text{MPa}$，试校核梁的强度。

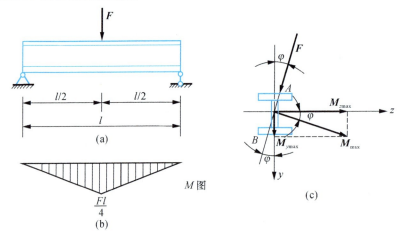

图 4.6 简支梁受力示意图

解 1) 内力分析。可以将力 F 沿两个对称轴 y 和 z 分解，然后分别求出两个分弯矩 M_y 和 M_z；也可以先求出总弯矩 M 后再分解。现采用后一种方法。由梁的弯矩图图 4.6(b) 可知，梁跨中截面是危险截面，其上弯矩的大小为

$$M_{\max}=\frac{Fl}{4}=\frac{20\times 10^3\times 3}{4}=15\times 10^3 \text{N}\cdot\text{m}=15\text{kN}\cdot\text{m}$$

沿 z、y 轴的分弯矩的大小为

$$M_{z\max}=M_{\max}\cos\varphi=15\times\cos 15°=14.49\text{kN}\cdot\text{m}$$
$$M_{y\max}=M_{\max}\sin\varphi=15\times\sin 15°=3.88\text{kN}\cdot\text{m}$$

2) 应力分析与强度计算。由于工字钢截面有两个对称轴，且有棱角，因此角点 A 和 B 处正应力最大。因为钢的抗拉和抗压强度相同，所以计算一点即可。由型钢表查得 $M_z=401.88\text{cm}^3$，$M_y=47.283\text{cm}^3$，计算简支梁 A 点的应力为

$$\sigma_{\max}=\frac{M_{z\max}}{W_z}+\frac{M_{y\max}}{W_y}=\frac{14.49\times 10^3}{401.88\times 10^{-6}}+\frac{3.38\times 10^3}{47.283\times 10^{-6}}=107.54\times 10^6\text{Pa}$$
$$=107.54\text{MPa}<[\sigma]=170\text{MPa}$$

可见，此梁的弯曲正应力满足强度条件的要求。

实例点评

当力 F 的作用线与 y 轴重合，即 $\varphi=0$ 时，发生的是绕 z 轴的平面弯曲，则最大正应力 $\sigma_{\max}=\frac{M}{W_z}=\frac{Fl}{4W_z}=\frac{20\times 10^3\times 3}{4\times 401.88\times 10^{-6}}=37.32\text{MPa}$，仅为上述最大正应力的 34.70%。所以，对于工字钢截面梁，当外力偏离 y 轴一个很小的角度时，就会使最大正应力增加很多，其原因是工字钢截面的 W_y 远小于 W_z。因此，对于这一类截面的梁，应尽量避免斜弯曲的发生。

4.3 柱在多种受力状态下的强度计算

在工程实际中,除轴心受压柱外,还存在偏心受压情况,即当压力作用线与杆的轴线平行但不重合时,杆件就受到偏心压力。例如,图 4.7 所示为一般工业厂房的柱子,承受作用于柱上端的屋面荷载和作用于牛腿上的吊车梁传来的荷载,荷载作用线均平行于柱轴线,但不与轴线重合。对于柱子的横截面而言,压力不通过截面形心,这种柱称为偏心受压柱。对这类问题仍然运用叠加原理来解决。

4.3.1 柱单向偏心压缩(拉伸)的强度计算

偏心压力(或拉力)作用于一根形心主轴上而产生的偏心压缩(或拉伸),称为单向偏心压缩(或拉伸),如图 4.7 所示的柱子就是单向偏心受压的例子。下面以图 4.8(a)所示偏心受压柱为例说明其应力分析及强度计算。

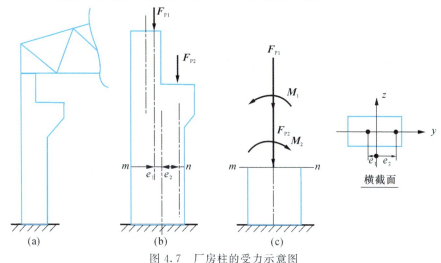

图 4.7 厂房柱的受力示意图

(1)荷载简化与内力分析

将偏心力 F 向截面形心平移,得到一个轴向压力 F 和一个力偶 $M=Fe$。可见,偏心压缩实际上是轴向压缩和平面弯曲的组合变形。

运用截面法可求得任意横截面 $m-n$ 上的内力。由图 4.8(b)可知,横截面 $m-n$ 上的内力为轴力 F_N 和弯矩 M_z,其值分别为 $F_N=-F$,$M_z=Fe$。

(2)应力分析

由于柱子各个横截面上的轴力和弯矩都是相同的,它又是等直杆,所以各个横截面上的应力也相同,因此可取任一横截面作为危险截

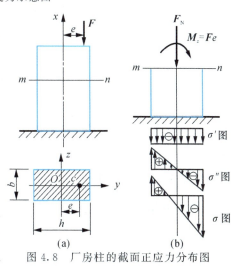

图 4.8 厂房柱的截面正应力分布图

面进行强度计算。对于该横截面上任一 K 点的正应力 σ，可看成是由轴力 F_N 引起的正应力 $\sigma' = \dfrac{F_N}{A}$ 和弯矩 M_z 引起的正应力 $\sigma'' = \pm \dfrac{M_z}{I_z} y$ 的叠加，其计算公式为

$$\sigma = \dfrac{F_N}{A} \pm \dfrac{M_z}{I_z} y \tag{4.4}$$

式中，M_z 以绝对值代入；弯曲正应力 σ'' 的正负号由变形情况判定，当 K 点处于弯曲变形的受压区时取负号，处于受拉区时取正号。

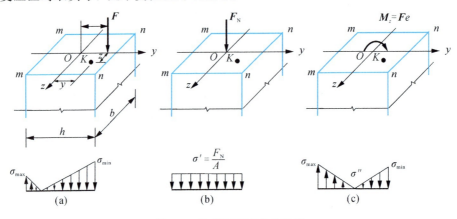

图 4.9 柱截面正应力分析图

（3）强度条件

从图 4.9（a）中可知：最大压应力发生在截面距偏心力 F 较近的边线 n—n 线上，最大拉应力发生在截面距偏心 F 较远的边线 m—m 线上。其计算公式为

$$\left. \begin{aligned} \sigma_{\min} = \sigma_{c\max} = -\dfrac{F_N}{A} - \dfrac{M_z}{W_z} \\ \sigma_{\max} = \sigma_{t\max} = -\dfrac{F_N}{A} + \dfrac{M_z}{W_z} \end{aligned} \right\} \tag{4.5}$$

截面上各点均处于单向应力状态，所以单向偏心压缩的强度条件为

$$\left. \begin{aligned} \sigma_{\min} = \sigma_{c\max} = \left| \dfrac{F_N}{A} + \dfrac{M_z}{W_z} \right| \leqslant [\sigma_c] \\ \sigma_{\max} = \sigma_{t\max} = -\dfrac{F_N}{A} + \dfrac{M_z}{W_z} \leqslant [\sigma_t] \end{aligned} \right\} \tag{4.6}$$

（4）讨论

下面来讨论当偏心受压柱为矩形截面时，截面边缘线上的最大正应力和偏心距 e 之间的关系。

如图 4.10（a）所示的偏心受压柱，截面尺寸为 $b \times h$，$A = bh$，$W_z = \dfrac{bh^2}{6}$，$M_z = Fe$，将各值代入式（4.5），得

$$\sigma_{\max} = -\dfrac{F}{bh} + \dfrac{F \cdot e}{\dfrac{bh^2}{6}} = -\dfrac{F}{bh}\left(1 - \dfrac{6e}{h}\right) \tag{4.7}$$

边缘 m—m 上的正应力 σ_{max} 的正负号由上式中 $\left(1-\dfrac{6e}{h}\right)$ 的符号决定,有三种情况:

1) 当 $\dfrac{6e}{h}<1$,即 $e<\dfrac{h}{6}$ 时,σ_{max} 为压应力,截面全部受压,截面应力分布如图 4.10(a)所示。

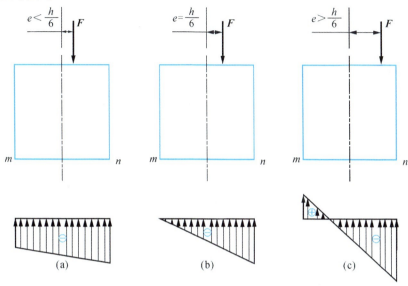

图 4.10 柱截面应力分布图

2) 当 $\dfrac{6e}{h}=1$,即 $e=\dfrac{h}{6}$ 时,σ_{max} 为零。截面全部受压,而边缘 m—m 上的正应力恰好为零,截面应力分布如图 4.10(b)所示。

3) 当 $\dfrac{6e}{h}>1$,即 $e>\dfrac{h}{6}$ 时,σ_{max} 为拉应力,截面部分受拉,部分受压,应力分布如图 4.10(c)所示。

可见,截面上应力分布情况随偏心距 e 而变化,与偏心力 F 的大小无关。当偏心距 $e\leqslant\dfrac{h}{6}$ 时,截面全部受压;当偏心距 $e>\dfrac{6e}{h}$ 时,截面上出现受拉区。

【例 4.2】 一钢筋混凝土矩形截面柱如图 4.11 所示,已知截面宽 $b=250\text{mm}$,屋架传来的压力 $F_1=100\text{kN}$ 作用在柱的轴线上,吊车梁传来的压力 $F_2=60\text{kN}$,F_2 的偏心距 $e=0.2\text{m}$,问:

1) 若截面高度 $h=350\text{mm}$,则柱截面中的最大拉应力和最大压应力各为多少?

2) 欲使柱截面不产生拉应力,截面高度 h 应为多少?在确定的 h 尺寸下柱截面中的最大压应力为多少?

解 1) 内力分析。将荷载 F_2 向截面形心简化,柱的轴向压力为
$$F_N=-F_1-F_2=-(100+60)=-160\text{kN}$$
截面的弯矩为
$$M_z=F_2e=60\times0.2=12\text{kN}\cdot\text{m}$$

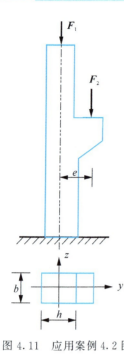

图 4.11 应用案例 4.2 图

计算 σ_{tmax} 和 σ_{cmax}。由式（4.5）得

$$\sigma_{tmax} = -\frac{F_N}{A} + \frac{M_z}{W_z} = -\frac{160 \times 10^3}{250 \times 350} + \frac{12 \times 10^6}{\frac{250 \times 350^2}{6}}$$

$$= -1.83 + 2.35 = 0.52 \text{MPa}$$

$$\sigma_{cmax} = -\frac{F_N}{A} - \frac{M_z}{W_z} = -1.83 - 2.35 = -4.18 \text{MPa}$$

2）确定 h 和计算 σ_{cmax}。欲使截面不产生拉应力，应满足 $\sigma_{tmax} \leqslant 0$，即

$$\sigma_{tmax} = -\frac{F_N}{A} + \frac{M_z}{W_z} \leqslant 0$$

$$-\frac{160 \times 10^3}{250h} + \frac{12 \times 10^6}{\frac{250h^2}{6}} \leqslant 0$$

则取 $h \geqslant 450 \text{mm}$。

当 $h = 450 \text{mm}$ 时，截面的最大压应力为

$$\sigma_{cmax} = -\frac{F_N}{A} - \frac{M_z}{W_z} = \left(-\frac{160 \times 10^3}{250 \times 450} - \frac{12 \times 10^6}{\frac{250 \times 450^2}{6}}\right) = -2.84 \text{MPa}$$

实例点评

在厂房结构及建筑结构中偏心受压的案例很多，希望同学们在平时多观察，多分析，用力学知识去解决工程问题。

4.3.2 柱双向偏心压缩（拉伸）的强度计算

如图 4.12（a）所示，当偏心压力 F 的作用线与柱轴线平行，但不在横截面的任一形心主轴上时，力 F 可简化为作用于截面形心处 O 的轴向压力和两个力偶矩 M_z，M_y [图 4.12（b）]，这种受力情况称为双向偏心压缩，其中 $M_z = Fe_y$，$M_y = Fe_z$。

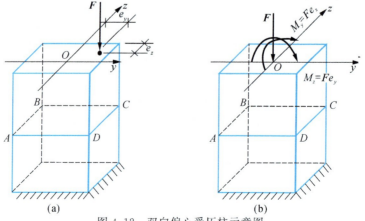

图 4.12 双向偏心受压柱示意图

可见，双向偏心压缩就是轴向压缩和两个相互垂直的平面弯曲的组合。与单向偏心压缩相同，根据叠加原理，可得到杆任一点处的正应力为

$$\sigma = -\frac{F_N}{A} \pm \frac{M_z}{I_z}y \pm \frac{M_y}{I_y}z \tag{4.8}$$

式中，$F_N=-F$，$M_z=Fe_y$，$M_y=Fe_z$，各项应力前的正负号可根据变形情况直接判定。

由图 4.12（b）可见，最大压应力 $\sigma_{\min}$ 发生在 C 点，最大拉应力 $\sigma_{\max}$ 发生在 A 点，其值为

$$\left.\begin{aligned}\sigma_{\min} = \sigma_{c\max} = -\frac{F_N}{A} - \frac{M_z}{W_z} - \frac{M_y}{W_y} \\ \sigma_{\max} = \sigma_{t\max} = -\frac{F_N}{A} + \frac{M_z}{W_z} + \frac{M_y}{W_y}\end{aligned}\right\} \tag{4.9}$$

危险点 A、C 均处于单向应力状态，所以强度条件为

$$\left.\begin{aligned}\sigma_{\min} = \sigma_{c\max} = \frac{F_N}{A} + \frac{M_z}{W_z} + \frac{M_y}{W_y} \leqslant [\sigma_c] \\ \sigma_{\max} = \sigma_{t\max} = -\frac{F_N}{A} + \frac{M_z}{W_z} + \frac{M_y}{W_y} \leqslant [\sigma_t]\end{aligned}\right\} \tag{4.10}$$

4.3.3 截面核心

在土建工程中，对砖、石、混凝土等材料制成的构件，由于其抗拉强度很低，在承受偏心压缩时应设法避免横截面上产生拉应力。

在单向偏心压缩时曾得出结论：当压力 F 的偏心距小于某一值时，横截面上的正应力全部为压应力，而不出现拉应力，这一范围即为截面核心。因此，**截面核心**是指某一个区域，当压力作用在该区域内时截面上只产生压应力。

图 4.13 中画出了圆形、矩形、工字形和槽形四种截面的截面核心，其中 $i_y^2=\frac{I_y}{A}$，$i_z^2=\frac{I_z}{A}$。

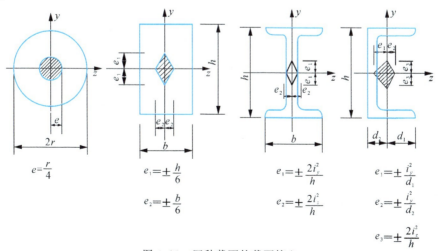

图 4.13 四种截面的截面核心

小 结

1. 组合变形是由两种或两种以上的基本变形组合而成的。解决组合变形问题的基本原理是叠加原理。

2. 用叠加原理对组合变形问题进行强度和刚度计算的步骤如下:
(1) 将所作用的荷载分解或简化为几个各自只引起一种基本变形的荷载分量。
(2) 分别计算各个荷载分量所引起的应力及变形。
(3) 根据叠加原理,把所求得的应力或变形相应地叠加,即得到原来荷载作用下构件所产生的应力及变形。

3. 主要公式。
(1) 斜弯曲是两个相互垂直平面内的平面弯曲的组合。强度条件为

$$\sigma_{max} = \frac{M_{zmax}}{W_z} + \frac{M_{ymax}}{W_y} \leqslant [\sigma]$$

(2) 偏心压缩(拉伸)是轴向压缩(拉伸)和平面弯曲的组合。单向偏心压缩(拉伸)的强度条件为

$$\sigma_{min} = \sigma_{cmax} = \frac{F_N}{A} + \frac{M_z}{W_z} \leqslant [\sigma_c]$$

$$\sigma_{max} = \sigma_{tmax} = -\frac{F_N}{A} + \frac{M_z}{W_z} \leqslant [\sigma_t]$$

(3) 双向偏心压缩(拉伸)的强度条件为

$$\sigma_{min} = \sigma_{cmax} = \frac{F_N}{A} + \frac{M_z}{W_z} + \frac{M_y}{W_y} \leqslant [\sigma_c]$$

$$\sigma_{max} = \sigma_{tmax} = -\frac{F_N}{A} + \frac{M_z}{W_z} + \frac{M_y}{W_y} \leqslant [\sigma_t]$$

在应力计算中,各基本变形的应力正负号根据变形情况直接确定。

4. 截面核心的概念:当偏心压力作用点位于截面形心周围的一个区域内时,横截面上的正应力只有压应力而没有拉应力,这一区域就是截面核心。截面核心在土建工程中是较为有用的概念。

思 考 题

4.1 试判断图中杆 AB、BC、CD 各产生哪些基本变形。

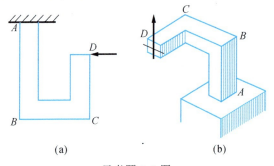

思考题 4.1 图

4.2 计算组合变形的基本假设是什么？简述用叠加原理解决组合变形强度问题的步骤。

4.3 单向偏心压缩杆件横截面上危险点的位置如何确定？

4.4 什么叫截面核心？它在工程中有什么用途？

习　　题

一、填空题

1. 构件同时发生两种或两种以上基本变形的这类变形称为_____。
2. 构件由两个互相垂直方向的平面弯曲组合的这类变形称为_____。
3. 当偏心压力作用于一根形心主轴上而产生的偏心压缩称为_____。
4. 构件由轴向压缩和两个相互垂直的平面弯曲组合的这类变形称为_____。
5. 当偏心压力作用点位于截面形心周围的一个区域内时，横截面上的正应力只有压应力而没有拉应力，这一区域称为_____。

二、单选题

1. 斜弯曲变形是最大拉应力计算公式为（　　）；单向偏心压缩变形是最大压应力计算公式为（　　）。

    A. $\sigma = \dfrac{M_z}{W_z} + \dfrac{M_y}{W_y}$
    B. $\sigma = \dfrac{M_z}{I_z} \cdot y + \dfrac{M_y}{I_y} \cdot z$

    C. $\sigma = \dfrac{F_N}{A} - \dfrac{M_z}{I_z} \cdot y$
    D. $\sigma = \dfrac{F_N}{A} + \dfrac{M}{W_z}$

2. 当偏心压力作用点位于柱截面内时，柱截面内既有拉应力又有压应力，则偏心压力作用在（　　）处。

    A. 核心区域内　　　　　　B. 核心区域边缘上

    C. 核心区域外　　　　　　D. 都行

3. 思考题 4.1 图 (a) 中梁 AB 段属于（　　）组合变形；图 (b) 中梁 BC 段属于（　　）组合变形。

    A. 剪弯　　　B. 压剪弯　　　C. 剪扭弯　　　D. 拉扭弯

三、判断题

1. 组合变形的计算方法一般用叠加法。（　　）
2. 当偏心压力作用点位于截面内时，横截面上的正应力只有拉应力。（　　）
3. 截面核心区域与偏心压力的大小有关。（　　）
4. 工程中的雨篷梁在自重作用下只有弯曲变形。（　　）
5. 工业厂房的牛腿柱一般产生压弯组合变形。（　　）

四、主观题

1. 图示简支梁由 25a 号工字钢制成，跨中截面作用的集中荷载 $F=5\text{kN}$，其作用线与截面的形心主轴 y 的夹角为 30°，$l=4\text{m}$，钢材的许用应力 $[\sigma]=160\text{MPa}$，试校核此梁的强度。

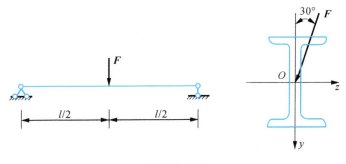

主观题 1 图

2. 图示檩条两端简支于屋架上，檩条的跨度 $l=4$m，承受均布荷载 $q=2$kN/m，矩形截面 $b×h=15$cm$×20$cm，木材的许用应力 $[\sigma]=10$MPa，试校核檩条的强度。

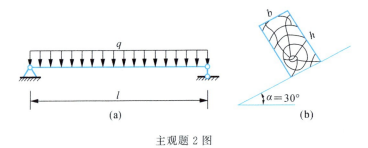

主观题 2 图

3. 矩形截面悬臂梁如图所示，受力 $F_1=1600$N，$F_2=800$N，$l=1$m，梁所用材料的许用应力 $[\sigma]=10$MPa，若截面尺寸满足 $h=2b$，试确定其截面尺寸。

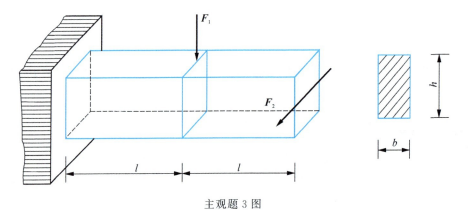

主观题 3 图

4. 如图所示的矩形截面混凝土短柱受偏心压力 F 作用，F 作用在 y 轴上，偏心距为 $e=40$mm，已知 $F=100$kN，$b=120$mm，$h=200$mm，试求任一截面 $m—n$ 上的最大应力。

5. 如图所示为矩形截面厂房柱，受到压力 $F_1=100$kN，$F_2=60$kN 作用，F_2 到柱

轴线的偏心距 $e=0.15\text{m}$,截面宽度 $b=200\text{mm}$,问:截面高度 h 取值为多少时柱截面上不会出现拉应力?此时的最大压应力为多大?

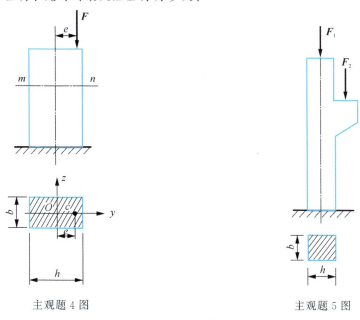

主观题 4 图

主观题 5 图

6. 如图所示为正方形截面柱,边长为 a,顶端受轴向压力 F 作用,在右侧中部挖一个槽,槽深 $a/4$,试求:

(1) 开槽前后柱内最大压应力值及所在点的位置。

(2) 若在槽的对称位置再挖一个相同的槽,则应力有何变化?

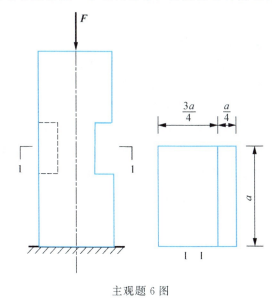

主观题 6 图

第 5 单元

受压杆件的稳定计算

> **【教学目标】**
>
> 建立压杆失稳的概念和压杆稳定性问题的分析方法;掌握等直细长压杆临界力和临界应力计算的欧拉公式及适用范围;会确定各种压杆的长度系数,能熟练计算惯性半径和压杆的柔度,并能正确地选用计算压杆临界力的公式;明确折减系数的意义及其数值的确定;能熟练地建立稳定性条件,会计算压杆稳定方面的三类问题。
>
> **【学习重点与难点】**
>
> 压杆失稳概念,临界力、临界应力,欧拉公式及适用范围,压杆稳定计算,压杆稳定性的提高措施。

在建筑工地上我们发现在井架四周立有钢管,组成承重体系,中间起吊建筑材料,为的是提高井架稳定性,以提高起吊能力。

一根长 300mm 的钢制直杆,其横截面的宽度和厚度分别为 20mm 和 1mm,材料的抗压许用应力等于 140MPa,按照抗压强度计算,其抗压承载力应为 2800N。但是实际上,在压力尚不到 40N 时杆件就发生了明显的弯曲变形,丧失了其在直线形状下保持平衡的能力,从而导致破坏。显然,它明确反映了压杆失稳与强度失效不同。

前面讨论受压直杆的强度问题时,认为只要满足杆受压时的强度条件就能保证压杆的正常工作。实验证明,这个结论只适用于短粗压杆,细长压杆在轴向压力作用下,其破坏的形式往往呈现出与强度问题截然不同的现象,这属于本单元讨论的压杆稳定的范畴。

思考:细长压杆在轴向压力作用下如何确定其达到破坏的临界力?压杆稳定问题如何计算?

5.1 压杆稳定的概念

为了说明问题，取如图 5.1（a）所示的等直细长杆，在其两端施加轴向压力 F，使杆在直线形状下处于平衡，此时如果给杆以微小的侧向干扰力，使杆发生微小的弯曲，然后撤去干扰力，则当杆承受的轴向压力数值不同时其结果也截然不同。当杆承受的轴向压力数值 F 小于某一数值 F_{cr} 时，在撤去干扰力以后杆能自动恢复到原有的直线平衡状态而保持平衡，如图 5.1（a，b）所示，这种能保持原有的直线平衡状态的平衡称为稳定的平衡。当杆承受的轴向压力数值 F 逐渐增大到（甚至超过）某一数值 F_{cr} 时，即使撤去干扰力，杆仍然处于微弯形状，不能自动恢复到原有的直线平衡状态，如图 5.1（c，d）所示，则不能保持原有的直线平衡状态的平衡称为不稳定的平衡。如果力 F 继续增大，则杆继续弯曲，产生显著的变形，发生突然破坏。

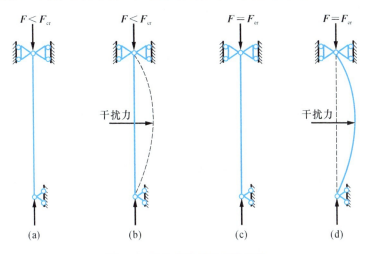

图 5.1 细长杆平衡状态示意图

上述现象表明，在轴向压力 F 由小逐渐增大的过程中，压杆由稳定的平衡转变为不稳定的平衡，这种现象称为压杆丧失稳定性或者压杆失稳。显然，压杆是否失稳取决于轴向压力的数值，压杆由直线形状的稳定平衡过渡到不稳定的平衡时所对应的轴向压力称为压杆的临界压力或临界力，用 F_{cr} 表示。当压杆所受的轴向压力 F 小于临界力 F_{cr} 时，杆件就能够保持稳定的平衡，这种性能称为压杆具有稳定性；而当压杆所受的轴向压力 F 等于或者大于 F_{cr} 时，杆件就不能保持稳定的平衡而失稳。

特别提示： 当压杆的轴向压力 F 小于 F_{cr} 时，杆件保持稳定的平衡，压杆具有稳定性。

压杆经常被应用于各种工程实际中，如房屋的柱子、桁架中的压杆以及内燃机的连杆等。不仅压杆会出现失稳破坏现象，其他构件，如图 5.2 所示的梁、拱、薄壁筒、圆环，只要存在压应力，也就存在着稳定问题。在荷载作用下，它们失稳的形式如图 5.2 中的虚线所示。这些构件的稳定问题一般比较复杂，本单元只讨论轴向受压直杆的稳定问题。

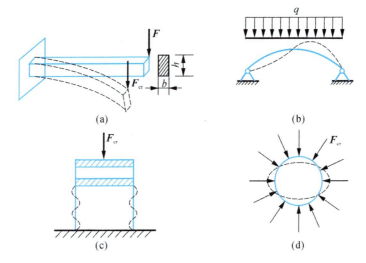

图 5.2　其他构件的失稳破坏现象

【例 5.1】　我国南方连阴雨雪为何压塌高压线铁塔？

解　2008 年 1 月，贵州及长江中下游地区长时间连阴雨雪，部分地区持续冻雨天气，降雪降雨最终转化为冰凌，冰凌每天一层，将高压电线牢牢地包裹起来，就像树木的年轮一样。电线上结冰的厚度超过了电线直径的两倍，已知冰密度是 0.9g/cm^3，相当于电线 1/2 的重量压在电线上，电线自然承受不了而最终被拉断。高压线的铁塔被厚厚的冰块严严实实地包裹起来，并承受着比平时高若干倍的高压电线拉力，而最终失稳倒塌。这种情况主要发生在湿度极高、温度较低的南方，所以湖南的郴州、衡阳一带的 70 多座高压线铁塔有近 1/3 被冰压而失稳倒塌。

> **实例点评**
>
> 电线拉断是轴向受拉破坏：电线因结冰而沿轴向的拉力增高若干倍，而电线由于热胀冷缩已经超出设计限度，抗拉强度大大降低。
>
> 铁塔压垮的主要原因是局部压杆失稳：铁塔是钢结构的桁架，主要由受拉构件和受压构件组成。受压构件受到的轴向压力不断增加，超过其临界力而局部失稳，从而导致整座铁塔倒塌。

【知识链接】

有关钢结构的知识，请参考有关文献，如高等教育出版社出版、董卫华主编的《钢结构》，现行《钢结构设计规范》（GB 50017—2003）等。

5.2　临界力和临界应力

5.2.1　细长压杆临界力的计算公式——欧拉公式

从上面的讨论可知，压杆在临界力作用下，其直线状态的平衡将由稳定的平衡转变为不稳定的平衡,此时即使撤去侧向干扰力,压杆仍然保持在微弯状态下的平衡。当然,如果压力超过这个临界力,弯曲变形将明显增大。所以,使压杆在微弯状态下保持平衡的最小的轴向压力即为压杆的临界压力。下面介绍不同约束条件下压杆的临界力计算公式。

1. 两端铰支细长杆的临界力计算公式

设两端铰支长度为 l 的细长杆在轴向压力 F_{cr} 的作用下保持微弯平衡状态,如图 5.3 所示。我们可进一步推导出杆在小变形时其挠曲线近似微分方程为

$$EI \frac{d^2 y}{dx^2} = -M(x) \qquad (a)$$

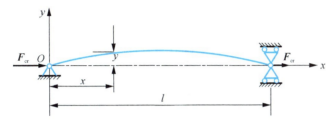

图 5.3 细长杆的临界状态

在图 5.3 所示的坐标系中,坐标 x 处横截面上的弯矩为

$$M(x) = -F_{cr} y \qquad (b)$$

将式(b)代入式(a),得

$$EI \frac{d^2 y}{dx^2} = -F_{cr} y \qquad (c)$$

进一步推导(过程从略),可得临界力为

$$F_{cr} = \frac{\pi^2 EI}{l^2} \qquad (5.1)$$

上式即为两端铰支细长杆的临界压力计算公式,称为欧拉(Euler)公式。

特别提示:由欧拉公式可以看出,细长压杆的临界力 F_{cr} 与压杆的弯曲刚度成正比,而与杆长 l 的平方成反比。

2. 其他约束情况下细长压杆的临界力

杆端为其他约束的细长压杆,其临界力计算公式可参考前面的方法导出,也可以采用类比的方法得到。经验表明,具有相同挠曲线形状的压杆,其临界力计算公式也相同。于是,可将两端铰支约束压杆的挠曲线形状取为基本情况,而将其他杆端约束条件下压杆的挠曲线形状与之进行对比,从而得到相应杆端约束条件下杆临界力的计算公式。因此,可写成统一形式的**欧拉公式**,即

$$F_{cr} = \frac{\pi^2 EI}{(\mu l)^2} \qquad (5.2)$$

式中,μl——折算长度,表示将杆端约束条件不同的压杆计算长度 l 折算成两端铰支压杆的长度,μ 称为长度系数。

几种不同杆端约束情况下的长度系数 μ 值列于表 5.1 中。

特别提示：从表 5.1 可以看出，两端铰支时，压杆在临界力作用下的挠曲线为半波正弦曲线；而一端固定，另一端铰支，计算长度为 l 的压杆的挠曲线，其部分挠曲线（$0.7l$）与长为 l 的两端铰支的压杆的挠曲线的形状相同，因此在这种约束条件下，折算长度为 $0.7l$。其他约束条件下的长度系数和折算长度可以此类推。

表 5.1 压杆长度系数

支承情况	两端铰支	一端固定，一端铰支	两端固定	一端固定，一端自由
μ 值	1.0	0.7	0.5	2
挠曲线形状	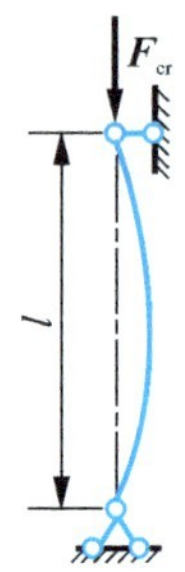	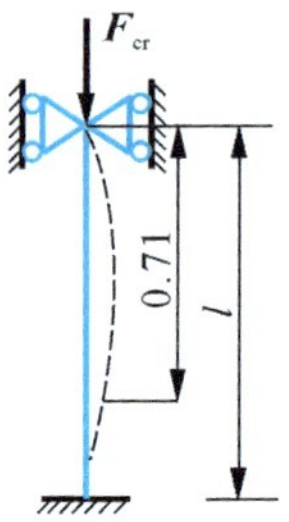	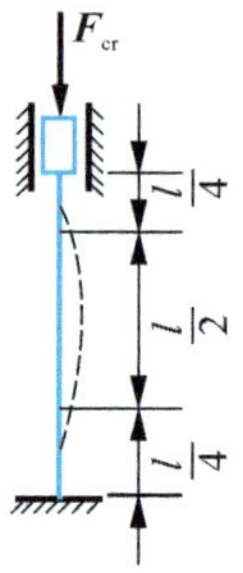	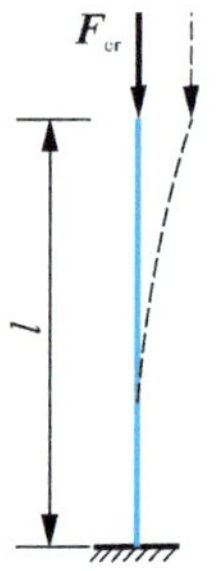

5.2.2 欧拉公式的适用范围

1. 临界应力和柔度

有了计算细长压杆临界力的欧拉公式，在进行压杆稳定计算时就可以知道临界应力。当压杆在临界力 F_{cr} 作用下处于直线临界状态的平衡时，其横截面上的压应力等于临界力 F_{cr} 除以横截面面积 A，称为临界应力，用 σ_{cr} 表示，即

$$\sigma_{cr} = \frac{F_{cr}}{A}$$

将式（5.2）代入上式，得

$$\sigma_{cr} = \frac{\pi^2 EI}{(\mu l)^2 A}$$

若将压杆的惯性矩 I 写成

$$I = i^2 A \quad \text{或} \quad i = \sqrt{\frac{I}{A}}$$

式中，i——压杆横截面的惯性半径。

于是临界应力可写为

$$\sigma_{cr} = \frac{\pi^2 E i^2}{(\mu l)^2} = \frac{\pi^2 E}{\left(\dfrac{\mu l}{i}\right)^2}$$

令 $\lambda = \dfrac{\mu l}{i}$，则

$$\sigma_{cr} = \dfrac{\pi^2 E}{\lambda^2} \tag{5.3}$$

式中，λ——压杆的柔度（又称长细比），其值为

$$\lambda = \dfrac{\mu l}{i} \tag{5.4}$$

式（5.3）为计算压杆临界应力的欧拉公式。

柔度 λ 是一个无量纲的量，其大小与压杆的长度系数 μ、杆长 l 及惯性半径 i 有关。由于压杆的长度系数 μ 决定于压杆的支承情况，惯性半径 i 取决于截面的形状与尺寸，所以从物理意义上看，柔度 λ 综合地反映了压杆的长度、截面的形状与尺寸以及支承情况对临界力的影响。

特别提示：由式（5.3）还可以看出，压杆的柔度值越大，则其临界应力越小，压杆就越容易失稳。

2. 欧拉公式的适用范围

欧拉公式是根据挠曲线近似微分方程导出的，而应用此微分方程时材料必须服从胡克（Hooke）定律，因此欧拉公式的适用范围应当是压杆的临界应力 σ_{cr} 不超过材料的比例极限 σ_p，即

$$\sigma_{cr} = \dfrac{\pi^2 E}{\lambda^2} \geqslant \sigma_p$$

有

$$\lambda_p \geqslant \pi \sqrt{\dfrac{E}{\sigma_p}}$$

若设 λ_p 为压杆的临界应力达到材料的比例极限时的柔度值，则

$$\lambda_p = \pi \sqrt{\dfrac{E}{\sigma_p}} \tag{5.5}$$

故欧拉公式的适用范围为

$$\lambda \geqslant \lambda_p \tag{5.6}$$

上式表明，当压杆的柔度 λ 不小于 λ_p 时才可以应用欧拉公式计算临界力或临界应力，这类压杆称为大柔度杆或细长杆。由式（5.5）可知，λ_p 的值取决于材料性质，不同的材料都有自己的 E 值和 σ_p 值，所以不同材料制成的压杆，其 λ_p 也不同。例如 Q235 钢，$\sigma_p = 200\text{MPa}$，$E = 200\text{GPa}$，由式（5.5）即可求得 $\lambda_p = 100$。

特别提示：由欧拉公式计算压杆的临界力或临界应力，但欧拉公式只适用于较细长的大柔度杆。

5.2.3 中粗杆的临界力计算——经验公式和临界应力总图

1. 中粗杆的临界应力计算——经验公式

上文指出，欧拉公式只适用于较细长的大柔度杆，即临界应力不超过材料的比例

极限时,也即材料处于弹性稳定状态。当临界应力超过比例极限时材料处于弹塑性阶段,此类压杆的稳定属于弹塑性稳定(非弹性稳定)问题,此时欧拉公式不再适用,对这类压杆,各国大都采用从试验结果得到经验公式计算临界力或临界应力,经验公式是在试验和实践资料的基础上,经过分析、归纳而得到的。各国采用的经验公式多以本国的试验为依据,因此公式不尽相同。我国比较常用的经验公式有直线公式和抛物线公式等,本书只介绍直线公式,其表达式为

$$\sigma_{cr} = a - b\lambda \tag{5.7}$$

式中,a,b——与材料有关的常数,其单位为 MPa,一些常用材料的 a、b 值可参见表 5.2。

表 5.2 几种常用材料的 a、b 值

材料	a/MPa	b/MPa	λ_p	λ_s
Q235 钢:$\sigma_s=235$MPa	304	1.12	100	62
硅钢:$\sigma_s=353$MPa $\sigma_b\geqslant 510$MPa	577	3.74	100	60
铬钼钢	980	5.29	55	0
硬铝	372	2.14	50	0
铸铁	331.9	1.453		
松木	39.2	0.199	59	0

应当指出,经验公式(5.7)也有其适用范围,它要求临界应力不超过材料的受压极限应力。这是因为,当临界应力达到材料的受压极限应力时,压杆已因为强度不足而破坏。因此,对于由塑性材料制成的压杆,其临界应力不允许超过材料的屈服应力 σ_s,即

$$\sigma_{cr} = a - b\lambda \leqslant \sigma_s$$

或

$$\lambda \geqslant \frac{a - \sigma_s}{b}$$

令

$$\lambda_s = \frac{a - \sigma_s}{b} \tag{5.8}$$

得

$$\lambda \geqslant \lambda_s$$

式中,λ_s——临界应力等于材料的屈服点应力时压杆的柔度值,与 λ_p 一样,它也是一个与材料的性质有关的常数。

因此,直线经验公式的适用范围为

$$\lambda_s < \lambda < \lambda_p \tag{5.9}$$

计算时,一般把柔度值介于 λ_s 与 λ_p 之间的压杆称为中长杆或中柔度杆,而把柔度

小于 λ_s 的压杆称为短粗杆或小柔度杆。对于柔度小于 λ_p 的粗短杆或小柔度杆,其破坏则是因为材料的抗压强度不足而造成的,如果将这类压杆也按照稳定问题进行处理,则对塑性材料制成的压杆来说,可取临界应力 $\sigma_{cr}=\sigma_s$。

2 临界应力总图

综上所述,压杆按照柔度的不同可以分为三类,并分别由不同的计算公式计算其临界应力。

1)当 $\lambda \geqslant \lambda_p$ 时,压杆为细长杆(大柔度杆),其临界应力用公式(5.3)计算。

2)当 $\lambda_s < \lambda < \lambda_p$ 时,压杆为中长杆(中柔度杆),其临界应力用公式(5.7)来计算。

3)当 $\lambda \leqslant \lambda_s$ 时,压杆为短粗杆(小柔度杆),其临界应力等于杆受压时的极限应力。如果把压杆的临界应力根据其柔度不同而分别计算的情况用一个简图来表示,该图形就称为压杆的临界应力总图。图5.4 即为某塑性材料的临界应力总图。

特别提示:压杆为细长杆(大柔度杆),其临界应力用公式(5.3)计算;压杆为中长杆(中柔度杆),其临界应力用经验公式(5.7)来计算;压杆为短粗杆(小柔度杆),其临界应力等于杆受压时的极限应力,按强度理论计算。

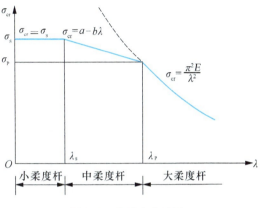

图 5.4 临界应力总图

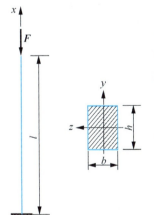

图 5.5 例 5.2 图

【例 5.2】 如图 5.5 所示,一端固定另一端自由的细长压杆,其杆长 $l=2m$,截面形状为矩形,$b=20mm$,$h=45mm$,材料的弹性模量 $E=200GPa$,试计算该压杆的临界力。若把截面改为 $b=h=30mm$,而保持长度不变,则该压杆的临界力又为多大?

解 1)当 $b=20mm$、$h=45mm$ 时。

① 计算截面的惯性矩。由前述可知,该压杆必在 xy 平面内失稳,故惯性矩

$$I_{\min}=I_y=\frac{hb^3}{12}=\frac{45 \times 20^3}{12}=3.0 \times 10^4 mm^4$$

② 计算压杆的柔度。查表 5.1,得 $\mu=2$,又 $i=\sqrt{\dfrac{I_{\min}}{A}}=\dfrac{b}{\sqrt{12}}$,得

$$\lambda=\frac{\mu l}{i}=\frac{2 \times 2000}{\dfrac{20}{\sqrt{12}}}=692.8 > \lambda_p=100 \quad \text{(查表 5.2)}$$

所以,压杆是大柔度杆,可应用欧拉公式。

③ 计算临界力。

$$F_{cr} = \frac{\pi^2 EI}{(\mu l)^2} = \frac{\pi^2 \times 200 \times 10^9 \times 3 \times 10^{-8}}{(2 \times 2)^2} = 3701\text{N} = 3.70\text{kN}$$

2) 当截面改为 $b = h = 30$mm 时。

① 计算截面的惯性矩。

$$I_y = I_z = \frac{bh^3}{12} = \frac{30^4}{12} = 6.75 \times 10^4 \text{mm}^4$$

② 计算压杆的柔度。

$$\lambda = \frac{\mu l}{i} = \frac{2 \times 2000}{\frac{30}{\sqrt{12}}} = 461.9 > \lambda_p = 100$$

所以,压杆为大柔度杆,可应用欧拉公式。

③ 计算临界力。

$$F_{cr} = \frac{\pi^2 EI}{(\mu l)^2} = \frac{\pi^2 \times 200 \times 10^9 \times 6.75 \times 10^{-8}}{(2 \times 2)^2} = 8330\text{N} = 8.33\text{kN}$$

实例点评

两种情况分析,其横截面积相等,支承条件也相同,但计算得到的临界力后者大于前者,可见在材料用量相同的条件下,选择恰当的截面形式可以提高细长压杆的临界力。

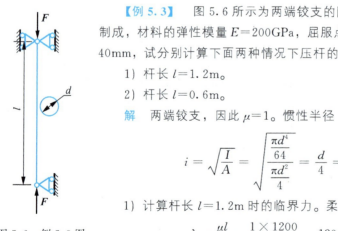

图 5.6 例 5.3 图

【例 5.3】 图 5.6 所示为两端铰支的圆形截面受压杆,用 Q235 钢制成,材料的弹性模量 $E = 200$GPa,屈服点应力 $\sigma_s = 235$MPa,直径 $d = 40$mm,试分别计算下面两种情况下压杆的临界力:

1) 杆长 $l = 1.2$m。
2) 杆长 $l = 0.6$m。

解 两端铰支,因此 $\mu = 1$。惯性半径

$$i = \sqrt{\frac{I}{A}} = \sqrt{\frac{\frac{\pi d^4}{64}}{\frac{\pi d^2}{4}}} = \frac{d}{4} = \frac{40}{4} = 10\text{mm}$$

1) 计算杆长 $l = 1.2$m 时的临界力。柔度

$$\lambda = \frac{\mu l}{i} = \frac{1 \times 1200}{10} = 120 > \lambda_p = 100$$

所以压杆是大柔度杆,可应用欧拉公式计算。

$$F_{cr} = \sigma_{cr} A = \frac{\pi^2 E}{\lambda^2} \cdot \frac{\pi d^2}{4} = \frac{\pi^3 \times 200 \times 10^3 \times 40^2}{120^2 \times 4} = 54.83 \times 10^3 \text{N} = 54.83\text{kN}$$

2) 计算杆长 $l = 0.6$m 时的临界力。柔度

$$\lambda = \frac{\mu l}{i} = \frac{1 \times 600}{10} = 60 < \lambda_s = 62 \qquad \text{(查表 5.2)}$$

压杆为短粗杆（小柔度杆），按强度计算其临界力为

$$F_{cr} = \sigma_s A = 235 \times \frac{\pi \times 40^2}{4} = 295.3 \times 10^3 \text{N} = 295.3 \text{kN}$$

实例点评

压杆的两种情况对比：其截面形式、截面面积、支承条件相同，不同的仅是杆长。细长压杆（大柔度杆）按欧拉公式计算；但杆长减半，压杆就变成为短粗杆（小柔度杆），其极限承载能力成倍提高。

【例 5.4】 某施工现场脚手架有两种搭设方法，第一种是有扫地杆形式，如图 5.7（a）所示，第二种搭设是无扫地杆形式，如图 5.7（b）所示。压杆采用外径为 48mm、内径为 41mm 的焊接钢管，材料的弹性模量 $E=200\text{GPa}$，计算排距为 1.8m。试比较两种情况下压杆的临界应力。

解 1) 第一种情况的临界应力。一端固定一端铰支，因此 $\mu=0.7$，计算杆长 $l=1.8\text{m}$，惯性半径

$$i = \sqrt{\frac{I}{A}} = \sqrt{\frac{\frac{\pi D^4}{64}(1-\alpha^4)}{\frac{\pi D^2}{4}(1-\alpha^2)}} = \frac{d}{4}\sqrt{(1+\alpha^2)} = \frac{48}{4}\sqrt{\left[1+\left(\frac{41}{48}\right)^2\right]} = 15.78\text{mm}$$

柔度

$$\lambda = \frac{\mu l}{i} = \frac{0.7 \times 1800}{15.78} = 79.85 < \lambda_p = 100$$

所以压杆为中粗杆，其临界应力按直线公式，有

$$\sigma_{cr1} = a - b\lambda = 304 - 1.12 \times 79.85 = 214.57\text{MPa}$$

2) 第二种情况的临界应力。一端固定一端自由，因此 $\mu=2$。计算杆长 $l=1.8\text{m}$，惯性半径

$$i = \sqrt{\frac{I}{A}} = 15.78\text{mm}$$

柔度

$$\lambda = \frac{\mu l}{i} = \frac{2 \times 1800}{15.78} = 228.1 > \lambda_p = 100$$

所以是大柔度杆，可应用欧拉公式，其临界应力为

$$\sigma_{cr2} = \frac{\pi^2 E}{\lambda^2} = \frac{3.14^2 \times 2 \times 10^5}{228.1^2} = 37.94\text{MPa}$$

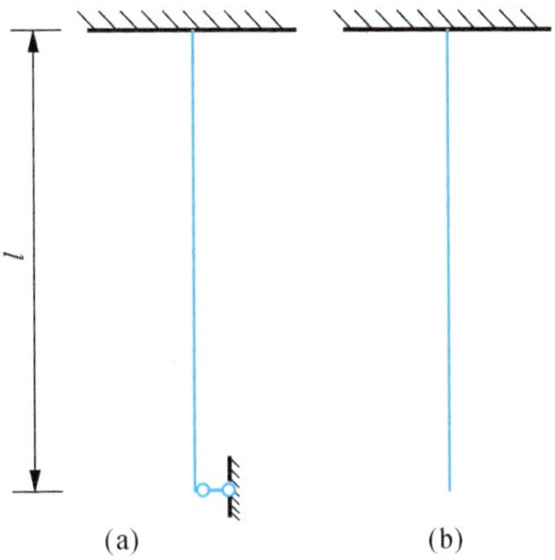

3) 比较两种情况下压杆的临界应力。

$$\frac{\sigma_{cr1} - \sigma_{cr2}}{\sigma_{cr1}} \times 100\% = \frac{214.57 - 37.94}{214.57} = 82.3\%$$

图 5.7 例 5.4 图

实例点评

计算表明：有、无扫地杆的脚手架搭设是完全不同的情况，因此搭设脚手架一定要有扫地杆。在建筑施工过程中要注意这一类问题。

5.3 压杆的稳定计算

当压杆中的应力达到或超过其临界应力时,压杆会丧失稳定,所以在工程中为确保压杆正常工作,并具有足够的稳定性,其横截面上的应力应小于临界应力。同时,还必须考虑一定的安全储备,这就要求横截面上的应力不能超过压杆的临界应力的许用值 $[\sigma_{cr}]$,即

$$\sigma = \frac{F_N}{A} \leqslant [\sigma_{cr}] \tag{a}$$

$[\sigma_{cr}]$ 为临界应力的许用值,其值为

$$[\sigma_{cr}] = \frac{\sigma_{cr}}{n_{st}} \tag{b}$$

式中,n_{st}——稳定安全因数。

稳定安全因数一般都大于强度计算时的安全因数,这是因为在确定稳定安全因数时,除了应遵循确定安全因数的一般原则以外,还必须考虑实际压杆并非理想的轴向压杆这一情况。例如,在制造过程中,杆件不可避免地存在微小的弯曲(即存在初曲率);同时,外力的作用线也不可能绝对准确地与杆件的轴线相重合(即存在初偏心);另外,也必须考虑杆件的细长程度,杆件越细长,稳定安全性矛盾越突出,稳定安全因数应越大等,这些因素都应在稳定安全因数中加以考虑。

为了计算上的方便,将临界应力的允许值写成如下形式,即

$$[\sigma_{cr}] = \frac{\sigma_{cr}}{n_{st}} = \varphi[\sigma] \tag{c}$$

从上式可知,φ 值为

$$\varphi = \frac{\sigma_{cr}}{n_{st}[\sigma]} \tag{d}$$

式中,$[\sigma]$——强度计算时的许用应力;

φ——折减系数,其值小于 1。

由式(d)可知,当 $[\sigma]$ 一定时 φ 取决于 σ_{cr} 与 n_{st}。由于临界应力 σ_{cr} 值随压杆的柔度而改变,而不同柔度的压杆一般又规定有不同的稳定安全因数,所以折减系数 φ 是柔度 λ 的函数。当材料一定时 φ 值取决于柔度 λ 的值。表 5.3 给出了几种材料的折减系数 φ 与柔度 λ 的值。

$[\sigma_{cr}]$ 与 $[\sigma]$ 虽然都是许用应力,但两者却有很大的不同。$[\sigma]$ 只与材料有关,当材料一定时为定值;而 $[\sigma_{cr}]$ 除了与材料有关以外,还与压杆的长细比有关,所以相同材料制成的不同长度(柔度不同)的压杆,其 $[\sigma_{cr}]$ 值是不同的。

将式(c)代入式(a),可得

$$\sigma = \frac{F}{A} \leqslant \varphi[\sigma]$$

或

$$\sigma = \frac{F}{A\varphi} \leqslant [\sigma] \tag{5.10}$$

表 5.3 折减系数

λ	φ			λ	φ		
	Q235 钢	16 锰钢	木材		Q235 钢	16 锰钢	木材
0	1.000	1.000	1.000	110	0.536	0.384	0.248
10	0.995	0.993	0.971	120	0.466	0.325	0.208
20	0.981	0.973	0.932	130	0.401	0.279	0.178
30	0.958	0.940	0.883	140	0.349	0.242	0.153
40	0.927	0.895	0.822	150	0.306	0.213	0.133
50	0.888	0.840	0.751	160	0.272	0.188	0.117
60	0.842	0.776	0.668	170	0.243	0.168	0.104
70	0.789	0.705	0.575	180	0.218	0.151	0.093
80	0.731	0.627	0.470	190	0.197	0.136	0.083
90	0.669	0.546	0.370	200	0.180	0.124	0.075
100	0.604	0.462	0.300				

式（5.10）称为折减系数法的压杆稳定条件。由于折减系数 φ 可按 λ 的值直接从表 5.3 中查到，因此按式（5.10）的稳定条件进行压杆的稳定计算十分方便。该方法也称为实用计算方法。

应当指出，在稳定计算中，压杆的横截面面积 A 均采用毛截面面积计算，即当压杆在局部有横截面削弱（如钻孔、开口等）时可不予考虑，因为压杆的稳定性取决于整个杆件的弯曲刚度，而局部的截面削弱对整个杆件的整体刚度来说影响甚微，但是对截面的削弱处应当进行强度验算。

应用压杆的稳定条件可以进行三个方面问题的计算：

1) **稳定校核**：即已知压杆的几何尺寸、所用材料、支承条件以及承受的压力，验算是否满足公式（5.10）的稳定条件。

这类问题一般应首先计算出压杆的柔度 λ，根据 λ 查出相应的折减系数 φ，再按照公式（5.10）进行校核。

2) **计算稳定时的许用荷载**：即已知压杆的几何尺寸、所用材料及支承条件，按稳定条件计算其能够承受的许用荷载 F 值。

这类问题一般也要首先计算出压杆的柔度 λ，根据 λ 查出相应的折减系数 φ，再按照 $F \leqslant A\varphi[\sigma]$ 进行计算。

3) **截面设计**：即已知压杆的长度、所用材料、支承条件以及承受的压力 F，按照稳定条件计算压杆所需的截面尺寸。

这类问题一般采用试算法。这是因为在稳定条件式（5.10）中折减系数 φ 是根据压杆的柔度 λ 查表得到的，而在压杆的截面尺寸尚未确定之前压杆的柔度 λ 不能确定，所以也就不能确定折减系数 φ，因此只能采用试算法：首先假定一个折减系数 φ 值（0 与 1 之间，一般采用 0.45），由稳定条件计算所需要的截面面积 A，然后计算出压杆的

柔度 λ，根据压杆的柔度 λ 查表得到折减系数 φ，再按照公式（5.10）验算是否满足稳定条件。如果不满足稳定条件，则应重新假定折减系数 φ 值，重复上述过程，直到满足稳定条件为止。

特别提示： 折减系数法的压杆稳定条件有三方面的实用计算，分别为稳定校核、计算许用荷载和截面设计。

【**例 5.5**】 如图 5.8 所示，结构由两根直径相同的圆杆构成，杆的材料为 Q235 钢，直径 $d=20\text{mm}$，材料的许用应力 $[\sigma]=170\text{MPa}$，已知 $h=0.4\text{m}$，作用力 $F=15\text{kN}$，试在计算平面内校核两杆是否稳定。

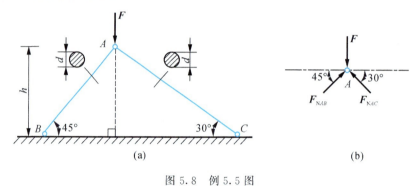

图 5.8 例 5.5 图

解 1) 计算各杆承受的压力。以结点 A 为研究对象，列平衡方程，即

$$\sum F_x = 0, \quad F_{NAB}\cos 45° - F_{NAC}\cos 30° = 0$$

$$\sum F_y = 0, \quad F_{NAB}\sin 45° + F_{NAC}\sin 30° - F = 0$$

联立解得两杆承受的压力为

AB 杆： $F_{NAB} = 0.896F = 13.44\text{kN}$

AC 杆： $F_{NAC} = 0.732F = 10.98\text{kN}$

2) 计算两杆的柔度。各杆的长度分别为

$$l_{AB} = \sqrt{2}h = \sqrt{2} \times 0.4 = 0.566\text{m}$$

$$l_{AC} = 2h = 2 \times 0.4 = 0.8\text{m}$$

则两杆的柔度分别为

$$\lambda_{AB} = \frac{\mu l_{AB}}{i} = \frac{\mu l_{AB}}{\dfrac{d}{4}} = \frac{4 \times 1 \times 0.566}{0.02} = 113$$

$$\lambda_{AC} = \frac{\mu l_{AC}}{i} = \frac{\mu l_{AC}}{\dfrac{d}{4}} = \frac{4 \times 1 \times 0.8}{0.02} = 160$$

3) 根据柔度查折减系数。

$$\varphi_{AB} = \varphi_{113} = \varphi_{110} - \frac{\varphi_{110} - \varphi_{120}}{10} \times 3 = 0.515, \quad \varphi_{AC} = 0.272$$

4) 按照稳定条件进行验算。

AB 杆：$\sigma_{AB} = \dfrac{F_{NAB}}{A\varphi_{AB}} = \dfrac{13.44 \times 10^3}{\pi\left(\dfrac{0.02}{2}\right)^2 \times 0.515} = 83 \times 10^6 \mathrm{Pa} = 83 \mathrm{MPa} < [\sigma]$

AC 杆：$\sigma_{AC} = \dfrac{F_{NAC}}{A\varphi_{AC}} = \dfrac{10.98 \times 10^3}{\pi\left(\dfrac{0.02}{2}\right)^2 \times 0.272} = 128 \times 10^6 \mathrm{Pa} = 128 \mathrm{MPa} < [\sigma]$

实例点评

本例题为稳定校核问题，两杆均满足稳定条件，因此结构稳定。

【**例 5.6**】 如图 5.9（a）所示的支架，BD 杆为正方形截面的木杆，其长度 $l=2\mathrm{m}$ 截面边长 $a=0.1\mathrm{m}$，木材的许用应力 $[\sigma]=10\mathrm{MPa}$，试从满足 BD 杆的稳定条件考虑，计算该支架能承受的最大荷载 $F_{\max}$。

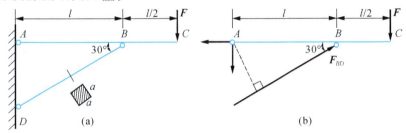

图 5.9　例 5.6 图

解 1) BD 杆为压杆，计算其柔度为

$$l_{BD} = \dfrac{l}{\cos 30°} = \dfrac{2}{\dfrac{\sqrt{3}}{2}} = 2.31 \mathrm{m}$$

$$\lambda_{BD} = \dfrac{\mu l_{BD}}{i} = \dfrac{\mu l_{BD}}{\sqrt{\dfrac{I}{A}}} = \dfrac{\mu l_{BD}}{a\sqrt{\dfrac{1}{12}}} = \dfrac{1 \times 2.31}{0.1 \times \sqrt{\dfrac{1}{12}}} = 80$$

2) 求 BD 杆能承受的最大压力。根据柔度 λ_{BD} 查表，得 $\varphi_{BD}=0.470$，则 BD 杆能承受的最大压力为

$$F_{BD\max} = A\varphi[\sigma] = 0.1^2 \times 0.470 \times 10 \times 10^6 = 47.1 \times 10^3 \mathrm{N} = 47 \mathrm{kN}$$

3) 根据外力 F 与 BD 杆所承受的压力之间的关系求出该支架能承受的最大荷载 $F_{\max}$。以 AC 为研究对象，如图 5.9（b）所示，列平衡方程，有

$$\sum M_A = 0, \qquad F_{BD} \cdot \dfrac{l}{2} - F \cdot \dfrac{3}{2}l = 0$$

从而可求得

$$F = \dfrac{1}{3} F_{BD}$$

因此，该支架能承受的最大荷载 $F_{\max}$ 为

$$F_{\max} = \dfrac{1}{3} F_{BD\max} = \dfrac{1}{3} \times 47.1 \times 10^3 = 15.7 \times 10^3 \mathrm{N} = 15.7 \mathrm{kN}$$

取 $[F] = 15\text{kN}$

> **实例点评**
> 本例题为计算压杆稳定时的许用荷载问题最终对最大荷载要取值。

5.4 提高压杆稳定性的措施

要提高压杆的稳定性，关键在于提高压杆的临界力或临界应力，而压杆的临界力和临界应力与压杆的长度、横截面形状及大小、支承条件以及压杆所用材料等有关，因此可以从以下几个方面考虑。

1. 合理选择材料

欧拉公式告诉我们，大柔度杆的临界应力与材料的弹性模量成正比，所以选择弹性模量较高的材料，就可以提高大柔度杆的临界应力，也就提高了其稳定性。但是对于钢材而言，各种钢的弹性模量大致相同，所以选用高强度钢并不能明显提高大柔度杆的稳定性；而中粗杆的临界应力则与材料的强度有关，采用高强度钢材可以提高这类压杆抵抗失稳的能力。

2. 选择合理的截面形状

增大截面的惯性矩，可以增大截面的惯性半径，降低压杆的柔度，从而可以提高压杆的稳定性。在压杆的横截面面积相同的条件下应尽可能使材料远离截面形心轴，以取得较大的轴惯性矩，从这个角度出发，空心截面要比实心截面合理，如图 5.10 所示。在工程实际中，若压杆的截面是用两根槽钢组成的，则应采用如图 5.11 所示的布置方式，可以取得较大的惯性矩或惯性半径。

另外，由于压杆总是在柔度较大（临界力较小）的纵向平面内首先失稳，所以应注意尽可能使压杆在各个纵向平面内的柔度都相同，以充分发挥压杆的稳定承载力。

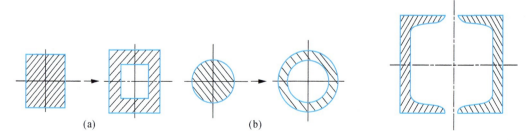

图 5.10 空心截面要比实心截面合理　　图 5.11 两根槽钢组成的布置

3. 改善约束条件，减小压杆长度

根据欧拉公式可知，压杆的临界力与其计算长度的平方成反比，而压杆的计算长度又与其约束条件有关，因此改善约束条件可以减小压杆的长度系数和计算长度，从而增大临界力。在相同条件下，由表 5.1 可知，自由支座最不利，铰支座次之，固定支座最有利。

减小压杆长度的另一方法是在压杆的中间增加支承。如图 5.12（a）所示的两端铰支细长压杆，中点增加支撑［图 5.12（b）］，则其计算长度变为原来的一半，柔度即为原来的一半，而它的临界力却是原来的 4 倍。

特别提示：提高压杆稳定性至少可以从三个方面采取措施。

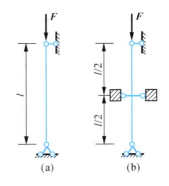

图 5.12 压杆的中间增加支承示意图

小 结

1. 等直细长压杆平衡状态的稳定性。

（1）稳定平衡：当工作力小于临界力时压杆能保持原来的平衡状态。

（2）不稳定平衡：当工作力大于、等于临界力时压杆不能保持原来的平衡状态，压杆失稳。

2. 欧拉公式与临界应力总图。

（1）当 $\lambda \geqslant \lambda_p$ 时，压杆为细长杆（大柔度杆），其临界力和临界应力用欧拉公式来计算，即

$$F_{cr} = \frac{\pi^2 EI}{(\mu l)^2}, \qquad \sigma_{cr} = \frac{\pi^2 E}{\lambda^2}$$

（2）当 $\lambda_s < \lambda < \lambda_p$ 时，压杆为中长杆（中柔度杆），其临界应力用经验公式来计算。

（3）当 $\lambda \leqslant \lambda_s$ 时，压杆为短粗杆（小柔度杆），其临界应力等于杆受压时的极限应力，按强度理论计算。

3. 压杆稳定的实用计算。折减系数法的压杆稳定条件为

$$\sigma = \frac{F}{A} \leqslant \varphi[\sigma] \quad 或 \quad \sigma = \frac{F}{A\varphi} \leqslant [\sigma]$$

思 考 题

5.1 什么是压杆的稳定平衡与不稳定平衡？什么是失稳？什么是临界状态？

5.2 什么是临界力？计算临界力的欧拉公式的应用条件是什么？

5.3 什么是压杆的柔度？其物理意义如何？

5.4 由塑性材料制成的小柔度压杆在临界力作用下是否仍处于弹性状态？

5.5 只要保证压杆的稳定就能够保证其承载能力，这种说法是否正确？

5.6 采取哪些措施可以提高压杆的稳定性？

习 题

一、填空题

1. 能保持原有的直线平衡状态的平衡称为_____。
2. 不能保持原有的直线平衡状态的平衡称为_____。
3. 压杆由直线形状稳定的平衡过渡到不稳定的平衡时所对应的轴向压力称为_____。
4. 一端固定、另一端铰支时，长度系数 μ _____；两端铰支时，长度系数 μ _____。
5. 临界力 F_{cr} 除以横截面面积 A 称为_____。
6. 柔度 λ 是一个_____的量。

二、单选题

1. 构件保持原来平衡状态的能力称（　　）。
   A. 刚度　　　　B. 强度　　　　C. 稳定性　　　　D. 极限强度
2. 压杆的柔度 λ 越大，压杆的临界力越（　　），临界应力越（　　）。
   A. 不变　　　　B. 越大　　　　C. 不一定　　　　D. 越小
3. 压杆的临界力与下列的（　　）因素无关。
   A. 压杆所受外力　　　　　　　B. 截面的形状与尺寸
   C. 压杆的支承情况　　　　　　D. 杆长
4. 小球在下列的（　　）处是稳定平衡状态。

单选题 4 图

三、判断题

1. 压杆的柔度 λ 越小，压杆的临界力越小。（　　）
2. 压杆的柔度 λ 大于 λ_p 的压杆为中粗杆。（　　）
3. 压杆的折减系数与压杆的柔度 λ 无关。（　　）
4. 压杆的横截面越大，压杆的临界应力一定越大。（　　）
5. 临界应力与压杆的截面的形状和尺寸、压杆的支承情况及杆长有关。（　　）

四、主观题

1. 如图所示压杆，截面形状都为圆形，直径 $d=160$mm，材料为 Q235 钢，弹性模量 $E=200$GPa，试按欧拉公式分别计算各杆的临界力。

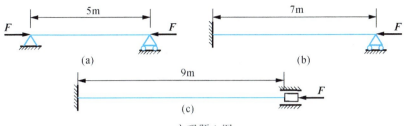

主观题 1 图

2. 某细长压杆，两端为铰支，材料用 Q235 钢，弹性模量 $E=200\text{GPa}$，试用欧拉公式分别计算下列三种情况的临界力：

(1) 圆形截面，直径 $d=25\text{mm}$，$l=1\text{m}$。

(2) 矩形截面，$h=2b=40\text{mm}$，$l=1\text{m}$。

(3) 16 号工字钢，$l=2\text{m}$。

3. 图示某连杆，材料为 Q235 钢，弹性模量 $E=200\text{GPa}$，横截面面积 $A=44\text{cm}^2$，惯性矩 $I_y=120\times10^4\text{mm}^4$，$I_z=797\times10^4\text{mm}^4$，在 xy 平面内长度系数 $\mu_z=1$，在 xz 平面内长度系数 $\mu_y=0.5$，试计算该连杆的临界力和临界应力。

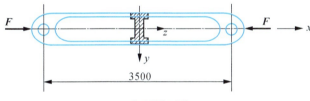

主观题 3 图

4. 某千斤顶，已知丝杆长度 $l=375\text{mm}$，内径 $d=40\text{mm}$，材料为 45 号钢（$a=589\text{MPa}$，$b=3.82\text{MPa}$，$\lambda_p=100$，$\lambda_s=60$），最大起顶重量 $F=80\text{kN}$，规定的安全因数 $n_{st}=4$，试校核其稳定性。

5. 如图所示梁柱结构，横梁 AB 的截面为矩形，$b\times h=40\times60\text{mm}^2$；竖柱 CD 的截面为圆形，直径 $d=20\text{mm}$，二者在 C 处用铰链连接。材料为 Q235 钢，规定安全因数 $n_{st}=3$。若现在 AB 梁上最大弯曲应力 $\sigma=140\text{MPa}$，试校核 CD 杆的稳定性。

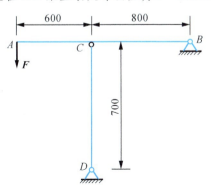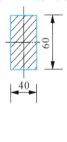

主观题 5 图

6. 简易起重机如图所示，压杆 BD 为 20 号槽钢，材料为 Q235 钢，起重机的最大起吊重量 $F=40\text{kN}$，若规定的安全因数 $n_{st}=4$，试校核 BD 杆的稳定性。

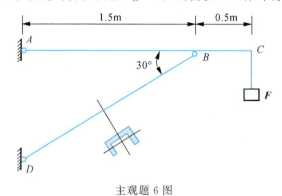

主观题 6 图

第 6 单元

平面体系的几何组成分析

> 【教学目标】
>
> 熟悉平面杆系体系的分类及特点；掌握平面体系的几何组成规则并能熟练运用；了解静定结构和超静定结构的联系与区别。
>
> 【学习重点与难点】
>
> 平面杆件体系的几何组成分析规则及应用。

在建筑工程中，结构的形状各异，造型千变万化，但都有一个共同的特点，即结构的主体必须是几何不变体，下面来讨论这一问题。

杆系结构是由若干杆件用铰结点和刚结点连接而成的杆件体系，在杆系中各个构件不发生失效的情况下能承担一定范围的任意荷载的作用。如果杆系不能承载一定范围的任意荷载的作用，这时在荷载作用下极有可能发生结构失效，这种失效是由于体系几何组成不合理造成的，与构件的失效不一样，这种失效往往发生得比较突然，范围较大，在工程中必须避免，这就要对体系的几何组成进行分析，以保证结构有足够、合理的约束，防止结构失效。

6.1 几何组成分析的目的

6.1.1 几何不变及几何可变体系

杆系结构通常是由若干杆件相互连接而组成的体系，并与地基连接成一整体，用来承受荷载的作用，但并不是什么杆件怎样组合都能作为工程结构使用。例如，图6.1（a）所示的体系受到任意荷载作用时，若不考虑由于材料应变引起的变形，体系的位置和形状是不会改变的，这样的体系称为**几何不变体系**；而图6.1（b）所示的体系，虽不考虑由于材料应变而引起的变形，但即使在很小的荷载作用下也将引起体系几何形状的改变，这类体系称为**几何可变体系**。工程结构都必须是几何不变体系，而不能采用几何可变体系，否则将不能承受任意荷载而维持平衡。因此，在设计结构和选取其计算简图时必须判别它是否几何不变,从而决定其能否被采用,这一工作就称为体系的几何组成分析。

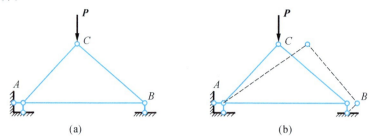

图 6.1 平面体系示意图

6.1.2 平面几何组成分析的目的

本单元只讨论平面体系的几何组成分析。

几何组成分析的目的在于:

1) 判别某一体系是否几何不变,从而决定它能否作为结构。

2) 在结构计算时,根据体系的几何组成判定结构是静定的还是超静定的,以便选取相应的计算方法。

3) 进行几何组成分析,应搞清楚结构各部分在几何组成上的相互关系,便于选择简便合理的计算顺序。

6.2 平面体系的自由度

对体系进行几何组成分析时,判断一个体系是否几何不变涉及体系运动的自由度。所谓**自由度**,就是确定体系位置所需要的独立的几何参变量的数目。例如,一个点在平面内自由运动时,其位置需要两个独立的坐标 x 和 y 来确定[图 6.2 (a)],所以一个点在平面内有两个自由度。

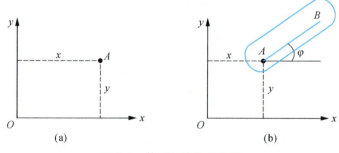

图 6.2 体系运动的自由度

在几何组成分析中,由于不考虑杆件本身的变形,于是可以把一根梁或由若干杆件构成的已知是几何不变的部分看作是一个刚体。平面内的刚体称为刚片。

一个刚片在平面内自由运动时，其位置可由它上面的任一点 A 的坐标 (x, y) 和任一直线 AB 的倾角 φ 来确定 [图 6.2 (b)]，因此一个刚片在平面内有三个自由度。

体系的自由度将因加入限制运动的连接装置而减少。减少自由度的装置称为**约束**。

用一根链杆将一个刚片与基础相连接 [图 6.3 (a)]，则刚片将不能沿链杆方向移动，故该刚片的自由度由 3 减少为 2，可知**一根链杆相当于一个约束**。

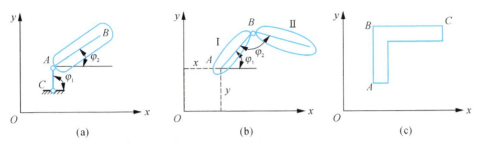

图 6.3 减少自由度的装置示意图

用一个铰 B 将两个刚片连接起来 [图 6.3 (b)]，这种连接两个刚片的铰称为单铰。当刚片 Ⅰ 的位置由 A 点的坐标 (x, y) 和倾角 φ_1 确定后，刚片 Ⅱ 只能绕 B 点转动，其位置只需一个参数 φ_2 即可确定，这样两个刚片的自由度由 6 减少到 4，故知**一个单铰相当于两个约束**。

图 6.3 (c) 所示为两个刚片 AB 和 BC 在 B 点连接成一个整体，其中的结点 B 称为刚性结点。原来的两个刚片在平面内共有 6 个自由度，刚性连接为整体后只有 3 个自由度，故知**一个刚性单铰相当于 3 个约束**。

如果在一个体系中增加一个约束，而体系的自由度并不因此而减少，则此约束称为**多余约束**。

如图 6.4 (a) 所示，平面内一个自由点 A 原来有两个自由度，如果用两根不共线的链杆①和②把 A 点与基础相连，则 A 点被固定，因此减少了两个自由度，可见链杆①和②都是非多余约束。

如果用三根不共线的链杆把 A 点与基础相连 [图 6.4 (b)]，实际上仍然只减少两个自由度，因此这三根链杆中只有两根是非多余约束，而第三根是多余约束。

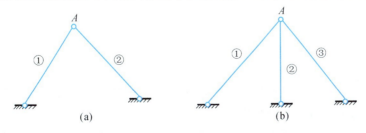

图 6.4 自由点与链杆示意图

由此可知，一个体系中如果有多个约束存在，那么应当分清楚哪些约束是多余的，哪些约束不是多余的。

6.3 几何不变体系的组成规则

体系的几何不变性是由体系的各刚片之间有足够的约束、而这些约束布置合理这两个条件来保证的。

在图 6.1（a）所示的体系中，杆件 AB、BC、CA 之间用 A、B、C 三个单铰两两相连，构成无多余约束的几何不变体系。这种由三个不共线的铰相连接而成为三角形不变体系的规律称为铰接三角形几何不变规律。铰接三角形规律通常采用如下三个规则表达。

6.3.1 三刚片的组成规则

三刚片规则：三个刚片用不在同一直线上的三个铰两两相连，则所组成的体系为几何不变体系，且无多余约束。

图 6.5（a）所示的三个刚片Ⅰ、Ⅱ、Ⅲ由 A、B、C 三个单铰两两相连。假定刚片Ⅰ不动，我们来研究各刚片之间相对运动的可能性。由于刚片Ⅱ与刚片Ⅰ用铰 A 相连，故刚片Ⅱ只能绕铰 A 转动，其上 C 点的运动轨迹是以 A 为圆心、以 AC 为半径的圆弧；刚片Ⅲ与刚片Ⅰ用铰 B 相连，刚片Ⅲ只能绕 B 点转动，其上 C 点的运动轨迹是以 B 为圆心、以 BC 为半径的圆弧。而实际上刚片Ⅱ、Ⅲ是用铰 C 相连的，C 点既是刚片Ⅱ上的点，也是刚片Ⅲ上的点，它不可能同时沿两个不同方向作不同的圆弧运动，只能在两个圆弧的交点处固定不动，于是各刚片间不可能发生任何相对运动，故该体系是几何不变的，且无多余约束。

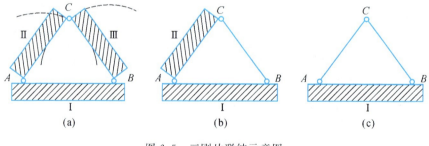

图 6.5 三刚片联结示意图

6.3.2 两刚片的组成规则

两刚片规则：两刚片之间由一单铰与一根不通过铰的链杆相连接，则所组成的体系为几何不变体系，且无多余约束。

如将图 6.5（a）的刚片Ⅲ视为一根链杆，就得到如图 6.5（b）所示两刚片之间由一个单铰和一根链杆连的情况，显然体系是几何不变的，且无多余约束。

两刚片还有用三根链杆相连接的情形，现讨论两刚片间用两根链杆相连接的情况。如图 6.6（a）所示，假定刚片Ⅰ不动，则刚片Ⅱ运动时链杆 AB 将绕 A 点转动，因而 B 点将沿垂直于 AB 杆的方向运动；同理，D 点将沿垂直于 CD 杆的方向运动。于是，整个刚片Ⅱ将绕 AB 与 CD 两杆延长线的交点 O 转动。O 点称为刚片Ⅰ和Ⅱ的相对转动瞬心。因此，连接两个刚片的两根链杆的作用相当于在其交点处的一个单铰，不过这个铰的位置是随着链杆的转动而改变的，这种铰称为虚铰。有时两根链杆相交成实铰，如图 6.6（b）所示 A 点的情况。当两链杆相互平行时，可认为虚铰在无穷远处。

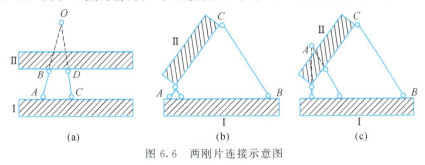

图 6.6　两刚片连接示意图

根据以上分析，两刚片规则也可叙述为：**两刚片用不全交于一点也不相互平行的三根链杆相连接，则所组成的体系是几何不变体系，且无多余约束。**

6.3.3　二元体规则

二元体规则：**在体系中增加或者撤去一个二元体，不会改变体系的几何组成性质。**

如将图 6.5（a）的刚片Ⅱ和刚片Ⅲ均视为链杆，就得到如图 6.5（c）所示的情况。在一个刚片上增加两根链杆，此两杆不在一条直线上，两杆的另一端又用铰连接。这种用两根不在一条直线上的链杆联结一个新结点的构造称为二元体。显然，在一个刚片上增加一个二元体后此刚片仍为几何不变体系，且无多余约束。

以上所讨论的几何不变体系的基本组成规则中，对刚片之间的连接方式提出了几何布置方面的限制条件，如要求二元体结构中的二链杆不共线，连接两刚片的三根链杆不交于一点、且不完全平行，连接三个刚片的三个铰不在一条直线上等。这些限制条件都可归结为一个基本限制条件，即要求铰接三角形中的三个铰不在一条直线上。如果不满足这些条件，将会出现下面所述的情况。

如图 6.7（a）所示的两个刚片用三根链杆连接，链杆的延长线交于一点 O，此时两个刚片可以绕 O 点作相对转动，但在发生一微小转动后，三根链杆就不全交于一点 O，从而将不再继续发生相对运动。这种在某一瞬时可以产生微小运动的体系称为**瞬变体系**。又如图 6.7（b）所示，两个刚片用三根互相平行但不等长的链杆连接，此时两个刚片可以沿着与链杆垂直的方向发生相对移动，但在发生一微小移动后此三根链杆就不再互相平行，故这种体系也是瞬变体系。若三链杆等长并且是从其中一个刚片沿同一方向引出时［图 6.7（c）］，则在两刚片发生一相对运动后此三根链杆仍互相平行，故运动将继续发生，这样的体系就是几何可变体系。

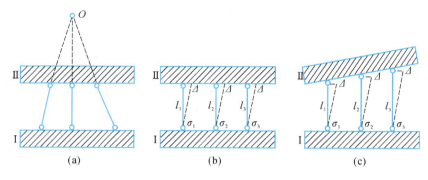

图 6.7 两个刚片与三根链杆相连示意图

图 6.8（a）所示，三刚片用在同一直线上的三个铰连接的情形（这里把基础看成一个刚片）亦可理解为在刚片Ⅰ上增加共线两链杆的情形。A 点位于以 BA 和 AC 为半径的两个圆弧公切线上，故 A 点可沿此公切线做微小的移动，不过在发生一微小移动后三个铰就不再位于一直线上，运动就不再发生，故此体系也是一个瞬变体系。瞬变体系是不能作为结构的。不仅如此，对于接近几何瞬变体系的几何组成，在实际设计时也是不允许出现的。如图 6.8（b）所示 A、B、C 三铰虽不共线，但由于 θ 角太小，杆 AB、AC 内力很大，当 θ 趋近于零时杆的内力将趋于无穷大。

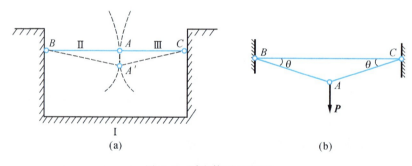

图 6.8 瞬变体系示意图

6.4 几何组成分析的应用

进行平面体系的几何组成分析时，宜首先在体系中找出基本的几何不变部分，将它视为一个刚片，观察其是否能够按构成二元体的规则加以扩展；或者观察体系中有几个这样的刚片，能否直接使用三刚片规则或两刚片规则分析；或撤去二元体，使体系组成简化，然后再根据前述三个规则进行分析。

【例 6.1】 试对图 6.9 所示的体系进行几何组成分析。

解 任选一个铰接三角形如 123 为基本的几何不变部分，增加一个二元体连接结点 4，从而得到几何不变体系 1234，再以其为刚片，增加一个二元体，连接结点 5 以此类推增加二元体，最后组成整个桁架。以该桁架为刚片Ⅰ，以基础为刚片Ⅱ，对这两个大刚片应用两刚片规则分析，可知整个体系为几何不变体系，且无多余约束。

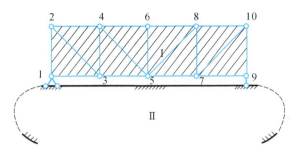

图 6.9　例 6.1 图

【例 6.2】　试对图 6.10 所示的体系进行几何组成分析。

解　三角形 BCF 和 EDA 可看作两个刚片，它们之间由不交于一点也不全平行的三根链杆 AB、CD、EF 相连，组成一个大的刚片，这个大刚片用不全交于一点、也不全平行的三根链杆固定于基础上，故整个体系为几何不变体系，且无多余约束。

【例 6.3】　试对图 6.11 所示的体系进行几何组成分析。

解　杆 AB 与基础之间由三根不交于一点、且不互相平行的三根链杆连接为一个无多余约束的几何不变体系。在这个体系上增加二元体链杆 AC 与 EC、BD 与 FD，此时 C、D 两点已被固定。若不增加链杆 CD、CF、ED，此体系已是几何不变的，显然它们是多余约束，故整个体系为几何不变体系，有三个多余约束。

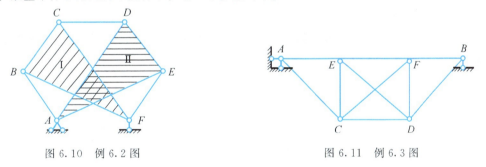

图 6.10　例 6.2 图　　　　　　　　图 6.11　例 6.3 图

6.5　静定结构和超静定结构

如前所述，用作结构的杆件体系必须是几何不变的，而几何不变体系又可分为无多余约束的和有多余约束的，后者的约束数目满足几何不变性要求外有多余约束。

例如，图 6.12（a）所示连续梁共有五根支杆，对 ACDB 梁来说，在平面内只有三个独立的静力平衡方程，如果将 C、D 两支座链杆去掉［图 6.12（b）］，剩下的支座链杆恰好满足两刚片规则的条件，所以图 6.12（a）所示连续梁有两个多余约束。又如

图 6.13（a）所示，若将链杆 AB 去掉 ［图 6.13（b）］，则它就成为没有多余约束的几何不变体系，故此加劲梁具有一个多余约束。

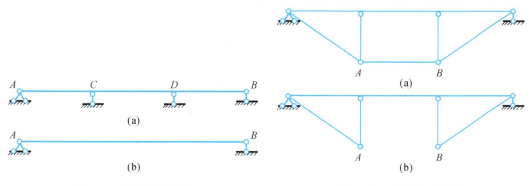

图 6.12　连续梁示意图　　　　　　　图 6.13　加劲梁示意图

对于无多余约束的结构（例如图 6.14 所示的简支梁），它的全部反力和内力都可由静力平衡条件求得，这类结构称为**静定结构**。但是对于具有多余约束的结构，却不能只依靠静力平衡条件求得其全部反力和内力。例如图 6.15 所示连续梁，其支座反力共有五个，而静力平衡条件只有三个，因而仅利用三个静力平衡条件无法求得其全部反力，从而也就不能求得它的内力，这类结构称为**超静定结构**。

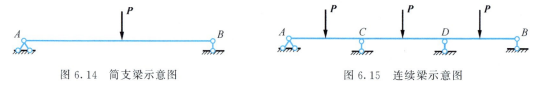

图 6.14　简支梁示意图　　　　　　　图 6.15　连续梁示意图

从上面的分析可知，**无多余约束的几何不变体系为静定结构，而有多余约束的几何不变体系为超静定结构。**

小　　结

1. 体系可以分为几何可变体系、几何瞬变体系和几何不变体系。只有几何不变体系才可以作为结构使用，几何可变体系和几何瞬变体系都不能用作结构。
2. 自由度是确定体系位置所需的独立参数的数目。
3. 几何不变体系组成规则有三个，即三刚片规则、两刚片规则和二元体规则。满足这三条规则之一的体系是几何不变体系。
4. 静定结构是无多余约束的几何不变体系。
5. 超静定结构是有多余约束的几何不变体系。

思　考　题

6.1　几何可变体系、几何瞬变体系为什么不能作为结构使用？试举例说明。

6.2 何谓单铰、虚铰？体系中任何两根链杆是否都相当于在其交点处的一个虚铰？

6.3 什么是多余约束？如何确定多余约束的个数？

6.4 几何不变体系有三个组成规则，其中最基本的规则是什么？

6.5 静定结构、超静定结构各有什么特征？

习　题

一、填空题

1. 确定体系位置所需要的独立的几何参变量的数目称为_____。

2. 一个刚片在平面内有_____个自由度。

3. 一个点在平面内有_____个自由度。

4. 位置和形状不会改变的体系称为_____。

5. 很小的荷载作用也将引起体系几何形状改变的体系称为_____。

二、单选题

1. 体系的几何组成规则中最基本的规则是（　　　）规则。

　　　A. 二元体　　　B. 铰接三角形　　C. 二刚片　　　D. 三刚片

2. 一根链杆相当于（　　）个约束，一个单铰相当于（　　　）个约束。

　　　A. 4　　　　　B. 3　　　　　C. 2　　　　　D. 1

3. 一个由三个刚片组合而成的静定内部结构有（　　　）个自由度。

　　　A. 3　　　　　B. 0　　　　　C. 9　　　　　D. 12

4. 有多余约束的几何不变体系是（　　　）。

　　　A. 静定结构　　　　　　　　B. 几何可变体系

　　　C. 瞬变体系　　　　　　　　D. 超静定结构

三、判断题

1. 一个刚性连接相当于3个约束。（　　　）

2. 两刚片用不全交于一点也不相互平行的三根链杆相连接，则所组成的体系是几何不变体系，且无多余约束。（　　　）

3. 一个单铰相当于1个约束。（　　　）

4. 三个刚片用不在同一直线上的三个铰两两相连，则所组成的体系为几何不变体系，且无多余约束。（　　　）

5. 一个体系中增加一个约束，而体系的自由度并不因此而减少，则此约束称为非多余约束。（　　　）

6. 结构的全部反力和内力都可由静力平衡条件求得的结构称为静定结构。（　　　）

四、主观题

试对图6.16所示体系作几何组成分析。如果是具有多余约束的几何不变体系，则须指出其多余约束的数目。

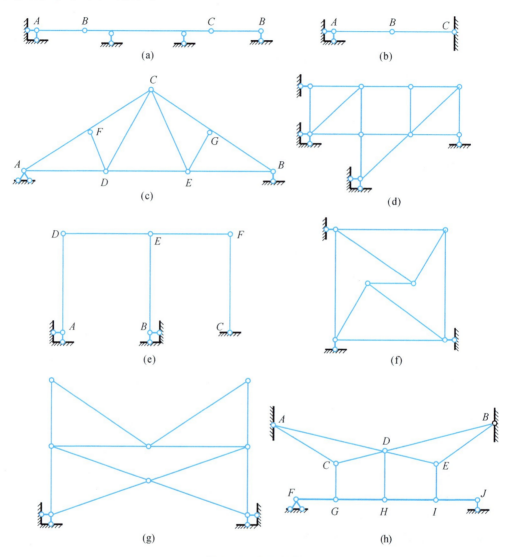

图 6.16 主观题图

静定结构的内力计算

> 【教学目标】
> 了解工程上常见的静定结构的分类,掌握多跨静定梁内力图的绘制;熟练掌握静定平面刚架的内力图的绘制;了解桁架的概念,会用结点法、截面法计算静定平面桁架的内力;了解拱的概念与特点,会计算三铰拱的反力与内力,熟悉合理拱轴线的概念;了解静定结构的基本特性。
>
> 【学习重点与难点】
> 多跨静定梁的内力图绘制,刚架的内力分析,桁架的内力计算。

我国素有多桥古国之誉,石拱桥遍布祖国山河大地,它们是我国古代灿烂文化中的一个组成部分,曾为祖国赢得荣誉,可用"用料省,结构巧,强度高"来概括古代石拱桥在技术上的成就。石拱桥力学强度高的奥秘在哪里?相信学习完本单元后就会知晓。

特别提示:不少静定结构直接用于工程实际,另外静定结构内力计算还是求位移和解算超静定结构的基础,所以本单元内容十分重要,须引起重视。支座反力计算,要给予特殊注意,内力算错往往是支座反力算错引起的。

工程上常见的静定结构有多跨静定梁、静定刚架、静定桁架、静定三铰拱、静定组合结构共五类,本单元只介绍前四类。

7.1 多跨静定梁内力图的绘制

7.1.1 多跨静定梁的几何组成

若干根梁用中间铰连接在一起,并以若干支座与基础相连,或者搁置于其他构件上而组成的静定梁称为多跨静定梁。在实际的建筑工程中,多跨静定梁常用来跨越几个相连的跨度。图 7.1(a)所示为公路或城市桥梁中常采用的多跨静定梁结构形式之一,其计算简图如图 7.1(b)所示。

在房屋建筑结构中的木檩条也是多跨静定梁的结构形式,如图 7.2(a)所示为木檩条的构造图,其计算简图如图 7.2(b)所示。

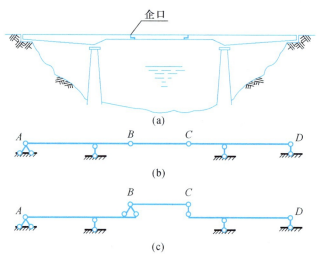

图 7.1 城市桥梁示意图

连接单跨梁的一些中间铰,在钢筋混凝土结构中常采用企口结合 [图 7.1(a)],而在木结构中常采用斜搭接或并用螺栓连接 [图 7.2(a)]。

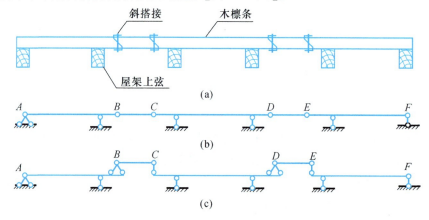

图 7.2 木结构梁示意图

由几何组成分析可知,图 7.1(b)中 AB 梁是直接由链杆支座与地基相连,是几何不变的,且梁 AB 本身不依赖梁 BC 和 CD 就可以独立承受荷载,所以称为基本部分。如果仅受竖向荷载作用,CD 梁也能独立承受荷载维持平衡,同样可视为基本部分。短梁 BC 是依靠基本部分的支承才能承受荷载并保持平衡的,所以称为附属部分。同理,在图 7.2(b)中梁 AB,CD 和 EF 均为基本部分,梁 BC 和梁 DE 为附属部分。为了更清楚地表示各部分之间的支承关系,把基本部分画在下层,附属部分画在上层,分别如图 7.1（c）和图 7.2（c）所示，我们称它为关系图或层叠图。

从受力分析来看，当荷载作用于基本部分时，只有该基本部分受力，而与其相连的附属部分不受力；当荷载作用于附属部分时，则不仅该附属部分受力，且通过铰接部分将力传至与其相关的基本部分上去。因此，计算多跨静定梁时，必须先从附属部分计算，再计算基本部分，按组成顺序的逆过程进行。例如，对于如图 7.1（c），应先从附属梁 BC 计算，再依次考虑 CD，AB 梁，这样把多跨梁化为单跨梁，分别进行计算，从而可避免解算联立方程。

然后将各单跨梁的内力图连在一起，便得到多跨静定梁的内力图。

7.1.2 多跨静定梁内力的计算及内力图的绘制

下面举例说明多跨静定梁的计算方法。

【例 7.1】 试作图 7.3（a）所示多跨静定梁的内力图。

解 1）作层叠图。如图 7.3（b）所示，AC 梁为基本部分，CE 梁是通过铰 C 和 D 支座链杆连接在 AC 梁上，要依靠 AC 梁才能保证其几何不变性，所以 CE 梁为附属部分。作层叠图，见图 7.3（b）。

2）计算支座反力。从层叠图上可以看出，应先从附属部分 CE 开始取分离体，如图 7.3（c）所示。

$$\sum M_C = 0, \quad 80 \times 6 - F_D \times 4 = 0$$
$$\sum M_D = 0, \quad 80 \times 2 - F_C \times 4 = 0$$
$$F_D = 120 \text{kN}(\uparrow), \quad F_C = 40 \text{kN}(\downarrow)$$

将 F'_C 反向，作用于梁 AC 上，计算基本部分。

$$\sum F_x = 0, \quad F_{Ax} = 0$$
$$\sum M_A = 0, \quad -40 \times 10 + F_B \times 8 + 10 \times 8 \times 4 - 64 = 0$$
$$\sum M_B = 0, \quad -40 \times 2 - 10 \times 8 \times 4 - 64 + F_A \times 8 = 0$$
$$F_A = 58 \text{kN}(\uparrow), \quad F_B = 18 \text{kN}(\downarrow)$$

校核：由整体平衡条件得

$$\sum F_y = -80 + 120 - 18 + 58 - 10 \times 8 = 0$$

无误。

3）作内力图。除分别作出单跨梁的内力图，然后拼合在同一水平基线上这一方法外，多跨静定梁的内力图也可根据其整体受力图 [图 7.3（a）] 直接绘出。

将整个梁分为 AB、BD、DE 三段，由于中间铰 C 处是外力的连续点，故不必将它选为分段点。

由内力计算法则，各分段点的剪力为

$$F^{右}_{QA} = 58 \text{kN}, \quad F^{左}_{QB} = 58 - 10 \times 8 = -22 \text{kN}$$

$$F_{QB}^{右} = 58 - 10 \times 8 - 18 = -40 \text{kN}, \quad F_{QD}^{左} = 80 - 120 = -40 \text{kN}$$
$$F_{QD}^{右} = 80 \text{kN}, \quad F_{QE}^{左} = 80 \text{kN}$$

据此绘得剪力图，如图 7.3 (d) 所示。其中 AB 段剪力为零的截面 F 距 A 点为 5.8m。

由内力计算法则，各分段点的弯矩为

$$M_{AB} = -64 \text{ kN} \cdot \text{m}$$
$$M_{BA} = -64 + 58 \times 8 - 10 \times 8 \times 4 = 80 \text{ kN} \cdot \text{m}$$
$$M_{DE} = -80 \times 2 = -160 \text{ kN} \cdot \text{m}$$
$$M_{ED} = 0$$
$$M_F = -64 + 58 \times 5.8 - 10 \times 5.8 \times 5.8/2 = 104.2 \text{ kN} \cdot \text{m}$$

据此作弯矩图，如图 7.3 (e) 所示。其中，AB 段内有均布荷载，故需在直线弯矩图（图中虚线）的基础上叠加相应简支梁在跨间中（简称跨中）荷载作用的弯矩图。

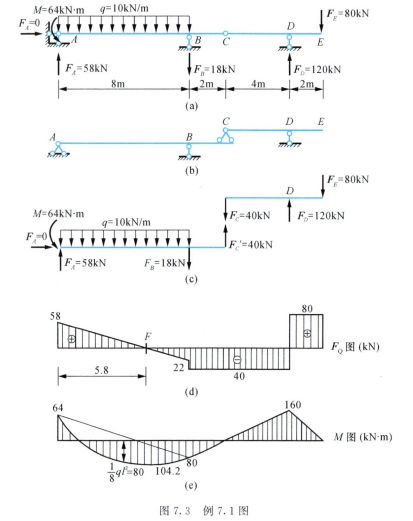

图 7.3 例 7.1 图

【例 7.2】 试作图 7.4（a）所示多跨静定梁的内力图。

解 图 7.4（a）所示多跨静定梁，由于仅受竖向荷载作用，故 AB 和 CE 都为基本部分，其层次图如图 7.4（b）所示。各梁的分离体示于图 7.4（c）中。

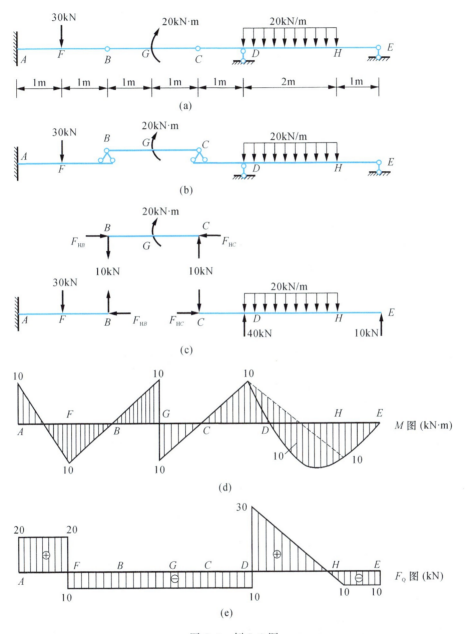

图 7.4 例 7.2 图

从附属部分 BC 开始，依次求出各梁上的竖向约束力和支座反力。铰 C 处的水平约束力为零，并由此得知铰 B 处的水平约束力也等于零。求出各约束力和支座反力后便可分别绘出各梁的内力图。将各梁的内力图置于同一基线上，则得出该多跨静定梁的内力图，

177

如图 7.4 (d, e) 所示。

在 FG, GD 两区段，剪力 F_Q 是同一常数，由微分关系 $\dfrac{dM}{dx}=F_Q$ 可知这两区段内的弯矩图形有相同的斜率。所以，弯矩图中 FG 与 GD 两段斜直线相互平行。同样的理由，因为在 H 左、右相邻的截面的剪力 F_Q 相等，所以弯矩图中 HE 区段内的直线与 DH 区段内的曲线在 H 点相切。

> **实例点评**
>
> 通过以上两个案例，我们可总结出计算多跨静定梁和绘制其内力图的一般步骤：
>
> （1）分析各部分的固定次序，弄清楚哪些是基本部分，哪些是附属部分，然后按照与固定次序相反的顺序将多跨静定梁拆成单跨梁。
>
> （2）遵循先附属部分后基本部分的原则，对各单跨梁逐一进行反力计算，并将计算出的支座反力按其真实方向标在原图上。在计算基本部分时应注意不要遗漏由它的附属部分传来的作用力。
>
> （3）根据整体受力图，利用剪力、弯矩和荷载集度之间的微分关系，再结合区段叠加法绘制出整个多跨静定梁的内力图。

7.1.3 多跨静定梁的受力特征

多跨静定梁比相同跨度的简支梁的弯矩要小，且弯矩的分布比较均匀，如图 7.5 所示，此即多跨静定梁的受力特征。这是因为在多跨静定梁中布置了伸臂梁，它一方面减小了附属部分的跨度，另一方面又使得伸臂上的荷载对基本部分产生负弯矩，从而部分地抵消了跨中荷载所产生的正弯矩。多跨静定梁虽然比相应的多跨简支梁要经济些，但构造要复杂些。一个具体工程是采用单跨静定梁还是多跨静定梁或其他形式的结构，需要作技术经济比较后从中选出最佳方案。

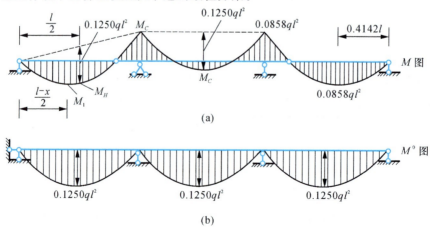

图 7.5 多跨静定梁与简支梁的弯矩图

7.2 刚架内力图的绘制

7.2.1 静定平面刚架的特点

刚架（亦称框架）是由横梁和柱共同组成的一个整体承重结构。刚架的特点是具有刚结点，即梁与柱的接头是刚性连接的，共同组成一个几何不变的整体。如图7.6（a）所示为简支刚架，图7.6（b）所示为悬臂刚架，图7.6（c）所示为三铰刚架，图7.6（d）所示为门式刚架，其中的梁与柱均用刚结点连接。

刚架中的所谓刚结点，就是在任何荷载作用下梁、柱在该结点处的夹角保持不变。如图7.6（a～d）所示刚架在荷载作用下均产生变形，刚结点因而有线位移和角位移，但原来结点处梁、柱轴线的夹角大小保持不变。

在受力方面，由于刚架具有刚结点，梁和柱能作为一个整体共同承担荷载的作用，结构整体性好，刚度大，内力分布较均匀。在大跨度、重荷载的情况下，刚架是一种较好的承重结构，所以刚架结构在工业与民用建筑中被广泛地采用。

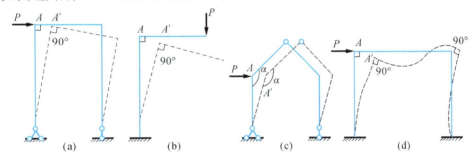

图7.6 刚架示意图

7.2.2 静定刚架的内力计算及内力图

1. 内力计算

如同研究梁的内力一样，在计算刚架内力之前，首先要明确刚架在荷载作用下其杆件横截面将产生什么样的内力。现以图7.7（a）所示静定悬臂刚架为例作一般性的讨论。

刚架在任意荷载作用下，现研究其中任意一截面 $m—m$ 产生什么内力。先用截面法假想将刚架从 $m—m$ 截面处截断，取其中一部分分离体[图7.7（b）]。在这分离体上，由于作用荷载，截面 $m—m$ 上必产生内力与之平衡。从 $\sum F_x=0$ 知截面上将会有一水平力，即截面的剪力 F_Q 与荷载在 x 轴上的投影平衡；从 $\sum F_y=0$ 知截面将会有一垂直力，即截面的轴向力 F_N，与荷载在 y 轴上的投影平衡；再以截面的形心 O 为矩心，从 $\sum M_O=0$ 知截面必有一力偶，即截面的弯矩 M，与荷载对 O 点之矩平衡。因此，可得出结论：刚架受荷载作用产生三种内力，即弯矩、剪力和轴力。

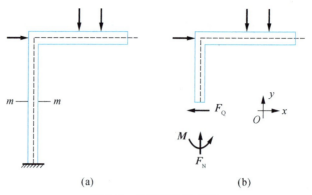

(a)　　　　　　　　(b)

图 7.7　悬臂刚架示意图

要求出静定刚架中任一截面的内力（M，Q，F_N），也如同计算梁的内力一样，用截面法将刚架从指定截面处截开，考虑其中一部分隔离体的平衡，建立平衡方程，解方程，从而求出它的内力。

特别提示： 关于静定梁的弯矩和剪力计算的一般法则，对于刚架来说同样是适用的。现将计算法则重复说明如下（注意与前面的提法内容是一致的）：

任一截面的弯矩数值等于该截面任一侧所有外力（包括支座反力）对该截面形心的力矩的代数和。

任一截面的剪力数值等于该截面任一侧所有外力（包括支座反力）沿该截面平面投影（或称切向投影）的代数和。

任一截面的轴力数值等于该截面任一侧面所有外力（包括支座反力）在该截面法线方向投影（或称法向投影）的代数和。

【例 7.3】 计算图 7.8（a）所示刚架结点处各杆端截面的内力。

解 首先，利用整体的三个平衡方程求出支座反力，如图 7.8 所示。

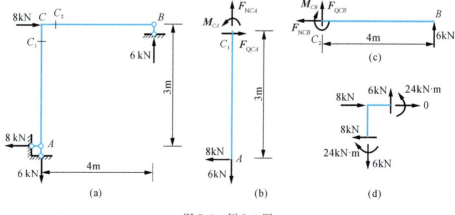

图 7.8　例 7.3 图

其次,计算刚结点 C 处杆端截面的内力。刚结点 C 有 C_1、C_2 两个截面,沿 C_1 和 C_2 切开,分别取 C_1 下边、C_2 右边,即 C_1A(包括 A 支座)和 C_2B(包括 B 支座)两个分离体,分别建立平衡方程,确定杆端截面 C_1 和 C_2 的内力。

对 C_1A 分离体进行受力分析[图 7.8(b)],有

$$\sum F_x = 0, \quad F_{QCA} - 8 = 0, \quad F_{QCA} = 8\text{kN}$$

$$\sum F_y = 0, \quad F_{NCA} - 6 = 0, \quad F_{NCA} = 6\text{kN}$$

$$\sum M_C = 0, \quad M_{CA} - 8 \times 3 = 0, \quad M_{CA} = 24\text{kN} \cdot \text{m}(AC \text{ 杆内侧即右侧受拉})$$

对 C_2B 分离体进行受力分析[图 7.8(c)],有

$$\sum F_x = 0, \quad F_{NCB} = 0$$

$$\sum F_y = 0, \quad F_{QCB} + 6 = 0, \quad F_{QCB} = -6\text{kN}$$

$$\sum M_C = 0, \quad -M_{CB} + 6 \times 4 = 0, \quad M_{CB} = 24\text{kN} \cdot \text{m}(CB \text{ 杆内侧即下侧受拉})$$

再次取结点 C 为分离体校核[图 7.8(d)]。校核时画出分离体的受力图并注意:①必须包括作用在此分离体上的所有外力,以及计算所得的内力 M、F_Q 和 F_N;②图中的 M、F_Q 和 F_N 都应按求得的实际方向画出并不再加注正负号。

$$\sum F_x = 0, \quad 8 - 8 = 0$$

$$\sum F_y = 0, \quad 6 - 6 = 0$$

$$\sum M_C = 0, \quad 24 - 24 = 0$$

无误。

【例 7.4】 计算图 7.9 所示刚架刚结点 C,D 处杆端截面的内力。

解 首先,利用平衡方程求出支座反力,如图 7.9 所示。

其次,计算刚结点 C 处杆端截面的内力。

取 AC_1(相当取 AC_1 段,包括支座 A)为研究对象,得

$$\sum F_y = 0, \quad F_{NCA} = 4\text{kN}$$

$$\sum F_x = 0, \quad F_{QCA} = 12 - 3 \times 4 = 0$$

$$\sum M_C = 0, \quad M_{CA} = 12 \times 4 - 3 \times 4 \times 2 = 24\text{kN} \cdot \text{m}(AC \text{ 杆内侧即右侧受拉})$$

取 AC_2 杆(相当取 AC_2,包括支座 A)为研究对象,得

$$\sum F_x = 0, \quad F_{NCD} = 12 - 3 \times 4 = 0$$

$$\sum F_y = 0, \quad F_{QCD} = -4\text{kN}$$

$$\sum M_C = 0, \quad M_{CD} = 12 \times 4 - 3 \times 4 \times 2 = 24\text{kN} \cdot \text{m}(CD \text{ 杆内侧即下侧受拉})$$

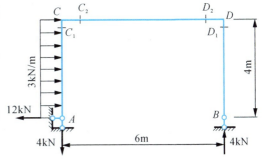

图 7.9 例 7.4 图

再次，计算刚结点 D 处杆端截面的内力。

取 BD_1 杆（相当取 BD_1，包括支座 B）为研究对象，得

$$\sum F_y = 0, \quad F_{NDB} = -4\text{kN}$$

$$\sum F_x = 0, \quad F_{QDB} = 0$$

$$\sum M_D = 0, \quad M_{DB} = 0$$

取 BD_2 杆（相当取 D_2DB，包括刚结点 D 和支座 B）为研究对象，得

$$\sum F_x = 0, \quad F_{NDC} = 0$$

$$\sum F_y = 0, \quad F_{QDC} = -4\text{kN}$$

$$\sum M_D = 0, \quad M_{DC} = 0$$

2 内力图的绘制

在作内力图时，先根据荷载等情况确定各段杆件内力图的形状，之后再计算出控制截面的内力值，这样即可作出整个刚架的内力图。对于弯矩图，通常不标明正负号，而把它画在杆件受拉一侧，而剪力图和轴力图则应标出正负号。

在运算过程中，内力的正负号规定如下：**使刚架内侧受拉的弯矩为正，反之为负；轴力以拉力为正，压力为负；剪力正负号的规定与梁相同。**

为了明确地表示各杆端的内力，规定内力字母下方用两个脚标，第一个脚标表示该内力所属杆端，第二个脚标表示杆的另一端。如 AB 杆 A 端的弯矩记为 M_{AB}，B 端的弯矩记为 M_{BA}；CD 杆 C 端的剪力记为 F_{QCD}，D 端的剪力记为 F_{QDC} 等。

全部内力图作出后，可截取刚架的任一部分为分离体，按静力平衡条件进行校核。

【例 7.5】 作图 7.10 (a) 所示刚架的内力图。

解 1）计算支座反力 [图 7.10 (a)]。

2）计算各杆端内力。

取 CD 杆为研究对象，有

$$M_{CD} = 0$$

$$M_{DC} = 4 \times 1 = 4\text{kN·m}(左侧受拉)$$

$$F_{QCD} = F_{QDC} = 4\text{kN}$$

$$F_{NCD} = F_{NDC} = 0$$

取 DB 杆为研究对象，有

$$M_{BD} = 0$$

$$M_{DB} = 7 \times 4 = 28\text{kN·m}(下侧受拉)$$

$$F_{QBD} = F_{QDB} = -7\text{kN}$$

$$F_{NBD} = F_{NDB} = 0$$

取 AD 杆为研究对象，有

$$M_{AD} = 0$$
$$M_{DA} = 8 \times 4 - 1 \times 4 \times 2 = 24 \text{kN} \cdot \text{m}(右侧受拉)$$
$$F_{QAD} = 8 \text{kN}$$
$$F_{QDA} = 8 - 1 \times 4 = 4 \text{kN}$$
$$F_{NAD} = F_{NDA} = 7 \text{kN}$$

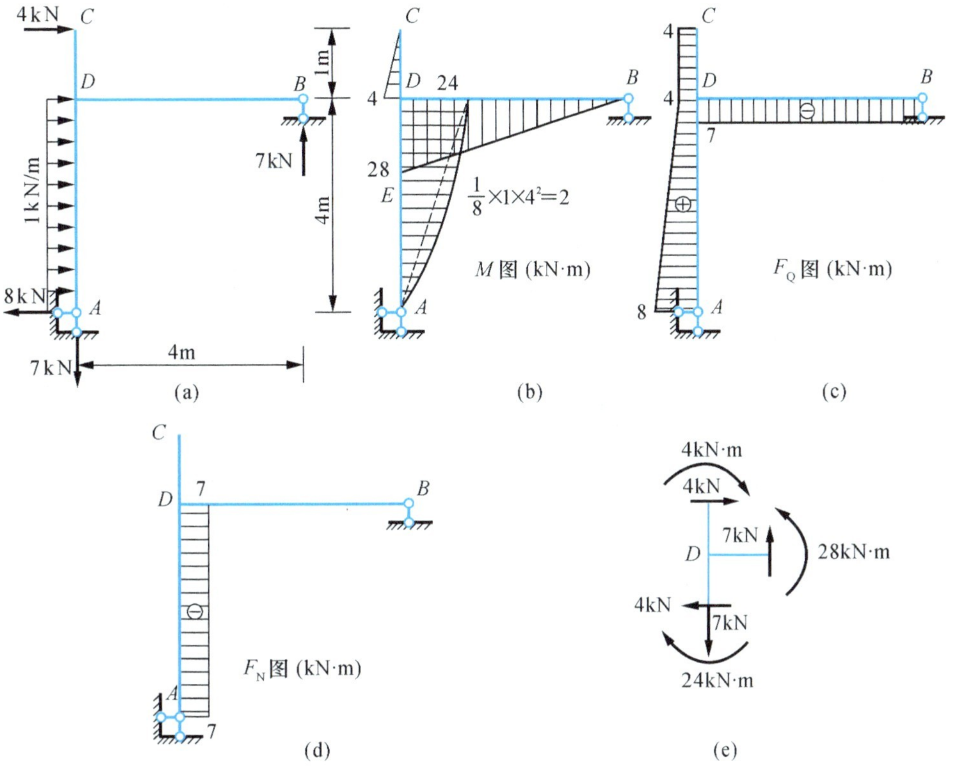

图 7.10 例 7.5 图

3) 作 M, F_Q, F_N 内力图。弯矩图画在杆的受拉侧。杆 CD 和 BD 上无荷载,将杆的两杆端弯矩的纵坐标以直线相连,即得杆 CD 和 BD 的弯矩图。杆 AD 上有均布荷载作用,将杆 AD 两端弯矩值以虚直线相连,以此虚直线为基线,叠加以杆 AD 的长度为跨度的简支梁受均布荷载作用下的弯矩图,即得杆 AD 的弯矩图。叠加后,AD 杆中点截面 E 的弯矩值为

$$M_E = \frac{1}{2} \times (0 + 24) + \frac{1}{8} \times 1 \times 4^2 = 14 \text{kN} \cdot \text{m}(右侧受拉)$$

刚架的 M 图如图 7.10 (b) 所示。

剪力图的纵坐标可画在杆的任一侧,但需标注正负号。将各杆杆端剪力纵坐标用直线相连 (各杆跨中均无集中力作用),即得各杆的剪力图。刚架的剪力图如图 7.10 (c) 所示。

轴力图的做法与剪力图类似,可画在任意一侧,但需注明正负号。

刚架的轴力图如图 7.10 (d) 所示。

4）校核。取结点 D 为分离体［图 7.10（e）］，有

$$\sum F_x = 0, \quad 4 - 4 = 0$$

$$\sum F_y = 0, \quad 7 - 7 = 0$$

$$\sum M_D = 0, \quad 4 + 24 - 28 = 0$$

【例 7.6】 试作图 7.11（a）所示刚架的弯矩图。

解 1）利用平衡方程计算支反力。

2）计算杆端弯矩。

取 AC 杆（杆上荷载不包括力偶）为研究对象，有

$$M_{AC} = 0$$

$$M_{CA} = 5 \times 13.75 - \frac{1}{2} \times 5 \times 5^2 = 6.25 \text{kN} \cdot \text{m}（下侧受拉）$$

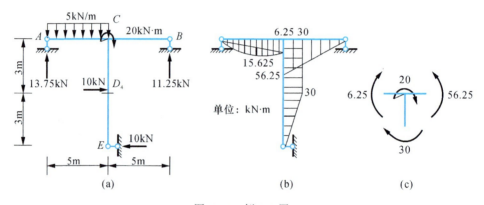

图 7.11 例 7.6 图

取 BC 杆（从 C 左边截开，杆上荷载不包括力偶）为研究对象，有

$$M_{BC} = 0$$

$$M_{CB} = 11.25 \times 5 = 56.25 \text{kN} \cdot \text{m}（下侧受拉）$$

取 DE 杆为研究对象，有

$$M_{ED} = 0$$

$$M_{DE} = 10 \times 3 = 30 \text{kN} \cdot \text{m}（右侧受拉）$$

DC 杆的 D 端弯矩与 ED 杆 D 端弯矩值相同，即

$$M_{DC} = M_{DE} = 30 \text{kN} \cdot \text{m}（右侧受拉）$$

求 DC 杆 C 端弯矩时可取 CDE 为分离体（杆上荷载不包括力偶），有

$$M_{CD} = 10 \times 6 - 10 \times 3 = 30 \text{kN} \cdot \text{m}（右侧受拉）$$

3）作 M 图。AC 杆中央截面弯矩

$$M_{中} = \frac{1}{8} \times 5 \times 5^2 + \frac{1}{2} \times 6.25 = 21.875 \text{kN} \cdot \text{m}$$

4）校核。取结点 C 为分离体，如图 7.11（c）所示，显然满足 $\sum M_C = 0$。

> **实例点评**
> 通过以上例题可看出,作刚架内力图的常规步骤一般是先求反力,再逐杆分段、定点、连线作出内力图。

特别提示:在作弯矩图之前,如果先作一番判断,则常常可以少求一些反力(有时甚至不求反力)而迅速作出弯矩图。判断内容:

1) 熟练掌握 M,F_Q,q 之间的微分关系。
2) 铰结点处弯矩为零。
3) 刚结点力矩平衡。如图 7.12(a)所

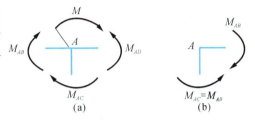

图 7.12 刚结点力矩平衡图

示,各杆端弯矩与力偶荷载的代数和应等于零。对于两杆刚结点,如结点上无力偶荷载作用,则两杆端弯矩数值必相等且受拉侧相同(即同为外侧受拉或同为内侧受拉),如图 7.12(b)所示。在刚结点处,除某一杆端弯矩外其余各杆端弯矩若均已知,则该杆端弯矩的大小和受拉侧便可根据刚结点力矩平衡条件推出。

【例 7.7】 作图 7.13(a)所示结构的 M 图。

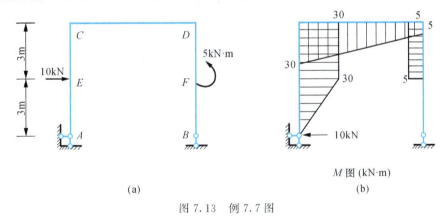

图 7.13 例 7.7 图

解 由整体水平力平衡可知 $F_{xA}=10\text{kN}$(←),则 $M_{EA}=30\text{kN·m}$,右侧受拉;$M_{CE}=10\times6-10\times3=30\text{kN·m}$,右侧受拉;根据结点 C 力矩平衡,$M_{CD}=30\text{kN·m}$,下侧受拉;BD 杆无剪力,则 BF 段无 M 图,FD 段 M 保持常数,为 5kN·m,左侧受拉;根据刚结点力矩平衡,$M_{DC}=5\text{kN·m}$,下侧受拉。有了各控制截面的弯矩值,再根据无荷载区间 M 图为直线,集中力偶处弯矩有突变,画出整个 M 图,如图 7.13(b)所示。

上述过程无需笔算,仅根据 M 图特点即可作出 M 图。

【例 7.8】 作图 7.14(a)所示刚架的 M 图。

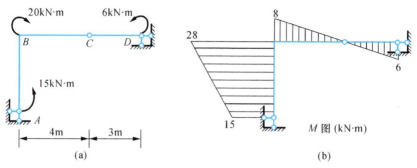

图 7.14 例 7.8 图

解 AB 和 BD 杆段间无荷载，故 M 图均为直线。因 $M_{DC} = 6 \text{kN} \cdot \text{m}$，下侧受拉，$M_{CD} = 0$，故 $M_{BC} = \frac{4}{3} \times 6 = 8 \text{kN}$，上侧受拉；由刚结点 B 力矩平衡，$M_{BA} = 8 + 20 = 28 \text{kN} \cdot \text{m}$，左侧受拉；$M_{AB} = 15 \text{kN} \cdot \text{m}$，左侧受拉。有了各控制截面的弯矩，即可作出整个结构的 M 图，如图 7.14（b）所示。

7.3 桁架的内力计算

7.3.1 概述

桁架结构是一种常见的结构形式，在土木工程中有很广泛的应用，尤其在大跨度结构，如屋架、桥梁、井架、起重机架和高压线塔等方面应用广泛。武汉长江大桥和南京长江大桥的主体也是桁架结构。如图 7.15（a，c）所示的钢筋混凝土屋架和钢木屋架就属于桁架。

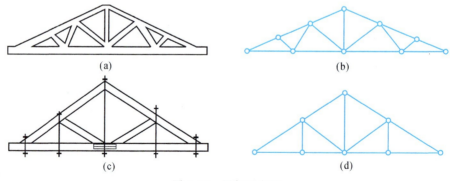

图 7.15 屋架示意图

桁架是由若干直杆相互在两端连接组成的几何不变结构，如果各杆件的轴线位于同一平面，则称为平面桁架结构；如各杆件的轴线在空间分布，则称为空间桁架结构。

各杆之间在端部的连接点称为节点，也叫结点。桁架的形式和桁架杆件之间的连接方式是多种多样的，可以是榫接、焊接、螺栓连接和铆接等。在分析桁架时必须抓住矛盾的主要方面，选取既能反映这种结构的本质，又利于计算的计算简图。科学试验和理论分析的结果表明,各种桁架有着共同的特性:在结点荷载作用下桁架中各杆的内力主要是轴向力,而弯矩和剪力则很小,可以忽略不计。因而,从力学的观点来看,各结点所起的作用和理想铰是接近的,这样,图 7.15(a,c)所示桁架的计算简图分别如图 7.15(b,d)所示。这种计算简图采用了如下假定:

1) 各杆在两端用绝对光滑而无摩擦的铰链相互连接。
2) 各杆的轴线都是绝对平直的,且处于同一平面内,并通过铰的中心。
3) 荷载和支座反力都作用在结点上,并且都位于桁架的平面内。

符合上述假定的桁架称为理想平面桁架。在上述假定下,桁架各杆均为两端铰接的直杆,仅在两端受约束力作用,故只产生轴力。这类杆件也称为二力杆。这样可以使得计算大大简化,同时也符合实际受力情况。如果可以利用静力平衡方程求出所有反力和内力,这样的理想平面桁架称为理想静定平面桁架,本节只限于讨论理想静定平面桁架的情况。

常用的桁架一般是按下列两种方式组成的:

1) 由基础或由一个基本铰结三角形开始,依次增加二元体,组成一个桁架,如图 7.16(a,b)所示,这样的桁架称为简单桁架。
2) 几个简单桁架按照几何不变体系的简单组成规则联成一个桁架,如图 7.16(c)所示,这样的桁架称为联合桁架。

桁架的杆件依其所在位置不同可分为弦杆和腹杆两类。弦杆是指桁架上、下外围的杆件,上面的杆件称为上弦杆,下边的杆件称为下弦杆。桁架上弦杆和下弦杆之间的杆件称为腹杆。腹杆又分为竖杆和斜杆。弦杆上相邻结点之间的区间称为节间,其距离 d 称为节间长度[图 7.16(a)]。

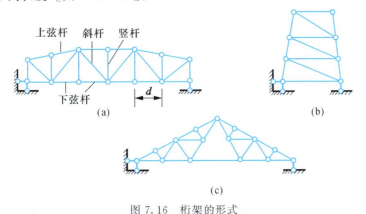

图 7.16 桁架的形式

7.3.2 桁架内力的计算方法

理想平面桁架的受力有如下两个特点:

1) 桁架中的杆件都是二力杆件。因为杆的自重可以不计或可分配到结点上去,各种荷载均作用在结点上,杆端为光滑铰链,只产生通过铰链中心的反力,不产生力偶。

2）桁架上所受的力组成平面力系。理想静定平面桁架的内力计算可以化为平面任意力系的平衡问题。

下面根据桁架的上述两个受力特点介绍静定平面桁架内力计算的两种方法，即结点法和截面法。

1. 结点法

所谓结点法，就是取桁架的结点为分离体，利用结点的静力平衡条件来计算杆件的内力或支座反力。因为桁架的各杆只承受轴力，作用于任一结点的各力组成一个平面汇交力系，所以可就每一个结点列出两个平衡方程进行解算。

在计算中，选取的结点应力求使作用于该结点的未知力不超过两个，因为平面汇交力系的独立平衡方程数只有两个。在简单桁架中实现这一点并不困难，因为简单桁架是由基础或一个基本铰接三角形开始，依次增加二元体所组成的桁架，其最后一个结点只包含两根杆件。分析这类桁架时，可先由整体平衡条件求出它的反力，然后再从最后一个结点开始，依次考虑各结点的平衡，即可使每个结点出现的未知内力不超过两个，从而顺利地求出各杆的内力。

【例7.9】 图7.17（a）所示为一个施工托架的计算简图，在图示荷载作用下求各杆的轴力。

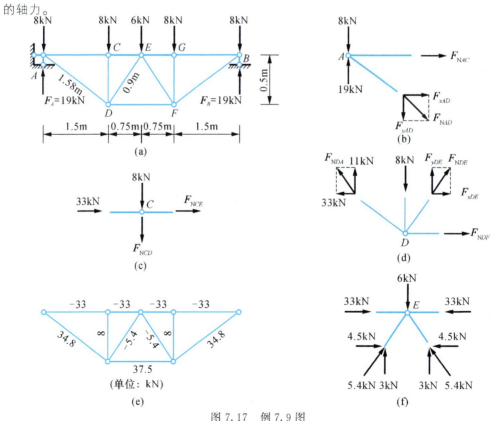

图7.17 例7.9图

解 1) 利用平衡方程求支反力。

$$\sum F_y = 0, \quad F_A = F_B = \frac{1}{2} \times (8 \times 4 + 6) = 19\text{kN}(\uparrow)$$

2) 求内力。作结点 A 的分离体图 [图 7.17 (b)], 未知力 F_{NAC}、F_{NAD} 假设为拉力, 并将斜杆轴力 F_{NAD} 用其分力 F_{xAD}、F_{yAD} 代替。由 $\sum F_y = 0$ 得

$$19 - 8 - F_{yAD} = 0$$

所以

$$F_{yAD} = 11\text{kN}(\downarrow)$$

利用比例关系得

$$F_{xAD} = 11 \times \frac{1.5}{0.5} = 33\text{kN}(\rightarrow)$$

$$F_{NAD} = 11 \times \frac{1.58}{0.5} = 34.8\text{kN}(拉力)$$

由 $\sum F_x = 0$, $F_{NAC} + F_{xAD} = 0$, 得

$$F_{NAC} = -33\text{kN}(压力)$$

作结点 C 的分离体图, 见图 7.17 (c), 其中的已知力都按实际方向画出, 未知力 F_{NCE} 和 F_{NCD} 都假设为拉力。

由 $\sum F_x = 0$, $F_{NCE} + 33 = 0$, 得

$$F_{NCE} = -33\text{kN}(压力)$$

由 $\sum F_y = 0$, $-F_{NCD} - 8 = 0$, 得

$$F_{NCD} = -8\text{kN}(压力)$$

作结点 D 的分离体图, 见图 7.17 (d), 斜杆轴力都用分力 F_{xDE}、F_{yDE} 代替。

由 $\sum F_y = 0$, $F_{yDE} + 11 - 8 = 0$, 得

$$F_{yDE} = -3\text{kN}(\downarrow)$$

利用比例关系, 得

$$F_{NDE} = -3 \times \frac{0.9}{0.5} = -5.4\text{kN}(压力)$$

则

$$F_{xDE} = -3 \times \frac{0.75}{0.5} = -4.5\text{kN}(\leftarrow)$$

由 $\sum F_x = 0$, $F_{NDF} + F_{xDE} - 33 = 0$, 得

$$F_{NDF} = 33 + 4.5 = 37.5\text{kN}(拉力)$$

3) 利用对称性求整个桁架的轴力。由于托架和荷载都是对称的, 因此处于对称位置的两杆具有相同的轴力, 也就是说, 桁架中的内力也是对称分布的, 因此只需计算半边托架的轴力。整个桁架的轴力如图 7.17 (e) 所示。

4) 校核。对称轴上的结点平衡条件可用来校核。图 7.17 (f) 为结点 E 的分离体图。由于对称, 平衡条件 $\sum F_x = 0$ 已经满足, 因此只需校核另一个平衡条件。

$$\sum F_y = 0, \quad -6+3+3=0$$

无误。

特别提示：结点法适用于计算简单桁架。选为研究对象的结点未知力数一般不得超过两个。

2 结点平衡的特殊情况

根据桁架结点上杆件和荷载的特殊情况（图7.18）了解一些特殊杆件轴力的大小，以后遇到时可不写平衡方程，就知道这些杆件轴力的数值，这对提高桁架轴力计算的能力很有益处。

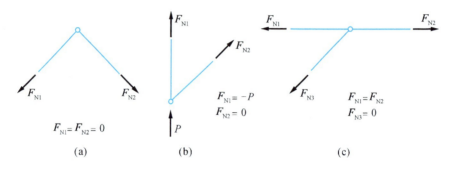

图 7.18 特殊结点平衡图

1）图 7.18（a）为不共线的两杆结点，当无外力作用时，则两杆都是零杆。取 F_{N1} 的作用线为 y 轴，则由 $\sum F_x=0$ 可知 $F_{N2}=0$，再由 $\sum F_y=0$ 可知 $F_{N1}=0$。

2）图 7.18（b）为不共线的两杆结点，当外力沿一杆作用时，则另一杆为零杆。取 P 和 F_{N1} 的作用线为 y 轴，则由 $\sum F_x=0$ 可知 $F_{N2}=0$，由 $\sum F_y=0$ 可知 $F_{N1}=-P$。

3）图 7.18（c）为三杆结点，且有两杆共线，当无外力作用时，则第三杆为零杆。如取两杆所在的直线为 x 轴，则由 $\sum F_y=0$ 可知 $F_{N3}=0$，由 $\sum F_x=0$ 可知 $F_{N1}=F_{N2}$。

下面应用结点平衡对结构（图7.19）作零杆分析：

下弦结点 E 上无荷载，单杆 EI 是零杆；上弦左端结点 F 上无荷载，FA 和 FG 两杆全是零杆；上弦右端结点 J 上荷载 P 沿杆 JB 方向，杆 JI 是零杆。

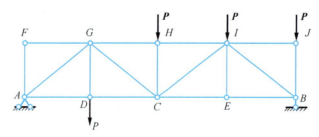

图 7.19 桁架零杆分析图

3. 截面法

所谓截面法，就是用一适当截面将桁架分为两部分，然后任取一部分为分离体（分离体至少包含两个结点），根据平衡条件来计算所截杆件的内力。通常作用在分离体上的诸力为平面一般力系，故可建立三个平衡方程。因此，若分离体上的未知力不超过三个，则一般可将它们全部求出。

在用截面法解桁架时，为了避免解联立方程，应对截面的位置、平衡方程的形式（力矩式或是投影式）和矩心等加以选择，如果选取恰当，可使计算工作大为简化。

【例 7.10】 试求图 7.20（a）所示桁架中 25、34、35 三杆的内力。

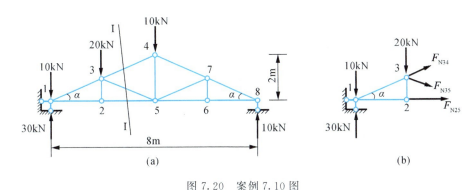

图 7.20 案例 7.10 图

解 首先求出支座反力。由平衡方程易得

$$F_{R1} = 30 \text{kN}, \quad F_{R8} = 10 \text{kN}$$

然后设想用截面Ⅰ—Ⅰ将 34、35、25 三杆截断，取桁架左边部分为分离体，如图 7.20（b）所示。为求得 F_{N25}，可取 F_{N34} 和 F_{N35} 两未知力的交点 3 为矩心，有

$$\sum M_3 = 0, \quad (30-10) \times 2 - F_{N25} \times 1 = 0, \quad F_{N25} = 40 \text{kN}$$

为求得 F_{N34}，可取 F_{N35} 和 F_{N25} 两力的交点 5 为矩心，有

$$\sum M_5 = 0, \quad (25-10) \times 4 - 20 \times 2 + F_{N34} \times \frac{2}{\sqrt{5}} \times 2 = 0, \quad F_{N34} = -22.36 \text{kN}$$

由 $\sum F_x = 0$ 可求得 $F_{N35} = 22.36 \text{kN}$。

特别提示：截面法适用于计算联合桁架的轴力以及简单桁架中指定杆截面的轴力。

4. 结点法和截面法的联合应用

结点法和截面法是计算桁架内力的两种基本方法，对于简单桁架求所有杆轴力，无论用哪一种方法计算都比较方便，但对有些求指定杆内力的简单桁架，用联合法更加方便。对于联合桁架来说，仅用结点法或截面法来分析内力往往比较困难，这时一般先用截面法求出联合处杆件的内力，然后可对组成联合桁架的各简单桁架内力用结点法进行计算。

图 7.21（a）所示的桁架是简单桁架，求桁架 1、2、3、4 杆的内力 F_{N1}、F_{N2}、F_{N3}、F_{N4} 时，联合使用截面法和结点法较为简便。

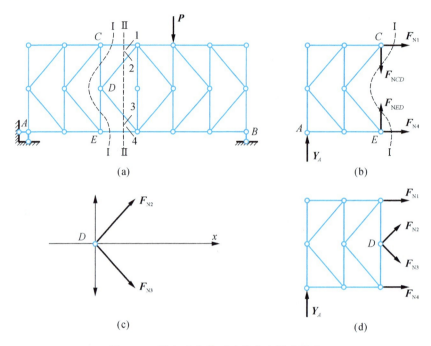

图 7.21 结点法和截面法联合应用求轴力

作Ⅰ—Ⅰ截面，取左部分为分离体[图 7.21（b）]，由 $\sum M_C = 0$ 和 $\sum M_E = 0$ 分别求出 F_{N4} 和 F_{N1}。然后截取结点 D[图 7.21（c）]，由 $\sum F_x = 0$ 得 $F_{N2} = -F_{N3}$。最后作Ⅱ—Ⅱ截面[图 7.21（a，d）]，由 $\sum F_y = 0$ 即可求出 F_{N2} 和 F_{N3}。

7.4 三铰拱的内力计算

7.4.1 概述

拱结构是应用比较广泛的结构形式之一，在房屋和桥梁建筑中经常用到拱结构。

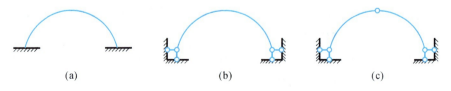

图 7.22 拱结构示意图

拱结构通常有三种常见的形式，其计算简图如图 7.22 所示。图 7.22（a，b）所示的无铰拱和两铰拱是超静定结构。图 7.22（c）所示的三铰拱为静定结构。本节中只讨论三铰拱的计算。

拱结构的特点是：杆轴为曲线，而且在竖向荷载作用下支座将产生水平力，这种水平反力又称为水平推力，或简称为推力。拱结构与梁结构的区别不仅在于外形不同，更重要的还在于竖向荷载作用下是否产生水平推力。例如图 7.23 所示的两个结构，虽然它们的杆轴都是曲线，但图 7.23（a）所示结构在竖向荷载作用下不产生水平推力，其弯矩与相应简支梁（同跨度、同荷载的梁）的弯矩相同，所以这种结构不是拱结构，而是一曲梁。但图 7.23（b）所示结构，由于其两端都有水平支座链杆，在竖向荷载作用下将产生水平推力，所以属于拱结构。由于水平推力的存在，拱中各截面的弯矩将比相应的曲梁或简支梁的弯矩要小，这就会使整个拱主要承受压力。因此，拱结构可用抗压强度较高而抗拉强度较低的砖、石、混凝土等建筑材料来建造。

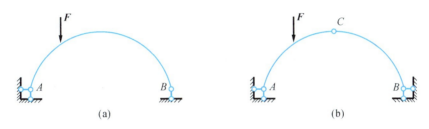

图 7.23　梁式结构与拱式结构示意图

拱结构最高的一点称为拱顶，三铰拱的中间铰通常安置在拱顶处。拱的两端与支座连接称为拱趾，或称拱脚。两个拱趾间的水平距离 l 称为跨度。拱顶到两拱趾连线的竖向距离 f 称为拱高，或称拱矢，如图 7.24（a）所示。拱高与跨度之比 f/l 称为高跨比或矢跨比，拱的主要力学性能与高跨比有关。

用作屋面承重结构的三铰拱，常在两支座铰之间设水平拉杆，如图 7.24（b）所示，这样拉杆内所产生的拉力代替了支座推力作用，在竖向荷载作用下使支座只产生竖向反力。但是这种结构的内部受力情况与三铰拱完全相同，故称为具有拉杆的拱，或简称拉杆拱，它的优点在于消除了推力对支承结构（如砖墙、柱等）的影响。拉杆拱的计算简图如图 7.24（b）所示。

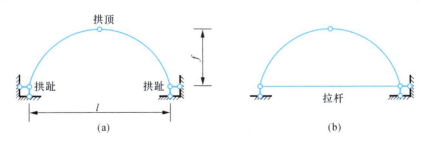

图 7.24　屋面承重结构的三铰拱

7.4.2 三铰拱的计算

三铰拱为静定结构,其全部反力和内力都可由静力平衡方程求出。为了说明三铰拱的计算方法,现以图 7.25(a)为例导出其计算公式。

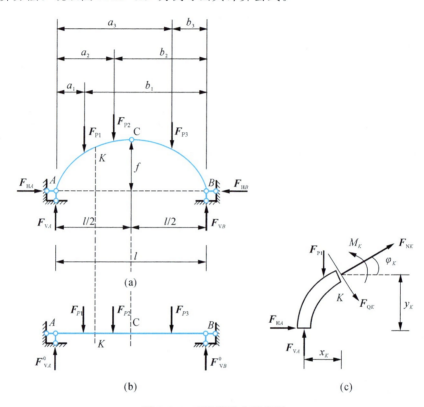

图 7.25 三铰拱受力平衡图

1. 支座反力的计算公式

拱的两端都是铰支座,因此有四个未知反力,故需列四个平衡方程进行解算。除了三铰拱整体平衡的三个方程之外,还可利用中间铰处不能抵抗弯矩的特性(即弯矩 $M_C=0$)来建立一个补充方程。

首先考虑三铰拱的整体平衡,由

$$\sum M_B = F_{VA}l - F_{P1}b_1 - F_{P2}b_2 - F_{P3}b_3 = 0$$

可得左支座竖向反力为

$$F_{VA} = \frac{F_{P1}b_1 + F_{P2}b_2 + F_{P3}b_3}{l} \tag{a}$$

同理,由 $\sum M_A=0$ 可得右支座竖向反力为

$$F_{VB} = \frac{F_{P1}a_1 + F_{P2}a_2 + F_{P3}a_3}{l} \tag{b}$$

由 $\sum F_x = 0$,可知
$$F_{HA} = F_{HB} = F_H$$

再考虑 $M_C = 0$ 的条件,取左半拱上所有外力对 C 点的力矩来计算,则有
$$M_C = F_{VA}\frac{l}{2} - F_{P1}(\frac{l}{2} - a_1) - F_{P2}(\frac{l}{2} - a_2) - F_{HA}f = 0$$

所以
$$F_H = F_{HA} = F_{HB} = \frac{F_{VA}\frac{l}{2} - F_{P1}(\frac{1}{2} - a_1) - F_{P2}(\frac{1}{2} - a_2)}{f} \quad (c)$$

式(a)和式(b)右边的值恰好等于图 7.25(b)所示相应简支梁的支座反力 F_{VA}^0 和 F_{VB}^0,式(c)右边的分子等于相应简支梁上与拱的中间铰位置相对应的截面 C 的弯矩 M_C^0,由此可得

$$F_{VA} = F_{VA}^0 \quad (7.1)$$
$$F_{VB} = F_{VB}^0 \quad (7.2)$$
$$F_H = F_{HA} = F_{HB} = \frac{M_C^0}{f} \quad (7.3)$$

由式(7.3)可知,推力 H 等于相应简支梁截面 C 的弯矩 M_C^0 除以拱高 f,其值只与三个铰的位置有关,而与各铰间的拱轴形状无关。换句话说,推力只与拱的高跨比 f/l 有关。当荷载和拱的跨度不变时,推力 F_H 将与拱高 f 反比,即 f 愈大则 F_H 愈小,反之,f 愈小则 F_H 愈大。

2 内力的计算公式

计算内力时,应注意到拱轴为曲线这一特点,所取截面与拱轴正交,即与拱轴的切线相垂直,任意 K 点处拱轴线切线的倾角为 φ_K。截面 K 的内力可以分解为弯矩 M_K、剪力 F_{QK} 和轴力 F_{NK},其中 F_{QK} 沿截面方向,即沿拱轴法线方向;轴力 F_{NK} 沿垂直于截面的方向,即沿拱轴切线方向作用。下面分别研究这三种内力的计算。

(1)弯矩的计算公式

弯矩的符号规定以使拱内侧纤维受拉为正,反之为负。取 AK 段为隔离体,如图 7.25(c)所示。由
$$\sum M_K = F_{VA}x_K - F_{P1}(x_K - a_1) - Hy_K - M_K = 0$$

得截面 K 的弯矩
$$M_K = F_{VA}x_K - F_{P1}(x_K - a_1) - Hy_K$$

根据 $F_{VA} = F_{VA}^0$,可见等式右端前两项代数和等于相应简支梁 K 截面的弯矩 M_K^0,所以上式可改写为
$$M_K = M_K^0 - F_H y_K \quad (7.4)$$

即拱内任一截面的弯矩等于相应简支梁对应截面的弯矩减去由于拱的推力 F_H 所引起的弯矩 $F_H y_K$。由此可知,因推力的存在,三铰拱中的弯矩比相应简支梁的弯矩小。

（2）剪力的计算公式

剪力的符号通常规定以使截面两侧的分离体有顺时针方向转动趋势为正，反之为负。以 AK 段为隔离体，如图 7.25（c）所示，由平衡条件得

$$F_{QK} + F_{P1}\cos\varphi_K + H\sin\varphi_K - F_{VA}\cos\varphi_K = 0$$

$$F_{QK} = (F_{VA} - F_{P1})\cos\varphi_K - F_H\sin\varphi_K$$

式中，$(F_{V1} - F_{P1})$ 等于相应简支梁在截面 K 的剪力 F_{QK}^0，于是上式可改写为

$$F_{QK} = F_{QK}^0 \cos\varphi_K - F_H \sin\varphi_K \tag{7.5}$$

式中，φ_K——截面 K 处拱轴线的倾角。

（3）轴力的计算公式

因拱轴通常为受压，所以规定使截面受压的轴力为正，反之为负。取 AK 段为分离体，如图 7.25（c）所示，由平衡条件

$$F_{NK} + F_{P1}\sin\varphi_K - F_{VA}\sin\varphi_K - F_H\cos\varphi_K = 0$$

得

$$F_{NK} = (F_{VA} - F_{P1})\sin\varphi_K + F_H\cos\varphi_K$$

即

$$F_{NK} = F_{QK}^0 \sin\varphi_K + F_H \cos\varphi_K \tag{7.6}$$

有了上述公式，就可以求得任一截面的内力，从而作出三铰拱的内力图。

【例 7.11】 图 7.26（a）所示为一三铰拱，其拱轴为一抛物线，当坐标原点选在左支座时，拱轴方程为 $y = \dfrac{4f}{l^2}x(l-x)$，试绘制其内力图。

解 先求支座反力，根据式（7.1）、式（7.2）和式（7.3）可得

$$F_{VA} = F_{VA}^0 = \frac{100 \times 9 + 20 \times 6 \times 3}{12} = 105 \text{kN}$$

$$F_{VB} = F_{VB}^0 = \frac{100 \times 3 + 20 \times 6 \times 9}{12} = 115 \text{kN}$$

$$F_H = \frac{M_C^0}{f} = \frac{105 \times 6 - 100 \times 3}{4} = 82.5 \text{kN}$$

反力求出后，即可根据式（7.4）～式（7.6）绘制内力图。为此，将拱跨分成八等分，列表（表 7.1）算出各截面上的 M、F_Q、F_N 值，然后根据表中所得数值绘制 M、F_Q、F_N 图，如图 7.26（c,e）所示。这些内力图是以水平线为基线绘制的。图 7.26（b）为相应简支梁的弯矩图。

以截面 1（距左支座 1.5m 处）和截面 2（距左支座 3.0m 处）的内力计算为例，对表 7.1 说明如下。在截面 1 有 $x = 1.5$m，由拱轴方程求得

$$y = \frac{4f}{l^2}x_1(l-x_1) = \frac{4 \times 4}{12^2} \times 1.5 \times (12-1.5) = 1.75 \text{m}$$

截面 1 处切线斜率为

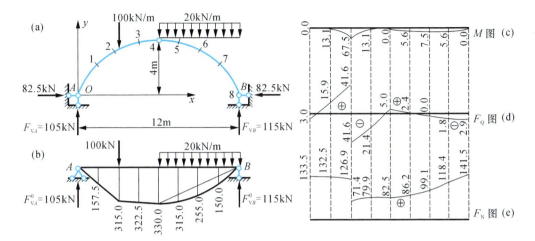

图 7.26 例 7.11 图

$$\tan\varphi_1 = \left(\frac{\mathrm{d}y}{\mathrm{d}x}\right)_1 = \frac{4f}{l^2}(l-2x_1) = \frac{4\times 4}{12^2}\times(12-2\times 1.5) = 1$$

于是

$$\sin\varphi_1 = \frac{\tan\varphi_1}{\sqrt{1+\tan^2\varphi_1}} = \frac{1}{\sqrt{2}} = 0.707$$

$$\cos\varphi_1 = \frac{1}{\sqrt{1+\tan^2\varphi_1}} = \frac{1}{\sqrt{2}} = 0.707$$

根据式（7.4）～式（7.6）求得该截面的弯矩、剪力和轴力分别为

$$M_1 = M_1^0 - Hy_1 = 105\times 1.5 - 82.5\times 1.75 = 157.5 - 144.4 = 13.1\text{kN}\cdot\text{m}$$

$$F_{Q1} = F_{Q1}^0\cos\varphi_1 - F_H\sin\varphi_1 = 105\times 0.707 - 82.5\times 0.707 = 74.2 - 58.3$$
$$= 15.9\text{kN}$$

$$F_{N1} = F_{QK}^0\sin\varphi_1 + F_H\cos\varphi_1 = 105\times 0.707 + 82.5\times 0.707 = 74.2 + 58.3$$
$$= 132.5\text{kN}$$

在截面 2 因有集中荷载作用，该截面两边的剪力和轴力不相等，此处 F_Q、F_N 图将发生突变，现计算该截面内力如下：

$$M_2 = M_2^0 - Hy_2 = 105\times 3 - 82.5\times 3 = 315 - 247.5 = 67.5\text{kN}\cdot\text{m}$$

$$F_{Q2左} = F_{Q2左}^0\cos\varphi_2 - F_H\sin\varphi_2 = 105\times 0.832 - 82.5\times 0.555 = 87.4 - 45.8 = 41.6\text{kN}$$

$$F_{Q2右} = F_{Q2右}^0\cos\varphi_2 - F_H\sin\varphi_2 = 5.0\times 0.832 - 82.5\times 0.555 = 4.2 - 45.8 = -41.6\text{kN}$$

$$F_{N2左} = F_{N2左}^0\sin\varphi_2 + F_H\cos\varphi_2 = 105\times 0.555 + 82.5\times 0.832 = 58.3 + 68.6 = 126.9\text{kN}$$

$$F_{N2右} = F_{N2右}^0\sin\varphi_2 + F_H\cos\varphi_2 = 5.0\times 0.555 + 82.5\times 0.832 = 2.8 + 68.6 = 71.4\text{kN}$$

其他各截面内力的计算同上。

表 7.1 三铰拱的内力计算

拱轴分点	纵坐标/m	$\tan\varphi_K$	$\sin\varphi_K$	$\cos\varphi_K$	F_{QK}^0	$M/(kN\cdot m)$			F_Q/kN			F_N/kN		F_{NK}
						M_K^0	$-Hy_K$	M_K	$F_{QK}^0\cos\varphi_K$	$-F_N^0\sin\varphi_K$	F_{QK}	$F_{QK}^0\sin\varphi_K$	$F_N^0\cos\varphi_K$	
0	0	1.333	0.800	0.599	105.0	0.00	0.00	0.00	63.0	−66.0	−3.0	84.0	49.5	133.5
1	1.75	1.000	0.707	0.707	105.0	157.5	−144.4	13.1	74.2	−58.3	15.9	74.2	58.3	132.5
2(左,右)	3	0.667	0.555	0.832	105.0, 5.0	315.0	−247.5	67.5	87.4, 4.2	−45.8	41.6, −41.6	58.3, 2.8	68.6	126.9, 71.4
3	3.75	0.333	0.316	0.948	5.0	322.5	−309.4	13.1	4.7	−26.1	−21.4	1.6	78.3	79.9
4	4	0.000	0.000	1.000	5.0	330.0	−330.0	0.00	5.0	0.00	5.0	0.00	82.5	82.5
5	3.75	−0.333	−0.316	0.948	−25.0	315.0	−309.4	5.6	−23.7	26.1	2.4	7.9	78.2	86.2
6	3	−0.667	−0.555	0.832	−55.0	255.0	−247.5	7.5	−45.8	45.8	0.00	30.5	68.6	99.1
7	1.75	−1.000	−0.707	0.707	−85.0	150.0	−144.4	5.6	−60.1	58.3	−1.8	60.1	58.3	118.4
8	0	−1.333	−0.800	0.599	−115.0	0.00	0.00	0.00	−68.9	66.0	−2.9	92.0	49.5	141.5

7.4.3 拱的合理轴线

在一般情况下三铰拱截面上有弯矩、剪力和轴力,处于偏心受压状态,其正应力分布不均匀。但是我们可以选取一条适当的拱轴线,使得在给定荷载作用下拱上各截面只承受轴力,而弯矩为零,这样的拱轴线称为合理轴线。

由式(7.4)知,任意截面 K 的弯矩为

$$M_K = M_K^0 - F_H y_K$$

上式说明,三铰拱的弯矩 M_K 是由相应简支梁的弯矩 M_K^0 与 $-F_H y_K$ 叠加而得的。当拱的跨度和荷载为已知时,M_K^0 不随拱轴线而变,而 $-F_H y_K$ 则与拱的轴线有关,因此我们可以在三个铰之间恰当地选择拱的轴线形式,使拱中各截面的弯矩 M 都为零。为了求出合理轴线方程,由式(7.4),根据各截面弯矩都为零的条件,应有

$$M = M^0 - F_H y = 0$$

得

$$y = \frac{M^0}{F_H} \tag{7.7}$$

由式(7.7)可知:合理轴线的竖坐标 y 与相应简支梁的弯矩竖坐标成正比,$\frac{1}{F_H}$ 是这两个竖坐标之间的比例系数。当拱上所受荷载已知时,只需求出相应简支梁的弯矩方程,然后除以推力 F_H,便可得到拱的合理轴线方程。

【例 7.12】 试求图 7.27(a)所示对称三铰拱在均匀荷载 q 作用下的合理轴线。

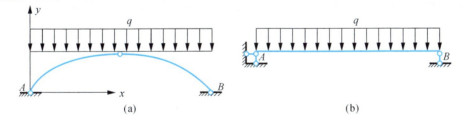

图 7.27 例 7.12 图

解 画出相应简支梁,如图 7.27(b)所示,其弯矩方程为

$$M^0 = \frac{1}{2}qlx - \frac{1}{2}qx^2 = \frac{1}{2}qx(l-x)$$

由式(7.3)得

$$F_H = \frac{M_C^0}{f} = \frac{\dfrac{ql^2}{8}}{f} = \frac{ql^2}{8f}$$

所以由式(7.7)得到合理轴线方程为

$$y = \frac{\dfrac{1}{2}qx(l-x)}{\dfrac{ql^2}{8f}} = \frac{4f}{l^2}x(l-x)$$

由此可见，在满跨的竖向均布荷载作用下三铰拱的合理轴线是一条抛物线。因此，房屋建筑中拱的轴线常采用抛物线。

7.5 静定结构的基本特性

静定结构有静定梁、静定刚架、三铰拱、静定桁架等类型。虽然这些结构形式各有不同，但它们有如下的共同特性：

1）在几何组成方面，静定结构是没有多余联系的几何不变体系。在静力平衡方面，静定结构的全部反力可以由静力平衡方程求得，其解答是唯一的确定值。

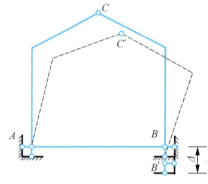

图 7.28 结构位移

2）由于静定结构的反力和内力是只用静力平衡条件就可以确定的，而不需要考虑结构的变形条件，所以静定结构的反力和内力只与荷载、结构的几何形状和尺寸有关，而与构件所用的材料、截面的形状和尺寸无关。

3）由于静定结构没有多余联系，因此在温度改变、支座产生位移和制造误差等因素的影响下不会产生内力和反力，但能使结构产生位移，如图 7.28 所示。

4）当平衡力系作用在静定结构的某一内部几何不变部分上时，其余部分的内力和反力不受其影响。如图 7.29 所示受平衡力系作用的桁架只有在粗线所示的杆件中产生内力，反力和其他杆件的内力不受影响。

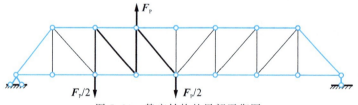

图 7.29 静定结构的局部平衡图

5）当静定结构的某一内部几何不变部分上的荷载作等效变换时，只有该部分的内力发生变化，其余部分的内力和反力均保持不变。所谓等效变换，是指将一种荷载变为另一种等效荷载。如图 7.30（a）中所示的荷载 q 与节点 A、B 上的两个荷载 $ql/2$ 是等效的。若将图 7.30（b）代之以图 7.30（a），只有 AB 上的内力发生变化，其余各杆的内力不变。这也说明在求桁架其余杆的内力时可以把非节点荷载等效到节点上。

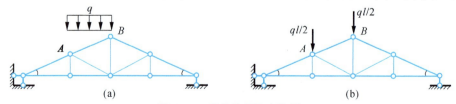

图 7.30 荷载作等效变换图

小 结

1. 多跨静定梁的内力和内力图。

（1）多跨静定梁是由若干单跨梁用铰联结而成的结构，其几何组成特点是组成结构的各单跨梁可以分为基本部分和附属部分两类，其传力关系的特点是加在附属部分上的荷载使附属部分和与其相关的基本部分都受力，而加在基本部分上的荷载只使基本部分受力，附属部分不受力。

（2）计算多跨静定梁首先要分清哪些是基本部分，哪些是附属部分，然后按照与单跨静定梁相同的方法，先算附属部分，后算基本部分，并且在计算基本部分时不要遗漏由它的附属部分传来的作用力。

（3）多跨静定梁内力图的绘制方法也和单跨静定梁相同，可采用将各附属部分和基本部分的内力图拼合在一起的方法，或根据整体受力图直接绘制的方法。

2. 静定平面刚架的内力和内力图。

（1）刚架是由直杆（梁和柱）组成的结构，其几何组成特点是具有刚结点。刚架的变形特点是在刚结点处各杆的夹角始终保持不变。刚架的受力特点是刚结点可以承受和传递弯矩，弯矩是它的主要内力。

（2）静定平面刚架的内力计算和内力图绘制在方法上也和静定梁基本相同。需要注意的是，刚架的弯矩图通常不统一规定正负号，只强调弯矩图应绘制在杆件的受拉侧。刚架弯矩图用区段叠加法绘制比较简捷。

3. 静定平面桁架的内力。

（1）桁架是全部由链杆组成的结构。

（2）静定平面桁架内力计算的基本方法是结点法和截面法。

4. 三铰拱的反力、内力计算。

（1）拱是在竖向荷载作用下有水平推力的曲杆结构。在竖向荷载作用下有无水平推力，是拱和梁的基本区别。由于水平推力的存在，拱内各截面的弯矩要比相应的曲梁或简支梁的弯矩小得多。轴向压力是拱的主要内力。

（2）在已知荷载作用下，使拱身截面只有轴向压力的拱轴线称为合理拱轴线。合理拱轴线只是相对于某一种荷载情况而言的。当荷载的大小或作用位置改变时，合理拱轴线一般要发生相应的变化。

本单元的重点是各种静定结构的内力计算和内力图的绘制。

思 考 题

7.1 多跨静定梁、刚架、拱、桁架几种静定结构各自有什么组成特点和受力、变形特点？

7.2 分别说明多跨静定梁中基本部分与附属部分的几何组成和受力特点。

7.3 刚架的刚结点处弯矩图有何特点？

7.4 何谓零杆？怎样识别？零杆是否可以从桁架中撤去？为什么？

7.5 试比较拱与曲梁的受力特点。

习 题

一、填空题

1. 多跨静定梁由基本部分和附属部分组成，其计算顺序为先_____后_____。

2. 常见的静定刚架有_____、_____和_____三种。

3. 在桁架结构计算中，用结点法为_____力系，故只能求出_____根杆件的轴力。

4. 在桁架结构计算中，而用截面法为_____力系，故切取的研究对象一般不能超过_____根。

5. 组成桁架结构中各杆的内力只有_____。

二、单选题

1. 对静定结构进行内力分析时只需考虑（ ）。
   A. 变形条件　　　　　　　　B. 平衡条件
   C. 变形条件和平衡条件　　　D. 其他

2. 静定结构内力大小仅与（ ）有关。
   A. 荷载、支座位移　　　　　B. 荷载、温度变化
   C. 荷载、结构几何形状与尺寸　D. 荷载、杆件截面形状与尺寸

3. 三铰拱合理拱轴是指在给定荷载作用下三铰拱中（ ）的拱轴形状。
   A. 无弯矩、无剪力、只产生轴力　B. 无剪力、无轴力、只产生弯矩
   C. 无弯矩、无轴力、只产生剪力　D. 无弯矩、无剪力、无轴力

4. 在竖向荷载作用下，结构只产生竖向反力的称为（ ）式结构。
   A. 拱　　　B. 桁架　　　C. 梁　　　D. 不定

5. 刚性结点能承受（ ）内力。
   A. 弯矩　　B. 剪力　　　C. 轴力　　D. 前三项之和

三、判断题

1. 在竖向荷载作用下，拱式结构只能产生竖向反力。（ ）

2. 刚架具有刚性结点，所以刚架能承受弯矩、剪力和轴力。（ ）

3. 三铰刚架在竖向荷载作用下，要产生水平反力，所以为拱式结构。（ ）

4. 桁架结构中内力为零的杆件称为零杆。（ ）

5. 刚架结构中所有铰都能承受弯矩。（ ）

四、主观题

1. 作图示静定多跨梁的剪力图和弯矩图。

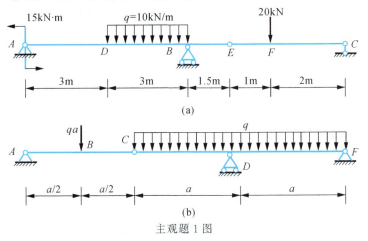

主观题 1 图

2. 作图示刚架的内力图。

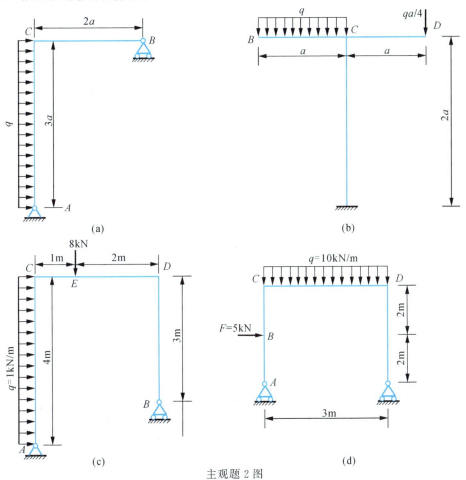

主观题 2 图

3. 作图示圆弧拱的支座反力，并求 K 截面的内力（轴力、剪力和弯矩）。

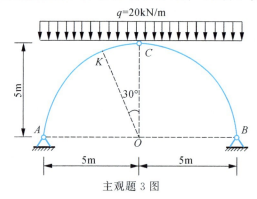

4. 求图示平面桁架各杆的内力。

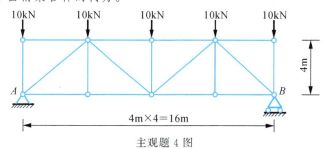

主观题 4 图

5. 求图示平面桁架指定杆 1、2、3、4 的内力。

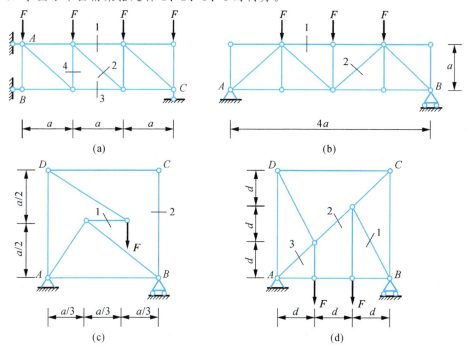

主观题 5 图

第 8 单元

静定结构的位移及刚度计算

> ☞ 【教学目标】
>
> 　　了解材料的力学性能的概念；熟悉低碳钢拉伸时的四个阶段、三个重要极限和六个指标；熟悉塑性材料和脆性材料的力学性能；能进行杆件在轴向拉压时的刚度计算；能进行梁在弯曲变形时的刚度计算；能进行简单结构的刚度校核。
>
> 【学习重点与难点】
>
> 　　塑性材料和脆性材料的力学性能，杆件在轴向拉压时的刚度计算，梁在弯曲变形时的刚度计算，简单结构的位移计算及刚度校核。

在日常生活中，人们常碰到这种现象，一扇木窗门在关门时不能很好地啮合，工人用锤轻轻敲打，木窗门产生一定量的变形，使木窗门啮合。若是钢窗门在关门时不能十分啮合，用锤轻轻敲打就不起作用了。这是为什么呢？我们下面来进行讨论。

8.1　材料的力学性能

　　材料在拉伸和压缩时的力学性能是指材料在受力过程中的强度和变形方面出现的特性，是解决强度、刚度和稳定性问题不可缺少的依据。

　　材料在拉伸和压缩时的力学性能是通过试验得出的。拉伸与压缩通常在万能材料试验机上进行。拉伸与压缩的试验过程：把不同材料按标准制成的试件装夹到试验机上，试验机对试件施加荷载，使试件产生变形甚至破坏。试验机上的测量装置测出试件在受荷载作用变形过程中所受荷载的大小及变形情况等数据，由此测出材料的力学性能。

　　本单元主要介绍在常温、静载条件下塑性材料和脆性材料在拉伸和压缩时的力学性能。

8.1.1 标准试样

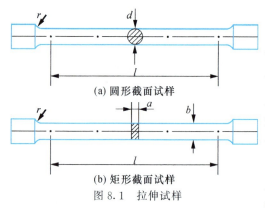

图 8.1 拉伸试样
(a) 圆形截面试样
(b) 矩形截面试样

试样的形状尺寸取决于被试验的金属产品的形状与尺寸。通常从产品、压制坯或铸锭切取样坯经机加工制成试样（图 8.1）。试样原始**标距**与原始横截面面积有 $l_0 = k\sqrt{A}$ 关系者称为**比例试样**。国际上使用的比例系数 k 的值为 5.65。若 k 为 5.65 时 l_0 不能符合这一最小标距要求，可以采取较高的值（优先采用 11.3）。采用圆形试样时，换算后有 $l_0 = 5d$ 和 $l_0 = 10d$ 两种。试样按照 GB/T2975—1998 的要求切取样坯和制备。

8.1.2 低碳钢拉伸时的力学性能

低碳钢为典型的塑性材料，在**应力-应变图形**中（图 8.2）呈现如下四个阶段。

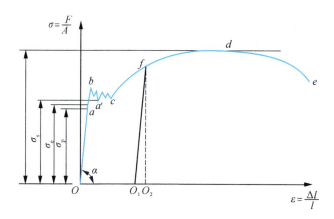

图 8.2 低碳钢拉伸应力-应变图形

1. 弹性阶段（Oa' 段）

Oa 段为直线段，a 点对应的应力称为**比例极限**，用 σ_p 表示。此阶段内正应力和正应变成线性正比关系，即遵循胡克定律，$\sigma = E\varepsilon$。设直线的斜角为 α，则可得弹性模量 E 和 α 的关系为

$$\tan\alpha = \frac{\sigma}{\varepsilon} = E \tag{8.1}$$

a 和 a' 点非常靠近，aa' 线段微弯，若自 a' 点以前卸载，试样无塑性变形，a' 对应的应力称为**弹性极限**，用 σ_e 表示。弹性极限与比例极限非常接近，但是物理意义是不同的。

2. 屈服阶段（bc 段）

超过比例极限之后，应力和应变之间不再保持正比关系。过 b 点，应力变化不大，应变急剧增大，曲线上出现水平锯齿形状，材料失去继续抵抗变形的能力，发生**屈服**现象，一般称试样发生屈服而应力首次下降前的最高应力（b 点）为**上屈服强度**（上屈服极限）；在屈服期间，不计初始瞬时效应时的最低应力（b'）称为下屈服强度（下屈服极限）。工程上常称下屈服强度为材料的**屈服极限**，用 σ_s 表示。材料屈服时，在光滑试样表面可以观察到与轴线成 45°的纹线，称为滑移线［图 8.3 (a)］，它是屈服时晶格发生相对错动的结果。

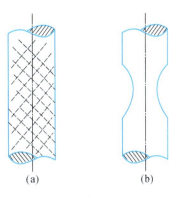

图 8.3　低碳钢拉伸

3. 强化阶段（cd 段）

经过屈服阶段，材料晶格重组后又增加了抵抗变形的能力，要使试件继续伸长就必须再增加拉力，这一阶段称为强化阶段。曲线最高点 d 处的应力称为**强度极限**，用 σ_b 表示，代表材料破坏前能承受的最大应力。

在强化阶段某一点 f 处缓慢卸载，则试样的应力-应变曲线会沿着 fO_1 回到 O_1 点，从图上观察，直线 fO_1 近似平行于直线 Oa。图中 O_1O_2 表示恢复的弹性变形，OO_1 表示不能恢复的塑性变形。如果卸载后重新加载，则应力-应变曲线基本上沿着 O_1f 线上升到 f 点，然后仍按原来的应力-应变曲线变化，直至断裂。低碳钢经过预加载后（即从开始加载到强化阶段再卸载）材料的弹性强度提高，而塑性降低的现象称为**冷作硬化**。工程中常利用冷作硬化来提高材料的弹性强度，例如制造螺栓的棒材要先经过冷拔，建筑用的钢筋、起重用的钢索常利用冷作硬化来提高材料的弹性强度。材料经过冷作硬化后塑性降低，可以通过退火处理消除这一现象。

4. 局部变形阶段（de 段）

当应力增大到 σ_b 以后，即过 d 点后，试样变形集中到某一局部区域，由于该区域横截面的收缩，形成了如图 8.3 (b) 所示的"颈缩"现象。因局部横截面的收缩，试样再继续变形，所需的拉力逐渐减小，曲线自 d 点下降，最后在"颈缩"处被拉断。

在工程中，代表材料强度性能的主要指标是**屈服极限** σ_s 和**强度极限** σ_b。

在拉伸试验中，可以测得表示材料塑性变形能力的两个指标，即**伸长率**和**断面收缩率**。

（1）伸长率 δ

$$\delta = \frac{l_1 - l}{l} \times 100\% \tag{8.2}$$

式中，l——试验前在试样上确定的标距（一般是 $5d$ 或 $10d$）；

l_1——试样断裂后标距变化后的长度。

低碳钢的伸长率约为 26%～30%，工程上常以伸长率将材料分为两大类：$\delta \geq 5\%$ 的材料称为**塑性材料**，如钢、铜、铝、化纤等材料；$\delta < 5\%$ 的材料称为**脆性材料**，如灰铸铁、玻璃、陶瓷、混凝土等。

（2）断面收缩率 ψ

$$\psi = \frac{A - A_1}{A} \times 100\% \tag{8.3}$$

式中，A——试验前试样的横截面面积；

A_1——断裂后断口处的横截面面积。

低碳钢的断面收缩率约为 50%～60%。

8.1.3　其他材料拉伸时的力学性能

灰口铸铁是典型的脆性材料，其应力-应变图形是一微弯的曲线，如图 8.4 所示，图中没有明显的直线；无屈服现象，拉断时变形很小，其伸长率 $\delta<1$，强度指标只有强度极限 σ_b。由于灰口铸铁拉伸时没有明显的直线，工程上常将原点 O 与曲线上 $\frac{\sigma_b}{4}$ 处的点连成割线，以割线的斜率估算铸铁的弹性模量 E。

图 8.5 所示是几种塑性材料的应力-应变图形，从图中可以看出，高强钢、合金钢、低强钢的第一阶段相近，即这些材料的弹性模量 E 相近；有些材料，如黄铜、高碳钢 T10A、20Cr 等无明显屈服阶段，只有弹性阶段、强化阶段和局部变形阶段。

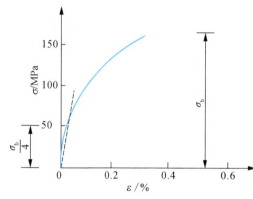

图 8.4　灰口铸铁应力-应变图形

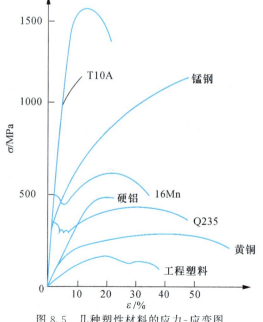

图 8.5　几种塑性材料的应力-应变图

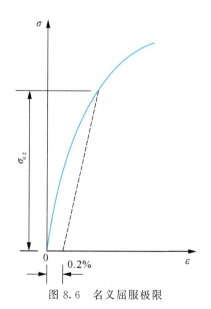

图 8.6　名义屈服极限

对于没有明显屈服阶段的塑性材料，通常以产生 0.2% 的塑性应变所对应的应力值作为屈服极限（图 8.6），称为**名义屈服极限**，用 $\sigma_{0.2}$ 表示（2002 年的标准称为规定残余延伸强度，用 R_r 表示，例如 $R_{r0.2}$ 表示规定残余延伸率为 0.2% 时的应力）。

8.1.4 材料压缩时的力学性能

金属材料的压缩试样一般制成短圆柱形，圆柱的高度约为直径的 1.5～3 倍，试样的上下平面有平整度和光洁度的要求。非金属材料如混凝土、石料等通常制成正方形。

低碳钢是塑性材料，压缩时的应力-应变图形如图 8.7 所示。和拉伸时的曲线相比较，可以看出，在屈服以前压缩时的曲线和拉伸时的曲线基本重合，而且 σ_p、σ_s、E 与拉伸时大致相等，屈服以后随着压力的增大，试样被压成"鼓形"，最后被压成"薄饼"而不发生断裂，所以低碳钢压缩时无强度极限。

铸铁是脆性材料，压缩时的应力-应变图形如图 8.8 所示。试样在较小变形时突然破坏，压缩时的强度极限远高于拉伸强度极限（约为 3～6 倍），破坏断面与横截面大致成 45°～55° 的倾角，根据应力分析，铸铁压缩破坏属于剪切破坏。

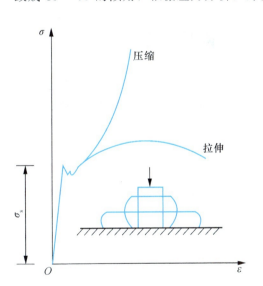

图 8.7 低碳钢压缩时的应力-应变图形

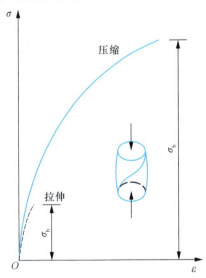

图 8.8 铸铁压缩时的应力-应变图形

建筑业用的混凝土压缩时的应力-应变图形如图 8.9 所示。从曲线上可以看出，混凝土的抗压强度要比抗拉强度高 10 倍左右。混凝土试样的压缩破坏形式与两端面所受摩擦阻力的大小有关。如图 8.10（a）所示，混凝土试样两端面加润滑剂后压坏时沿纵向开裂；如图 8.10（b）所示，试样两端面不加润滑剂，压坏时是由中间剥落而形成两个锥截面。

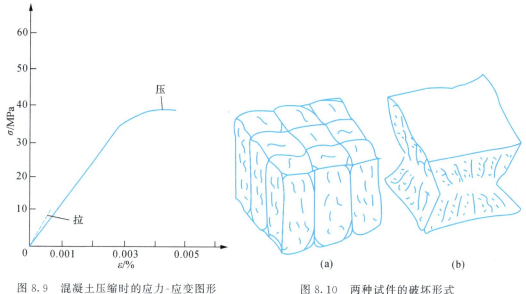

图 8.9 混凝土压缩时的应力-应变图形　　图 8.10 两种试件的破坏形式

8.2 拉压杆的变形及刚度计算

等直杆在轴向外力作用下主要变形为轴向伸长或缩短，同时横向缩短或伸长。若规定伸长变形为正，缩短变形为负，在轴向外力作用下，等直杆**轴向变形**和**横向变形**恒为异号。

8.2.1 轴向变形与胡克定律

图 8.11 所示为长为 l 的等直杆，在轴向力 F 作用下伸长了 $\Delta l = l_1 - l$，杆件横截面上的正应力为

$$\sigma = \frac{F}{A} = \frac{F_N}{A}$$

轴向正应变为

$$\varepsilon = \frac{\Delta l}{l} \tag{8.4}$$

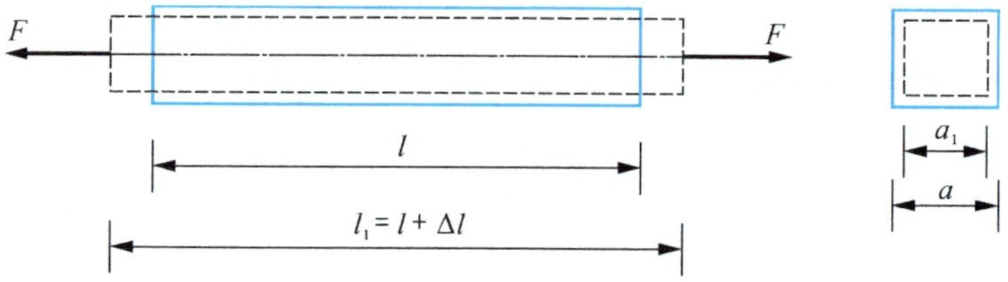

图 8.11

试验表明,当杆内的应力不超过材料的比例极限值,则正应力和正应变成线性正比关系,即

$$\sigma = E\varepsilon \tag{8.5}$$

式中,E——材料的**弹性模量**,其常用单位为 GPa（1GPa=10^9Pa）。

各种材料的弹性模量在设计手册中均可以查到。式（8.5）称为**胡克定律**,是英国科学家胡克（Robert Hooke,1635~1703 年）于 1678 年首次用试验方法论证了这种线性关系后提出的。胡克定律的另一种表达式为

$$\Delta l = \frac{F_N l}{EA} \tag{8.6}$$

式中,EA——杆的**拉压刚度**。

式（8.6）只适用于在杆长为 l 长度内,F_N、E、A 均为常值的情况下,即在杆为 l 长度内变形是均匀的情况。

8.2.2 横向变形与泊松比

横截面为正方形的等截面直杆在轴向外力 F 作用下边长由 a 变为 a_1,$\Delta a = a_1 - a$,则横向正应变为

$$\varepsilon' = -\frac{\Delta a}{a} \tag{8.7}$$

试验结果表明,当应力不超过一定限度时横向应变 ε' 与轴向应变 ε 之比的绝对值是一个常数,即

$$\nu = \left|\frac{\varepsilon'}{\varepsilon}\right|$$

式中,ν——**横向变形因数**或**泊松比**,是法国科学家泊松（Simon Denis Poisson,1781~1840 年）于 1829 年从理论上推演得出的结果,后又经试验验证。

考虑到杆件轴向正应变和横向正应变的正负号恒相反,常用如下表达式,即

$$\varepsilon' = -\nu\varepsilon \tag{8.8}$$

表 8.1 给出了常用材料的 E、ν 值。

表 8.1 常用材料的 E、ν 值

材料名称	牌号	E/GPa	ν
低碳钢	Q235	200~210	0.24~0.28
中碳钢	45	205	0.24~0.28
低合金钢	16Mn	200	0.25~0.30
合金钢	40CrNiMoA	210	0.25~0.30
灰口铸铁		60~162	0.23~0.27
球墨铸铁		150~180	
铝合金	LY12	71	0.33

续表

材料名称	牌号	E/GPa	ν
硬铝合金		380	
混凝土		15.2~36	0.16~0.18
木材（顺纹）		9.8~11.8	0.0539
木材（横纹）		0.49~0.98	

8.2.3 拉压杆的刚度计算

为了保证杆件在荷载作用下正常工作，杆件除满足强度要求外同时还需满足刚度要求。杆件的刚度要求控制杆件在荷载作用下产生的应变不超过材料的许用应变，即

$$\varepsilon_{max} = \{\varepsilon\} \tag{8.9}$$

式（8.9）称为杆件的**刚度条件**。根据杆件的刚度条件可进行以下三方面的刚度计算：①刚度校核；②截面设计；③许用荷载的计算。

同等直杆在轴向外力作用下发生变形，会引起杆上某点空间位置的改变，即产生了**位移**。位移与变形密切相关，一根轴向拉压杆的位移可以直接用变形来度量。在建筑行业中，由于构件的自重较大，在求其变形和位移时往往要考虑自重的影响。

【**例 8.1**】 阶梯形钢杆如图 8.12 所示，所受荷载 $F_1 = 30$kN，$F_2 = 10$kN，AC 段的横截面面积 $A_{AC} = 500$mm²，CD 段的横截面面积 $A_{CD} = 200$mm²，弹性模量 $E = 200$GPa，材料的许用应变 $\{\varepsilon\} = 2.5 \times 10^{-4}$，试求：

1）各段杆横截面上的内力和应力。
2）杆件内的最大正应力。
3）杆件的总变形。
4）杆件进行刚度校核。

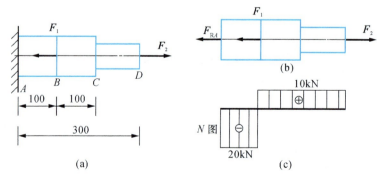

图 8.12 例 8.1 图

解 1）计算支反力。以杆件为研究对象，其受力图如图 8.12（b）所示。由平衡方程

$$\sum F_x = 0, \quad F_2 - F_1 - F_{RA} = 0$$
$$\boldsymbol{F}_{RA} = F_2 - F_1 = 10 - 30 = -20 \text{kN}$$

计算各段杆件横截面上的轴力。

AB 段：$F_{NAB} = F_{RA} = -20 \text{kN}$ （压力）

BD 段：$F_{NBD} = F_2 = 10 \text{kN}$ （拉力）

画出轴力图，如图 8.12（c）所示。

计算各段应力。

AB 段：$\sigma_{AB} = \dfrac{F_{NAB}}{A_{AC}} = \dfrac{-20 \times 10^3}{500} = -40 \text{MPa}$ （压应力）

BC 段：$\sigma_{BC} = \dfrac{F_{NBD}}{A_{AC}} = \dfrac{10 \times 10^3}{500} = 20 \text{MPa}$ （拉应力）

CD 段：$\sigma_{CD} = \dfrac{F_{NBD}}{A_{CD}} = \dfrac{10 \times 10^3}{200} = 500 \text{MPa}$ （拉应力）

2) 计算杆件内的最大的应力。最大正应力发生在 CD 段，其值为

$$\sigma_{\max} = \dfrac{10 \times 10^3}{200} = 50 \text{MPa}$$

3) 计算杆件的总变形。由于杆件各段的面积和轴力不一样，则应分段计算变形，再求代数和。

$$\Delta l = \Delta l_{AB} + \Delta l_{BC} + \Delta l_{CD} = \dfrac{F_{NAB} l_{AB}}{E A_{AC}} + \dfrac{F_{NBD} l_{BC}}{E A_{AC}} + \dfrac{F_{NBD} l_{CD}}{E A_{CD}}$$
$$= \dfrac{1}{200 \times 10^3} \times \left(\dfrac{-20 \times 10^3 \times 100}{500} + \dfrac{10 \times 10^3 \times 100}{500} + \dfrac{10 \times 10^3 \times 100}{200} \right)$$
$$= 0.015 \text{mm}$$

即整个杆件伸长 0.015mm。

4) 求最大应变并进行刚度校核。

$$\varepsilon_{\max} = \dfrac{\sigma_{\max}}{E} = \dfrac{50}{2 \times 10^5} = 2.5 \times 10^{-4} \leqslant [\varepsilon] = 2.5 \times 10^{-4}$$

该杆件满足刚度条件。

实例点评

该实例说明了在静定结构条件下杆件的内力、应力、应变、变形与杆件所受的外力、截面、材料、杆长之间的计算关系。

※8.3　等直圆轴扭转时的变形及刚度条件

8.3.1　圆轴扭转时的变形

轴的扭转变形用两横截面的**相对扭转角**表示，由计算公式 $\dfrac{\mathrm{d}\varphi}{\mathrm{d}x} = \dfrac{T}{G I_p}$ 可求 $\mathrm{d}x$ 段的相

对扭转角。

$$\mathrm{d}\varphi = \frac{T}{GI_\mathrm{p}}\mathrm{d}x$$

当扭矩为常数，且 GI_p 也为常量时，相距长度为 l 的两横截面的相对扭转角为

$$\varphi = \int_l \mathrm{d}\varphi = \int_l \frac{T}{DI_\mathrm{p}}\mathrm{d}x = \frac{Tl}{GI_\mathrm{p}} \quad [\mathrm{rad}(弧度)] \tag{8.10}$$

式中，GI_p——圆轴的**扭转刚度**，它表示轴抵抗扭转变形的能力。

相对扭转角的正负号由扭矩的正负号确定，即正扭矩产生正扭转角，负扭矩产生负扭转角。

若两横截面之间 T 有变化，或极惯性矩 I_p 变化，抑或材料不同（切变模量 G 变化），则应通过积分或分段计算出各段的扭转角，然后代数相加，即

$$\varphi = \sum_{i=1}^n \frac{T_i l_i}{G_i I_{\mathrm{p}i}}$$

在工程中，对于受扭转圆轴的刚度通常用相对扭转角沿杆长度的变化率 $\mathrm{d}\varphi/\mathrm{d}x$ 来度量，用 θ 表示，称为**单位长度扭转角**，即

$$\theta = \frac{\mathrm{d}\varphi}{\mathrm{d}x} = \frac{T}{GI_\mathrm{p}} \tag{8.11}$$

8.3.2 圆轴扭转的刚度条件

工程中轴类构件除应满足强度要求外，对其扭转变形也有一定要求。例如，汽车车轮轴的扭转角过大，汽车在高速行驶或紧急刹车时就会跑偏而造成交通事故；车床传动轴扭转角过大会降低加工精度，对于精密机械，刚度的要求比强度更严格。下式即为刚度条件，即

$$\theta_{\max} \leqslant [\theta] \tag{8.12}$$

在工程中，$[\theta]$ 的单位习惯用（°）/m（度/米）表示。将上式中的弧度换算为度，得

$$\theta_{\max} = \left(\frac{T}{GI_\mathrm{p}}\right)_{\max} \times \frac{180}{\pi} \leqslant [\theta]$$

对于等截面圆轴，即为

$$\theta_{\max} = \frac{T_{\max}}{GI_\mathrm{p}} \times \frac{180}{\pi} \leqslant [\theta]$$

许用扭转角 $[\theta]$ 的数值根据轴的使用精密度、生产要求和工作条件等因素确定，对一般传动轴，$[\theta]$ 为 $0.5\sim1/\mathrm{m}$；对于精密机器的轴，$[\theta]$ 取值一般为 $0.15\sim0.30°/\mathrm{m}$。

【例 8.2】 轴受力如图 8.13 所示，轴的直径 $d=50\mathrm{mm}$，切变模量 $G=80\mathrm{GPa}$，试计算该轴两端面之间的扭转角。

解 轴两端面之间的扭转角 φ_{AD} 为

$$\varphi_{AD}=\varphi_{AB}+\varphi_{BC}+\varphi_{CD}$$

1) 作扭矩图 [图 8.13 (b)]。

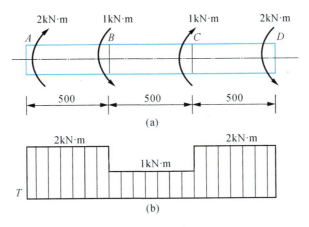

图 8.13　例 8.2 图

2) 分段求扭转角。

$$\varphi_{AD}=\frac{T_{AB}l}{GI_{p}}+\frac{T_{BC}l}{GI_{p}}+\frac{T_{CD}l}{GI_{p}}=\frac{l}{GI_{p}}(2T_{AB}+T_{BC})$$

式中,

$$I_{p}=\frac{\pi d^{4}}{32}=\frac{\pi}{32}\times(50)^{4}=61.36\times10^{4}\mathrm{mm}^{4}$$

$$\varphi_{AD}=\frac{500}{80\times10^{3}\times61.36\times10^{4}}\times(2\times2\times10^{6}+1\times10^{6})$$

$$=0.051\mathrm{rad}$$

实例点评

在计算扭转角时要注意式 (8.10) 的应用条件,在 l 长度内扭矩、切变模量、传动轴面积均为常数时可直接用,不为常数时要分段计算后相加。

【**例 8.3**】　主传动钢轴传递功率 $P=60\mathrm{kW}$,转速 $n=250\mathrm{r/min}$,传动轴的许用切应力 $[\tau]=40\mathrm{MPa}$,许用单位长度扭转角 $[\theta]=0.5°/\mathrm{m}$,切变模量 $G=80\mathrm{GPa}$,试计算传动轴所需的直径。

解　1) 计算轴的扭矩。

$$T=9549\times\frac{60\mathrm{kW}}{250}=2292\mathrm{N\cdot m}$$

2) 根据强度条件求所需轴的直径。

$$\tau=\frac{T}{W_{P}}=\frac{16T}{\pi d^{3}}\leqslant[\tau]$$

$$d\geqslant\sqrt[3]{\frac{16T}{\pi[\tau]}}=\sqrt[3]{\frac{16\times2292\times10^{3}}{\pi\times40}}=66.3\mathrm{mm}$$

3）根据圆轴扭转的刚度条件求直径。

$$\theta = \frac{T}{GI_P} \times \frac{180}{\pi} \leqslant [\theta]$$

$$d \geqslant \sqrt[4]{\frac{32T}{G\pi[\theta]}} = \sqrt[4]{\frac{32 \times 2292 \times 10^3}{80 \times 10^3 \times 0.5 \times \frac{\pi}{180} \times \pi}} = 76\text{mm} > 66.3\text{mm}$$

故应按刚度条件确定传动轴的直径，取 $d = 76\text{mm}$。

8.4 梁的变形及刚度计算

为了保证梁在荷载作用下的正常工作，梁除满足强度要求外同时还需满足刚度要求。刚度要求控制梁在荷载作用下产生的变形在一定限度内，否则会影响结构的正常使用。例如，楼面梁变形过大时会使下面的抹灰层开裂、脱落；吊车梁的变形过大时将影响吊车的正常运行等。

8.4.1 挠度和转角

梁在荷载作用下产生弯曲变形后其轴线为一条光滑的平面曲线，此曲线称为梁的挠曲线或梁的弹性曲线。如图 8.14 所示的悬臂梁，AB 表示梁变形前的轴线，AB' 表示梁变形后的挠曲线。

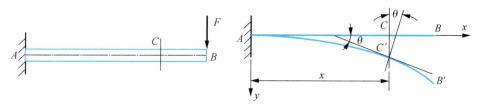

图 8.14 梁的挠曲线

1. 挠度

梁任一横截面形心在垂直于梁轴线方向的竖向位移 CC' 称为**挠度**，用 y 表示，单位为 mm，并规定向下为正。

2. 转角

梁任一横截面相对于原来位置所转动的角度称为该截面的**转角**，用 θ 表示，单位为 rad（弧度），并规定顺时针转向为正。

8.4.2 用叠加法求梁的变形

由于梁的变形与荷载成线性关系，所以可以用叠加法计算梁的变形，即先分别计算每一种荷载单独作用时所引起梁的挠度或转角，然后将它们代数相加，就得到梁在几种荷载共同作用下的挠度或转角，这种方法称为叠加法。

梁在简单荷载作用下的挠度和转角可从表 8.2 中查得。

表 8.2　梁在简单荷载作用下的挠度和转角

支承和荷载情况	梁端转角	最大挠度	挠曲线方程式
悬臂梁，自由端集中力 F	$\theta_B = \dfrac{Fl^2}{2EI_z}$	$y_{\max} = \dfrac{Fl^3}{3EI_z}$	$y = \dfrac{Fx^2}{6EI_z}(3l-x)$
悬臂梁，中间集中力 F（距固定端 a）	$\theta_B = \dfrac{Fa^2}{2EI_z}$	$y_{\max} = \dfrac{Fa^2}{6EI_z}(3l-a)$	$y = \dfrac{Fx^2}{6EI_z}(3a-x),\ 0\le x\le a$ $y = \dfrac{Fa^2}{6EI_z}(3x-a),\ a\le x\le l$
悬臂梁，均布荷载 q	$\theta_B = \dfrac{ql^3}{6EI_z}$	$y_{\max} = \dfrac{ql^4}{8EI_z}$	$y = \dfrac{qx^2}{24EI_z}(x^2+6l^2-4lx)$
悬臂梁，自由端力偶 M_e	$\theta_B = \dfrac{M_e l}{EI_z}$	$y_{\max} = \dfrac{M_e l^2}{2EI_z}$	$y = \dfrac{M_e x^2}{2EI_z}$
简支梁，跨中集中力 F	$\theta_A = -\theta_B = \dfrac{Fl^2}{16EI_z}$	$y_{\max} = \dfrac{Fl^3}{48EI_z}$	$y = \dfrac{Fx}{48EI_z}(3l^2-4x^2),\ 0\le x\le \dfrac{l}{2}$
简支梁，均布荷载 q	$\theta_A = -\theta_B = \dfrac{ql^3}{24EI_z}$	$y_{\max} = \dfrac{5ql^4}{384EI_z}$	$y = \dfrac{qx}{24EI_z}(l^3-2lx^2+x^3)$
简支梁，中间集中力 F（a,b）	$\theta_A = \dfrac{Fab(l+b)}{6lEI_z}$ $\theta_B = \dfrac{-Fab(l+a)}{6lEI_z}$	$y_{\max} = \dfrac{Fb}{9\sqrt{3}\,lEI}\times(l^2-b^2)^{3/2}$ 在 $x = \dfrac{\sqrt{l^2-b^2}}{3}$ 处	$y = \dfrac{Fbx}{6lEI_z}(l^2-b^2-x^2)x,\ 0\le x\le a$ $y = \dfrac{F}{EI_z}\left[\dfrac{b}{6l}(l^2-b^2-x^2)x+\dfrac{1}{6}(x-a)^3\right],\ a\le x\le l$

【例 8.4】 试用叠加法计算图 8.15 所示简支梁的跨中挠度 y_C 与 A 截面的转角 θ_A。

解　可先分别计算 q 与 F 单独作用下的跨中挠度 y_{C1} 和 y_{C2}，由表 8.2 查得

$$y_{C1} = \frac{5ql^4}{384EI}$$

$$y_{C2} = \frac{Fl^3}{48EI}$$

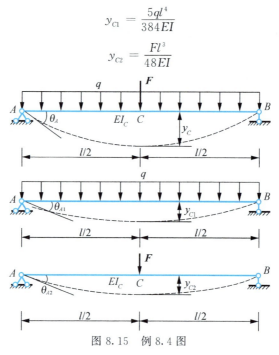

图 8.15　例 8.4 图

Q、F 共同作用下的跨中挠度则为

$$y_C = y_{C1} + y_{C2} = \frac{5ql^4}{384EI} + \frac{Fl^3}{48EI}$$

同样，也可求得 A 截面的转角为

$$\theta_A = \theta_{A1} + \theta_{A2} = \frac{ql^3}{24EI} + \frac{Fl^2}{16EI}$$

【例 8.5】 试用叠加法求图 8.16 所示悬臂梁自由端 C 点的挠度 y_C 与 C 截面的转角 θ_C。

解　1) 为了应用叠加法，将均布荷载向左延长至 A 端，为与原梁的受力状况等效，在延长部分加上等值反向的均布荷载，如图 8.16 (b) 所示。

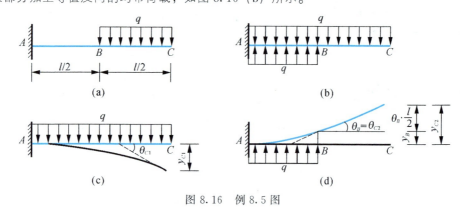

图 8.16　例 8.5 图

2) 将梁分解为图 8.16 (c) 和图 8.16 (d) 所示的两种简单受力情况。

由表 8.2 查得图 (c) 梁：

$$y_{C1} = \frac{ql^4}{8EI}, \; \theta_{C1} = \frac{ql^3}{6EI}$$

图 (d) 梁：

$$y_B = -\frac{q(l/2)^4}{8EI} = -\frac{ql^4}{128EI}$$

$$Q_B = -\frac{q(l/2)^3}{6EI} = -\frac{ql^3}{48EI}$$

由于

$$\theta_{C2} = \theta_B = -\frac{ql^3}{48EI}$$

所以

$$y_{C2} = y_B + \theta_B \times \frac{l}{2} = -\frac{7ql^4}{384EI}$$

3）叠加求梁自由端 C 截面的挠度和转角。

C 截面的挠度为

$$y_C = y_{C1} + y_{C2} = \frac{ql^4}{8EI} - \frac{7ql^4}{384EI} = \frac{41ql^4}{384EI}$$

C 截面的转角为

$$\theta_C = \theta_{C1} + \theta_{C2} = \frac{ql^3}{6EI} - \frac{ql^3}{48EI} = \frac{7ql^3}{48EI}$$

8.4.3 梁的刚度条件

在建筑工程中通常只校核梁的最大挠度，用 $[f]$ 表示梁的许用挠度。通常是以挠度的许用值 $[f]$ 与梁跨长 l 的比值 $\left[\dfrac{f}{l}\right]$ 作为校核的标准，即梁在荷载作用下产生的最大挠度 $f = y_{max}$ 与跨长 l 的比值不能超过 $\left[\dfrac{f}{l}\right]$，即

$$\frac{f}{l} = \frac{y_{max}}{l} \leqslant \left[\frac{f}{l}\right] \tag{8.13}$$

式（8.13）就是梁的刚度条件。

一般钢筋混凝土梁的 $\dfrac{f}{l} = \dfrac{1}{200} \sim \dfrac{1}{300}$；

钢筋混凝土吊车梁的 $\dfrac{f}{l} = \dfrac{1}{500} \sim \dfrac{1}{600}$。

工程设计中，一般先按强度条件设计，再用刚度条件校核。

【例 8.6】 一简支梁由 28b 号工字钢制成，跨中承受一集中荷载，如图 8.17 所示。已知 $F = 20$kN，$l = 8$m，$E = 210$GPa，$[\sigma] = 170$MPa，$\dfrac{f}{l} = \dfrac{1}{500}$，试校核梁的强度和刚度。

解 1）计算最大弯矩。

$$M_{max} = \frac{Fl}{4} = \frac{20 \times 9}{4} = 45 \text{kN} \cdot \text{m}$$

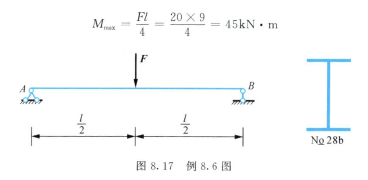

图 8.17　例 8.6 图

2) 由型钢表查得 28b 号工字钢的有关数据为

$$W_z = 534.286 \text{cm}^3$$
$$I_z = 7480.006 \text{cm}^4$$

3) 校核强度。

$$\sigma_{max} = \frac{M_{max}}{W_z} = \frac{45 \times 10^6}{534.268 \times 10^3} = 84.2 \text{MPa} < [\sigma] = 170 \text{MPa}$$

梁满足强度条件。

4) 校核刚度。

$$\frac{f}{l} = \frac{Fl^2}{48EI_z} = \frac{20 \times 10^3 \times (9 \times 10^3)^2}{48 \times 210 \times 10^3 \times 7480.006 \times 10^4} = \frac{1}{465} > \left[\frac{f}{l}\right] = \frac{1}{500}$$

梁不满足刚度条件，需增大截面。试改用 32a 号工字钢，其 $I_z = 11\,075.525 \text{cm}^4$，则

$$\frac{f}{l} = \frac{20 \times 10^3 \times (9 \times 10^3)^2}{48 \times 210 \times 10^3 \times 11\,075.525 \times 10^4} = \frac{1}{689} < \left[\frac{f}{l}\right] = \frac{1}{500}$$

改用 32a 号工字钢后满足刚度条件。

8.4.4　提高梁刚度的措施

由表 8.2 可知，梁的最大挠度与梁的荷载、跨度 l、抗弯刚度 EI 等有关，因此要提高梁的刚度，需从以下几方面考虑。

1. 提高梁的抗弯刚度 EI

梁的变形与 EI 成反比，增大梁的 EI 将使梁的变形减小。由于同类材料的 E 值都相差不多，因而只能设法增大梁横截面的惯性矩 I。在面积不变的情况下采用合理的截面形状，例如采用工字形、箱形及圆环形等截面可提高惯性矩 I，从而也就提高了 EI。

2. 减小梁的跨度

梁的变形与梁的跨长 l 的 n 次幂成正比，设法减小梁的跨度，将会有效地减小梁的变形。例如，将简支梁的支座向中间适当移动，变成外伸梁，或在梁的中间增加支座，都是减小梁的变形的有效措施。

3. 改善荷载的分布情况

在结构允许的条件下合理地调整荷载的作用位置及分布情况，以降低最大弯矩，从而可减小梁的变形。例如，将集中力分散作用，或改为分布荷载，都可起到降低弯矩、减小变形的作用。

8.5 静定结构的位移计算

8.5.1 计算结构位移的目的

建筑结构在施工和使用过程中常会发生变形，由于结构变形，其上各点或截面位置将发生改变，称为结构的位移。如图 8.18（a）所示，在荷载作用下结构产生变形，如图中虚线所示，使截面的形心 A 点沿某一方向移到 A' 点，线段 AA' 称为 A 点的线位移，一般用符号 Δ_A 表示。它也可用竖向线位移 Δ_A^V 和水平线位移 Δ_A^H 两个位移分量来表示，如图 8.18（b）所示。同时，此截面还转动了一个角度，称为该截面的角位移，用 φ_A 表示。

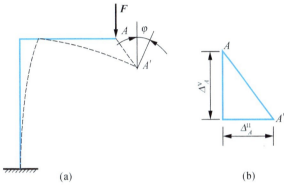

图 8.18 刚架的变形

使结构产生位移的原因除了荷载作用外，还有温度改变使材料膨胀或收缩、结构构件的尺寸在制造过程中发生误差、基础的沉陷或结构支座产生移动等，本章主要讨论荷载作用、基础沉陷或结构支座产生移动而引起的结构的位移。

位移的计算是结构设计中经常会遇到的问题。计算位移的目的有两个：

1) 确定结构的刚度。在结构设计中除了满足强度要求外，还要求结构有足够的刚度，即在荷载作用下（或其他因素作用下）不致发生过大的位移。例如，吊车梁的最大挠度不得超过跨度的 $\dfrac{1}{600}$，楼板主梁的挠度不得超过跨度的 $\dfrac{1}{400}$。此外，在结构的制作、施工等过程中也常需预先知道结构变形后的位置，以便作出一定的施工措施，因而也需要计算其位移。

2) 为计算超静定结构打下基础。因为超静定结构的内力单由静力平衡条件是不能全部确定的，还必须考虑变形条件，而建立变形条件时就需要计算结构的位移。

8.5.2 结构位移计算的一般公式

结构的位移计算问题本身是个几何问题，我们知道，若按几何关系和边界条件求解，计算过程是很复杂的。现在我们运用虚功原理来解决这类问题。

应用虚功原理，也就是要确定两个彼此独立的状态——力状态和位移状态。位移状态是给定的，力状态则可根据解决的实际问题来虚拟。考虑到下面两方面因素，一方面为了便于求出位移 Δ，另一方面为了便于计算，在选择虚拟力系时应只在拟求位移

Δ 的方向设置一单位荷载 $P_K=1$。由于单位荷载的作用，支座处将产生由单位力引起的反力，这样就构成了一组虚拟状态的平衡力系——力状态。

根据以上两种状态计算虚拟力状态的外力和内力在相应的实际位移状态上所做的虚功，便是平面杆件结构位移计算的一般公式，即

$$\Delta_K = -\sum \overline{R}c + \sum \int \overline{N}du + \sum \int \overline{M}d\varphi + \sum \int \overline{Q}rds \tag{8.14}$$

这种计算位移的方法称为**单位荷载法**。

设置单位荷载时应注意下面两个问题：

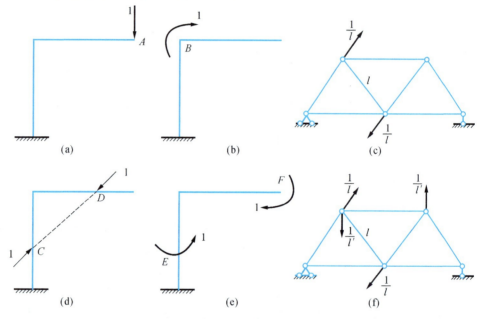

图 8.19 单位荷载的设置

1) 虚拟单位力 $P=1$ 必须与所求位移相对应。欲求结构上某一点沿某个方向的线位移，则应在该点所求位移方向加一个单位力 [图 8.19（a）]；欲求结构上某一截面的角位移，则在该截面处加一单位力偶 [图 8.19（b）]；求桁架某杆的角位移时，在该杆两端加一对与杆轴垂直的反向平行力，使其构成一个单位力偶，力偶中每个力都等于 $\dfrac{1}{l}$ [图 8.19（c）]；求结构上某两点 C、D 的相对位移时，在此两点连线上加一对方向相反的单位力 [图 8.19（d）]；求结构上某两个截面 E、F 的相对角位移时，在此两截面上加一对转向相反的单位力偶 [图 8.19（e）]；求桁架某两杆的相对角位移时，在此两杆上加两个转向相反的单位力偶 [图 8.18（f）]。

2) 因为所求的位移方向是未知的，所以虚拟单位力的方向可以任意假定。若计算结果为正，表示实际位移的方向与虚拟力的方向一致；反之，则其方向与虚拟力的方向相反。

这样，虚功方程中单位荷载在拟求位移 Δ 上所作的虚功 $1 \times \Delta$ 数值上就等于拟求位移 Δ。

8.5.3 静定结构在荷载作用下的位移计算

1. 积分法

若静定结构的位移仅仅是由荷载作用引起的，则 $c=0$，因此式（8.14）可改写为

$$\Delta_{KP} = \sum \int \overline{M} d\varphi_P + \sum \int \overline{N} du_P + \sum \int \overline{Q} r ds \qquad (8.15)$$

式中，$\overline{M}$，$\overline{N}$，$\overline{Q}$——虚设力状态中微段上的内力；

$d\varphi_P$，du_P，ds_P——实际状态中微段 ds 在荷载作用下产生的变形。

通过前面的学习已知

$$d\varphi_P = \frac{1}{\rho} ds = \frac{M_P}{EI} ds$$

$$du_P = \frac{N_P}{EA} ds$$

$$rds_P = \frac{\tau}{G} ds = K \frac{Q_P}{GA} ds$$

将上式代入式（8.15）中，得

$$\Delta_{KP} = \sum \int \frac{\overline{M} M_P}{EI} ds + \sum \int K \frac{\overline{Q} Q_P}{GA} ds + \sum \int \frac{\overline{N} N_P ds}{EA} \qquad (8.16)$$

式中，$\overline{M}$，$\overline{N}$，$\overline{Q}$——虚设力引起的内力；

M_P，Q_P，N_P——实际荷载引起的内力；

EI、EA、GA——杆件的抗弯、抗拉（压）、抗剪刚度；

K——剪切应力不均匀系数，其值与截面形状有关，对于矩形截面 $K=1.2$，圆形截面 $K=\frac{10}{9}$，工字形截面 $K \approx \frac{A}{A'}$，其中，A 为截面的总面积，A' 为腹板截面的面积。

这就是结构在荷载作用下的位移计算公式。式（8.16）中右边三项分别代表虚拟状态下的内力（$\overline{M}$，$\overline{Q}$，$\overline{N}$）在实际状态相应的变形上所作的虚功。

在实际计算中，根据结构的具体情况，式（8.16）可简化为如下公式。

对于梁和刚架，其位移主要是由弯矩引起的，式（8.16）可简化为

$$\Delta_{KP} = \sum \int \frac{\overline{M} M_P}{EI} ds \qquad (8.17)$$

但在扁平拱中，除弯矩外有时要考虑轴向变形对位移的影响。

对于桁架，因为只有轴力，且同一杆件的轴力 $\overline{N}$，N_P 及 EA 沿杆长 l 均为常数，故式（8.16）可简化为

$$\Delta_{KP} = \sum \frac{\overline{N} N_P l}{EA} \qquad (8.18)$$

【例 8.7】 试求图 8.20（a）0 所示刚架 A 点的竖向位移 Δ_A^V，各杆材料相同，截面的

I、A 均为常数。

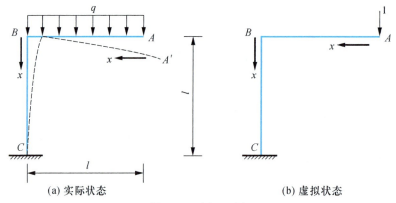

图 8.20 例 8.7 图

解 1）在 A 点加一竖向单位荷载作为虚拟状态 [图 8.20（b）]，并分别设各杆的 x 坐标如图所示，则各杆内力方程为

AB 段：$\overline{M}=-x$，$\overline{N}=0$，$\overline{Q}=1$

BC 段：$\overline{M}=-l$，$\overline{N}=-1$，$\overline{Q}=0$

2）在实际状态中 [图 8.20（a）] 各杆内力方程为

AB 段：$M_P=-\dfrac{qx^2}{2}$，$N_P=0$，$Q_P=qx$

BC 段：$M_P=-\dfrac{ql^2}{2}$，$N_P=-ql$，$Q_P=0$

3）将内力方程代入式（8.17），得

$$\Delta_A^V=\sum\int\frac{\overline{M}M_P\mathrm{d}s}{EI}+\sum\int\frac{\overline{N}N_P\mathrm{d}s}{EA}+\sum\int\frac{k\overline{Q}Q_P\mathrm{d}s}{EA}$$

$$=\int_0^l(-x)\left(-\frac{qx^2}{2}\right)\frac{\mathrm{d}x}{EI}+\int_0^l(-l)\left(-\frac{ql^2}{2}\right)\frac{\mathrm{d}x}{EI}+\int_0^l(-1)(-ql)\frac{\mathrm{d}x}{EA}$$

$$+\int_0^l k(+1)(qx)\frac{\mathrm{d}x}{GA}$$

$$=\frac{5}{8}\frac{ql^4}{EI}+\frac{ql^2}{EA}+\frac{kql^2}{2GA}\left(1+\frac{8}{5}\frac{I}{Al^2}+\frac{4}{5}\frac{kEI}{GAl^2}\right)$$

4）讨论。在上式中，第一项为弯矩的影响，第二、三项分别为轴力和剪力的影响。若设杆件的截面为矩形，其宽度为 b、高度为 h，则有 $A=bh$，$I=\dfrac{bh^3}{12}$，$k=1.2$，代入上式，得

$$\Delta_A^V=\frac{5}{8}\frac{ql^4}{EI}\left[1+\frac{2}{15}\left(\frac{h}{l}\right)^2+\frac{2}{25}\frac{E}{G}\left(\frac{h}{l}\right)^2\right]$$

可以看出，杆件截面高度与杆长之比 h/l 愈大，则轴力和剪力的影响所占的比重愈大。例如，$\dfrac{h}{l}=\dfrac{1}{10}$，并取 $G=0.4E$，可算得

$$\Delta_A^V=\frac{5}{8}\frac{ql^4}{EI}\left[1+\frac{1}{750}+\frac{1}{500}\right]$$

可见，此时轴力和剪力的影响是不大的，因此可以略去。

【例8.8】 试求图8.21（a）所示等截面简支梁中点 C 的竖向位移 Δ_C^V，已知 $EI=$ 常数。

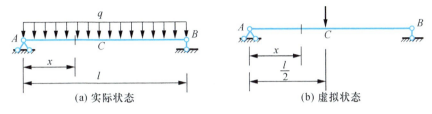

图 8.21 例 8.8 图

解 1）在 C 点加一竖向单位荷载作为虚拟状态 [图 8.21（b）]，分段列出单位荷载作用下梁的弯矩方程。设以 A 为坐标原点，则当 $0 \leqslant x \leqslant \dfrac{l}{2}$ 时有

$$\overline{M} = \frac{1}{2}x$$

2）实际状态下 [图 8.21（a）] 杆的弯矩方程为

$$M_P = \frac{q}{2}(lx - x^2)$$

3）因为结构对称，所以由式（8.14），得

$$\Delta_C^V = 2\int_0^{\frac{l}{2}} \frac{1}{EI} \times \frac{x}{2} \times \frac{q}{2}(lx - x^2)\mathrm{d}x$$

$$= \frac{q}{2EI}\int_0^{\frac{l}{2}}(lx^2 - x^3)\mathrm{d}x = \frac{5ql^4}{384EI}(\downarrow)$$

计算结果为正，说明 C 点竖向位移的方向与虚拟单位荷载的方向相同，为向下。

【例8.9】 图 8.22（a）所示桁架各杆 $EA=$ 常数，求结点 C 的竖向位移 Δ_C^V。

解 1）为求 C 点的竖向位移，在 C 点加一竖向单位力，并求出 $P_K=1$ 引起的各杆轴力 $\overline{N}$ [图 8.22（b）]。

2）求出实际状态下各杆的轴力 N_P [图 8.21（a）]。

3）将各杆 $\overline{N}$，N_P 及其长度列入表 8.3 中，再运用公式进行运算。

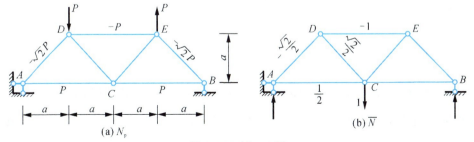

图 8.22 例 8.9 图

因为该桁架是对称的，所以由公式（8.18）得

$$\Delta_C^V = \sum \frac{1}{EA}\overline{N}N_P l = (2\sqrt{2}+2+2+0)\frac{Pa}{EA}$$

$$= (\sqrt{2}+2)\frac{2Pa}{EA} = 6.83\frac{Pa}{EA}(\downarrow)$$

计算结果为正，说明 C 点的竖向位移与假设的单位力方向相同，即向下。

如果桁架中有较多的杆件内力为零，计算较为简单时可不列表，直接代入公式即可。

表 8.3 桁架位移计算

杆件	$\overline{N}$	N_P	l	$\overline{N}N_P l$
AD	$-\frac{\sqrt{2}}{2}$	$-\sqrt{2}P$	$\sqrt{2}a$	$\sqrt{2}aP$
AC	$\frac{1}{2}$	P	$2a$	Pa
DE	-1	$-P$	$2a$	$2Pa$
DC	$\frac{\sqrt{2}}{2}$	0	$\sqrt{2}a$	0

2 图乘法

图乘法是梁和刚架在荷载作用下位移计算的一种工程实用方法。在数学上该方法是积分式的一种简化，可避免列内力方程及解积分式。图乘法是本章重点之一。

（1）图乘条件

在应用公式

$$\Delta = \sum \int \frac{\overline{M}M_P}{EI}ds$$

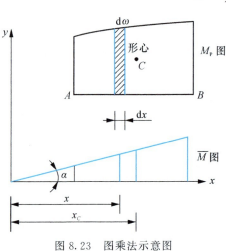

图 8.23 图乘法示意图

计算梁或刚架的位移时，结构的各杆段若满足以下三个条件，就可以用图乘法来计算：

1) EI 为常数。
2) 杆轴为直线。
3) $\overline{M}$ 和 M_P 两个弯矩图中至少有一个为直线图形。

如图 8.23 所示为一等截面直杆 AB 的两个弯矩图，假设 $\overline{M}$ 图为一段直线形，而 M_P 图为任意一图形，则

$$\overline{M} = x\tan\alpha$$

阴影线面积

$$d\omega = M_P dx$$

而且 $xd\omega$ 为 M_P 图微面积对 y 轴的静矩，则 $\int_A^B xd\omega$ 为整个 M_P 图的面积对 y 轴的静矩，根据合力矩定理，它应该等于 M_P 图的面积 ω 乘以其形心 C 到 y 轴的距离 x_C，

即 $\int_A^B x\,d\omega = \omega x_C$，所以

$$\int_A^B \frac{\overline{M}M_P}{EI}ds = \frac{1}{EI}\int_A^B \overline{M}M_P\,dx$$

$$= \frac{1}{EI}\int_A^B x\tan\alpha\,d\omega = \frac{1}{EI}\tan\alpha\int_A^B x\,d\omega = \frac{1}{EI}\omega x_C\tan\alpha$$

$$= \frac{\omega y_C}{EI}$$

故得

$$\Delta = \sum\int\frac{\overline{M}M_P}{EI}ds = \sum\frac{\omega y_C}{EI} \qquad (8.19)$$

式中，y_C——M_P 图的形心 C 处所对应的 $\overline{M}$ 图的纵坐标。

（2）应用公式（8.19）计算结构位移时应注意的几个问题

1）图乘前先要进行分段处理，使每段严格满足直杆、EI 为常数、$\overline{M}$、M_P 至少有一个为直线的条件。

2）ω、y_C 是分别取自两个弯矩图的量，不能取在同一图上。

3）y_C 必须取自直线图形，y_C 的位置与另一图形的形心对应；ω 与 y_C 在构件同侧乘积为正，异侧为负。

为了图乘方便，必须熟记几种常见几何图形的面积公式及形心位置，如图 8.24 所示。

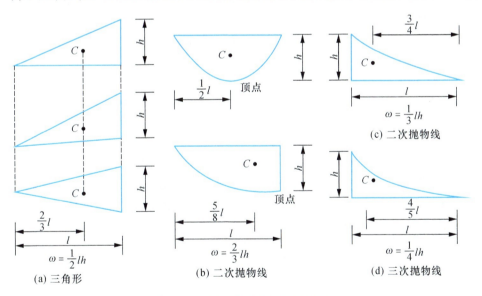

图 8.24　常见几何图形的面积公式

图 8.25（a）所示在集中力及均布荷载作用下悬臂梁的弯矩图如图 8.25（b）所示。其形状虽与图 8.24（c）相像，但不能采用其面积和形心位置公式，因为 B 处的剪力不为零。这时应采用图形叠加的方法解决。

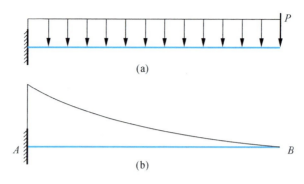

图 8.25 非标准抛物线图形

（3）图乘技巧

1）图中标准抛物线图形顶点位置的确定。"顶点"是指该点的切线平行于基线的点，即顶点处截面的剪力应等于零。

2）若遇较复杂的图形，不便确定形心位置，则应运用叠加原理，把图形分解后相图乘，然后求得结果的代数和。例如：

① 在结构某一根杆件上 $\overline{M}$ 为折线形时［图8.26（a）］，可将 $\overline{M}$ 图分成几个直线段部分，然后将各部分分别按图乘法计算，最后叠加。

② 若 M_P 图和 $\overline{M}$ 图都是梯形［图 8.26（b）］，则可以将它分解成两个三角形，分别图乘然后叠加，即

$$\int M_P \overline{M} \mathrm{d}x = \omega_1 y_1 + \omega_2 y_2$$

式中

$$\omega_1 = \frac{1}{2}al, \qquad \omega_2 = \frac{1}{2}bl$$

$$y_1 = \frac{2}{3}c + \frac{1}{3}d, \qquad y_2 = \frac{1}{3}c + \frac{2}{3}d$$

③ 若 M_P 图和 $\overline{M}$ 图均有正、负两部分［图 8.26（c）］，则可将 M_P 图看作两个三角形的叠加，三角形 ABC 在基线的上边，为正值，高度为 a，三角形 ABD 在基线的下边，为负值，高度为 b。然后将两个三角形面积各乘以相应的 $\overline{M}$ 图的纵坐标（注意乘积结果的正负），再叠加，即

$$\int M_P \overline{M} \mathrm{d}x = \omega_1 y_1 + \omega_2 y_2$$

其中

$$\omega_1 = \frac{1}{2}al, \qquad \omega_2 = \frac{1}{2}bl$$

$$y_1 = \frac{2}{3}c - \frac{1}{3}d, \qquad y_2 = \frac{2}{3}d - \frac{1}{3}c$$

$$\omega_1 y_1 = -\left[\frac{1}{2}al\left(\frac{2}{3}c - \frac{1}{3}d\right)\right] \quad (\omega_1 \text{ 与 } y_1 \text{ 是异侧，故为负})$$

$$\omega_2 y_2 = -\left[\frac{1}{2}bl\left(\frac{2}{3}d - \frac{1}{3}c\right)\right] \quad \text{(负号与上同理)}$$

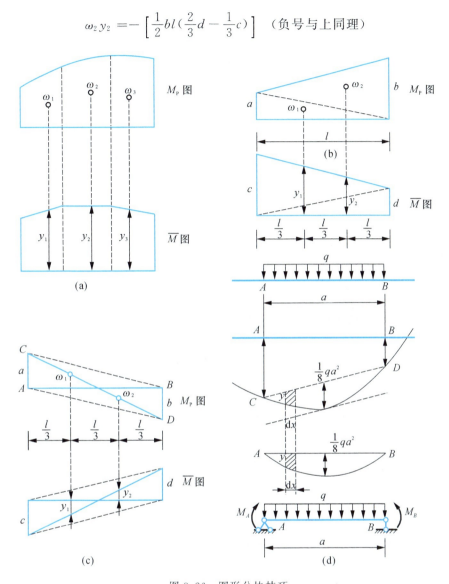

图 8.26 图形分块技巧

④ 若 M_P 为非标准抛物线图形，可将 AB 段的弯矩图分为一个梯形和一个标准抛物线进行叠加［图 8.26（d）］，这段直杆的弯矩图与相应简支梁在两端弯矩 M_A、M_B（图示情况为正值）和均布荷载 q 作用下的弯矩图是相同的。从图 8.26（d）看出，以 M_A、M_B 连线为基线的抛物线在形状上虽不同于水平基线的抛物线，但两者对应的弯矩纵坐标 y 处处相等，且垂直于杆轴，故对应的每一微分面积 ydx 仍相等，因此两个抛物线图形的面积大小和形心位置是相等的，即 $\omega = \frac{2}{3} \times a \times \frac{1}{8}qa^2$ ［不能采用图 8.26（d）中的虚线 CD 的长度］。

【例 8.10】 试求图 8.27（a）所示刚架在水平力 P 作用下 B 点的水平位移 Δ_B^H，柱与横梁的截面惯性矩如图中所注。

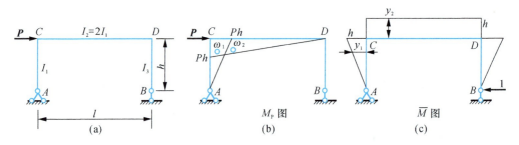

图 8.27 例 8.10 图

解 1）在 B 端加一水平力，如图 8.27（c）所示。

2）分别作 M_P 与 $\overline{M}$ 图，如图 8.27（b，c）所示。

3）计算 Δ_B^H。由公式（8.19）得

$$\Delta_B^H = \frac{1}{EI}\sum \omega y_C = -\frac{1}{EI_1}\omega_1 y_1 - \frac{1}{2EI_1}\omega_2 y_2$$

$$= -\frac{1}{EI_1}\left(\frac{1}{2}\times h \times Ph \times \frac{2}{3}h\right) - \frac{1}{2EI_1}\left(\frac{1}{2}\times Ph \times l \times h\right)$$

$$= -\frac{Ph^3}{3EI_1} - \frac{Ph^2 l}{4EI_1} = -\frac{Ph^2}{12EI_1}(4h+3l)(\rightarrow)$$

负号表示 B 端实际水平位移方向与所设单位力方向相反。

【例 8.11】 试求图 8.28 所示刚架上结点 K 的转角位移 φ_K，已知各杆长 l，梁、柱刚度分别为 $4EI$、EI。

解 1）在 K 点加一单位力偶，如图 8.26（c）所示。

2）分别作 M_P、$\overline{M}$ 图，如图 8.26（b，c）所示。

3）将 M_P、$\overline{M}$ 图乘。图乘时将均布荷载段上的 M_P 图分解。

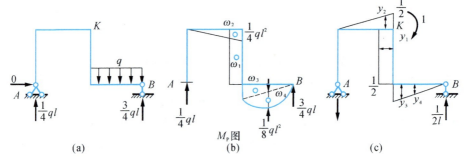

图 8.28 例 8.11 图

$$\varphi_K = \frac{1}{EI}\omega_1 y_1 + \frac{1}{4EI}(-\omega_2 y_2 + \omega_3 y_3 + \omega_4 y_4)$$

$$= \frac{1}{EI}\frac{ql^2}{4}l \times \frac{1}{2} + \frac{1}{4EI}\left(-\frac{1}{2}\frac{ql^2}{4}l \times \frac{2}{3} \times \frac{1}{2} + \frac{1}{2}\frac{ql^2}{4}l \times \frac{2}{3}\right.$$

$$\left. \times \frac{1}{2} + \frac{2}{3}\frac{ql^2}{8}l \times \frac{1}{2} \times \frac{1}{2}\right)$$

$$= \frac{25ql^3}{192EI}(\downarrow)$$

上式右边第一项是立柱上 M_P、$\overline{M}$ 图的图乘,带圆括号的一项是两根横梁上弯矩图的图乘。

【例 8.12】 试求图 8.29 (a) 所示边长为 a 的正方形桁架 AB 杆的转角位移 φ_{A-B},EA=常数。

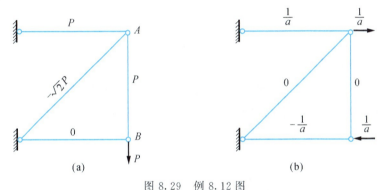

图 8.29 例 8.12 图

解 1) 在杆 AB 上加单位力偶 [图 8.29 (b)]。求桁架杆件转角时,不能在杆件任意位置加一单位力偶。因桁架只能在结点上受力,所以必须在杆件两端加上一对大小相等、方向相反的平行力,这对力的作用相当于单位力偶,虚拟状态如图 8.29 (b) 所示。

2) 作两种状态的轴力 N_P、$\overline{N}$ 图,如图 8.29 (a, b) 所示。

3) 由式 (8.18) 得

$$\varphi_{A-B} = \sum \frac{\overline{N}N_P l}{EA} = \frac{1}{EA} \times \frac{1}{a}Pa$$

$$= \frac{P}{EA}(\downarrow)$$

可见,除上弦杆外其余各杆的乘积 $N_P \overline{N}$ 均为零。

8.5.4 静定结构支座移动时的位移计算

设图 8.30 (a) 所示静定结构其支座发生了水平位移 c_1、竖向沉陷 c_2 和转角 c_3,现要求由此引起的任一点沿任一方向的位移,例如 K 点的竖向位移 Δ_K^V。

对于静定结构,支座发生移动并不引起内力,因而材料不发生变形,故此时结构

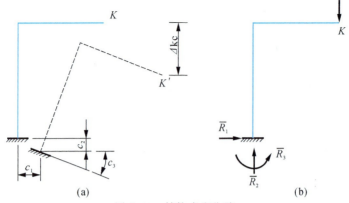

图 8.30 结构支座位移

的位移纯属刚体位移，通常不难由几何关系求得，但是这里仍用虚功原理来计算这种位移。此时，位移计算的一般公式（8.14）简化为

$$\Delta_{Kc} = -\sum \overline{R} c \tag{8.20}$$

式中，$\overline{R}$——虚拟状态 [图 8.28（b）] 的支座反力；

$\sum \overline{R} c$——反力虚功，当 $\overline{R}$ 与实际支座位移 c 方向一致时其乘积取正，相反时为负。

此外，上式右边前面还有一负号，是原来移项时所得，不可漏掉。

这就是静定结构在支座移动时的位移计算公式。

【例 8.13】 刚架左支座移动情况如图 8.31（a）所示，试求由此引起的 C 点的水平位移 Δ_C^H。

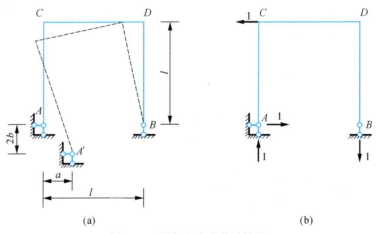

图 8.31 刚架左支座移动情况

解 1）在 C 点加一水平单位力，即为虚拟状态 [图 8.29（b）]。

2）用平衡条件求出虚拟状态下各支座的反力，代入公式（8.20），得

$$\Delta_C^H = -\sum \overline{R} c = -(1 \times a - 1 \times 2b) = 2b - a$$

小　　结

1. 单位荷载法求平面杆件结构位移计算的一般公式为

$$\Delta_K = -\sum \overline{R}c + \sum \int \overline{N}du + \sum \int \overline{M}d\varphi + \sum \int \overline{Q}rds$$

2. 对于梁和刚架，位移计算的一般公式为

$$\Delta_{KP} = \sum \int \frac{\overline{M}M_P}{EI}ds$$

3. 对于桁架，位移计算的一般公式为

$$\Delta_{KP} = \sum \frac{\overline{N}N_P l}{EA}$$

4. 图乘法是梁和刚架在荷载作用下位移计算的一种工程实用方法。

5. 图乘法位移计算的一般公式为

$$\Delta = \sum \int \frac{\overline{M}M_P}{EI}ds = \sum \frac{\omega y_C}{EI}$$

6. 静定结构支座发生移动的位移计算一般公式为

$$\Delta_{Kc} = -\sum \overline{R}c$$

思　考　题

8.1　杆系位移计算的一般公式中各项的物理意义是什么？

8.2　应用单位荷载法计算出的结构某处的位移 Δ 在数值上是否等于该单位荷载所作的虚功？

8.3　应用图乘法求位移的必要条件是什么？什么情况下要用积分求位移？

8.4　图乘中为什么可以把图形分解？

8.5　图（a）、图（b）中各杆 EA 相同，则两图中 C 点的竖向位移是否相等？

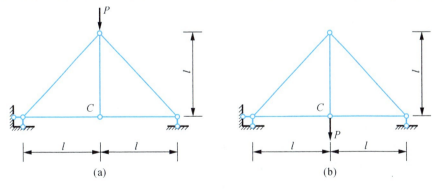

思考题 8.5 图

8.6 以下图乘结果是否正确：$\dfrac{1}{EI}\left(\dfrac{1}{2}ac\times\dfrac{2}{3}d+\dfrac{2}{3}bc\times\dfrac{5}{8}d\right)$。

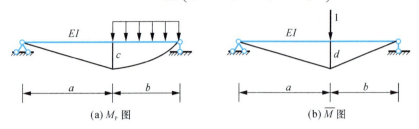

(a) M_P 图　　　　　　　(b) $\overline{M}$ 图

思考题 8.6 图

8.7 对于静定结构，没有变形就没有位移。这种说法对吗？

习　题

一、填空题

1. 低碳钢拉伸试验中的应力应变图可分为四个阶段，分别是_____、_____、_____、_____。
2. 材料在受力过程中各种物理性质的数据称为材料的_____。
3. 铸铁压缩破坏面与轴线大致成_____角，说明铸铁的_____。
4. 单位长度上的纵向变形称为_____。
5. 在外力作用下，杆件的一部分对另一部分的作用称_____。

二、单选题

1. 构件抵抗变形的能力称为（　　）。
　　A. 刚度　　　　　　　　B. 强度
　　C. 稳定性　　　　　　　D. 极限强度
2. 材料的刚度指标是（　　）。
　　A. 屈服极限和强度极限　　B. 伸长率和断面收缩率
　　C. 弹性模量和泊松比　　　D. 比例极限和弹性极限
3. 杆件的变形与杆件的（　　）有关。
　　A. 外力　　　　　　　　B. 外力、截面
　　C. 外力、截面、材料　　D. 外力、截面、杆长、材料
4. 两根相同截面、不同材料的杆件受相同的外力作用，它们的纵向绝对变形（　　）。
　　A. 相同　　B. 不一定　　C. 不相同　　D. 都不行
5. 图示梁的最大挠度为（　　）qa^4/EI。
　　A. 1/8　　　B. 11/16　　C. 11/24　　D. 1/3
6. 图示梁的最大转角为（　　）qa^3/EI。
　　A. 1/384　　B. 1/24　　C. 1/3　　D. 1/6

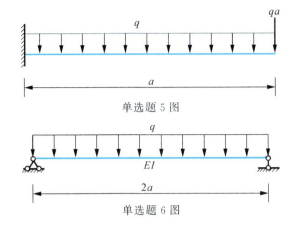

单选题 5 图

单选题 6 图

三、判断题

1. 变形是物体的形状和大小的改变。（   ）
2. 抗拉刚度只与材料有关。（   ）
3. 圆轴的扭转角与外力矩、轴原长成正比，与扭转刚度成反比。（   ）
4. 抗弯刚度与材料和梁截面尺寸形状有关。（   ）
5. 梁的变形有两种，它们是挠度和转角。（   ）
6. 用图乘法求位移 Y_C 可以在曲线图形中取值。（   ）
7. 结构位移计算的目的只是刚度校核。（   ）

四、主观题

1. 图示钢制阶梯形直杆，各段横截面面积分别为 $A_1=100\text{mm}^2$，$A_2=80\text{mm}^2$，$A_3=120\text{mm}^2$，钢材的弹性模量 $E=200\text{GPa}$，试求：

（1）各段的轴力，指出最大轴力发生在哪一段，最大应力发生在哪一段。

（2）杆的总变形。

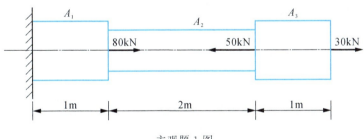

主观题 1 图

2. 图示短柱上段为钢制，长 200mm，截面尺寸为 100mm×100mm；下段为铝制，长 300mm，截面尺寸为 200mm×200mm。当柱顶受 F 力作用时柱子总长度减少了 0.4mm，试求 F，已知 $E_{钢}=200\text{GPa}$，$E_{铝}=70\text{GPa}$。

3. 图示等直杆 AC，材料的容重为 ρ_g，弹性模量为 E，横截面积为 A，求直杆 B 截面的位移 Δ_B。

4. 如图所示，圆轴直径 $d=7\text{cm}$，轴上装有三个皮带轮，已知轮 3 的输入功率 $P_3=30\text{kW}$，轮 1 的输出功率 $P_1=13\text{kW}$，轴做匀速转动，$n=200\text{r/min}$，材料的许用剪应力 $[\tau]=60\text{MPa}$，$G=80\text{GPa}$，许用单位长度扭转角 $[\theta]=2°/\text{m}$，试校核轴的强度和刚度。

5. 简支梁如图所示，截面为 10 号工字钢，钢的弹性模量 $E=200\text{GPa}$，许用应力 $[\sigma]=160\text{MPa}$，许用相对挠度 $\left[\dfrac{f}{l}\right]=\dfrac{1}{250}$，试校核梁的强度和刚度。

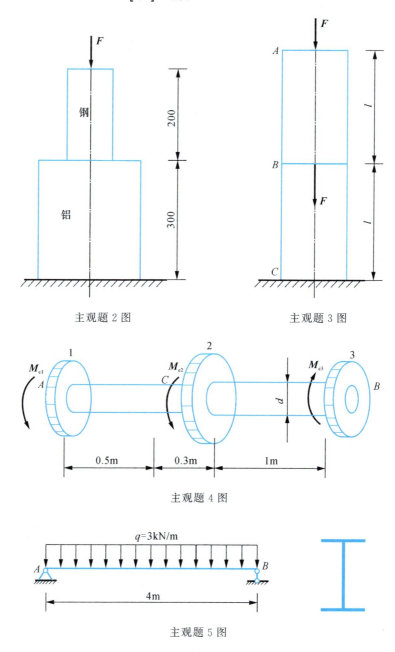

主观题 2 图

主观题 3 图

主观题 4 图

主观题 5 图

6. 图示一矩形截面悬臂木梁，$\dfrac{h}{b}=\dfrac{3}{2}$，材料的许用应力 $[\sigma]=10\text{MPa}$，许用剪应力 $[\tau]=1\text{MPa}$，$E=10\text{GPa}$，许用相对挠度 $\left[\dfrac{f}{l}\right]=\dfrac{1}{250}$，试求木梁的截面尺寸。

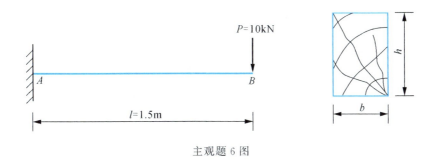

主观题 6 图

7. 用积分法求图示悬臂梁 A 端的竖向位移 Δ_A^V 和转角 φ_A（忽略剪切变形的影响）。

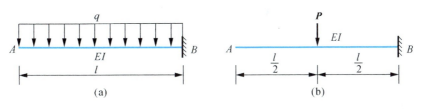

主观题 7 图

8. 试用积分法求图示刚架 B 点的水平位移 Δ_B^H，已知各杆 $EI=$ 常数。

9. 图示桁架各杆 $EA=$ 常数，求 C 点的水平位移 Δ_C^H。

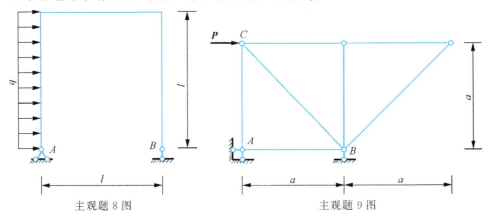

主观题 8 图　　　　　主观题 9 图

10. 用图乘法求下列结构中 B 处的转角 φ_B 和 C 点的竖向位移 Δ_C^V。$EI=$ 常数。

11. 用图乘法计算下列各题。

12. 图示简支刚架支座 B 下沉 b，试求 C 点的水平位移 Δ_C^H。

13. 图示梁支座 B 下移 Δ_1，求截面 E 的竖向位移 Δ_E^V。

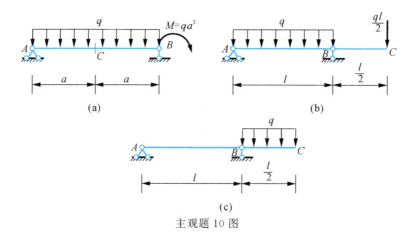

主观题 10 图

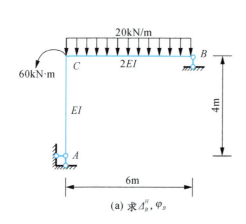

(a) 求 Δ_B^H, φ_B

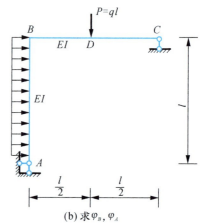

(b) 求 φ_B, φ_A

主观题 11 图

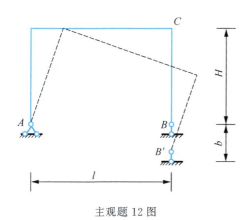

主观题 12 图

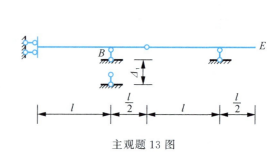

主观题 13 图

第 9 单元

超静定结构的内力计算

> 【教学目标】
>
> 正确判断超静定次数并选取力法的基本结构,建立力法典型方程,计算多余未知力,绘制超静定结构内力图。
>
> 正确判断结点位移数目并划分位移法基本单元,建立位移法的各杆端转角位移方程,计算结点位移,分析超静定结构的内力和反力。
>
> 熟练计算刚结点各杆端分配系数,熟记各类单杆超静定梁的转动刚度、传递系数,正确计算各结点的不平衡弯矩和分配弯矩,确定连续梁的内力和反力。
>
> 【学习重点与难点】
>
> 力法、位移法计算时的基本结构选取;基本未知量的确定;基本方程的建立;力矩分配法的计算步骤。

工程上为了提高结构的承载能力,通常采用增加支座或约束的方法。一个结构,如果它的支座反力和各截面的内力都可以用静力平衡条件唯一地确定,我们就称之为静定结构;如果不能完全由平衡条件唯一地确定,则称之为超静定结构。图 9.1 (a) 为悬臂梁受均布荷载作用的情形,支座 A 处的约束力 X_A、Y_A 和约束力偶 M_A 三部分以及任意一个截面的内力(剪力、弯矩)都可以由平衡方程完全确定,所以是静定结构。图 9.1 (b) 则是在 (a) 的基础上增加了 B 处的一个链杆,支座的约束力数目变成了四部分,平衡方程的数目仍然只有三个,所有的支座反力不能由平衡方程完全确定,所以是超静定结构。

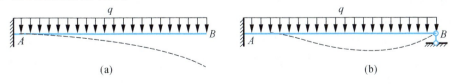

图 9.1 静定结构与超静定结构对比图

从梁的变形曲线图（图 9.1）中明显可以看出，图 9.1（b）的最大挠度比图 9.1（a）的小；后续的计算过程也表明，图 9.1（b）中梁的最大弯矩数值要比图 9.1（a）中梁的小。图 9.1（a）中的固定端支座限制了 AB 杆水平和竖直方向的移动以及转动，具备了保持 AB 杆相对于基础几何不变的 3 个必要约束，无论减少哪一个约束，都将导致梁成为几何可变体系。而图 9.1（b）中共有 4 个约束，去掉 B 处的支座，仍然是几何不变的悬臂梁；把 A 处的固定端支座换成固定铰支座，也还是几何不变的简支梁。也就是说，图 9.1（b）中可以减少 1 个约束而仍能保持几何不变，具有多余的约束存在。由此得出以下结论：静定结构是没有多余约束的几何不变体系，而超静定结构是有多余约束的几何不变体系。

反力或内力是超静定的，约束有多余的，这是超静定结构区别于静定结构的基本特点。

土木工程中，超静定结构比静定结构使用得更为广泛，本章将着重介绍超静定结构内力计算的各种方法。

9.1 超静定结构的力法计算

力法是求解超静定结构最基本、最古老的计算方法，也是发展最完备的方法。

9.1.1 力法原理

1. 基本思路

以图 9.1（b）所示的超静定梁为例，梁的 A 端固定，另一端 B 铰支，承受均布荷载 q 的作用，EI 为常数。

该梁有一个多余联系，称为一次超静定结构。对图 9.2（a）所示的原结构，如果把支杆 B 作为多余联系去掉，并代之以多余未知力 X_1（简称多余力），则图 9.2（a）所示的超静定梁就转化为图 9.2（b）所示的静定梁，它承受着与图 9.2（a）所示原结构相同的荷载 q 和多余力 X_1，这种去掉多余联系用多余未知力来代替得到的静定结构称为按力法计算的**基本结构**。

现在要设法解出基本结构的多余力 X_1，一旦求得多余力 X_1，就可在基本结构上用静力平衡条件求出原结构的所有反力和内力，因此多余力是最基本的未知力，又可称为力法的**基本未知量**。但是这个基本未知量 X_1 不能用静力平衡条件求出，而必须根据基本结构的受力和变形与原结构相同的原则来确定。

对比原结构与基本结构的变形情况可知，原结构在支座 B 处由于有多余联系（竖向支杆）而不可能有竖向位移；而基本结构则因该联系已被去掉，在 B 点处即可能产生位移；只有当 X_1 的数值与原结构支座链杆 B 实际发生的反力相等时，才能使基本结构在原有荷载 q 和多余力 X_1 共同作用下 B 点的竖向位移等于零。所以，用来确定 X_1 的条件是：基本结构在原有荷载和多余力共同作用下，在去掉多余联系处的位移应与原结构中相应的位移相等。由上述可见，为了唯一确定超静定结构的反力和内力，必须同时考虑静力平衡条件和变形协调条件。

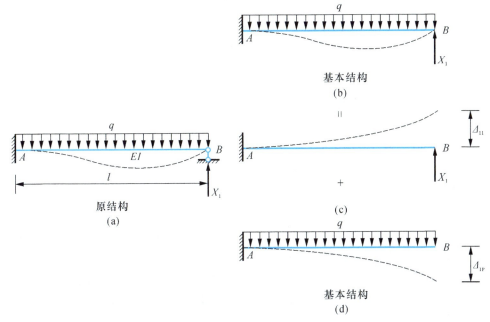

图 9.2 基本结构

设以 Δ_{11} 和 Δ_{1P} 分别表示多余力 X_1 和荷载 q 各自作用在基本结构时 B 点沿 X_1 方向上的位移 [图 9.2（c，d）]，符号 Δ 右下方两个角标的含义是：第一个角标表示位移的位置和方向；第二个角标表示产生位移的原因。例如，Δ_{11} 是在 X_1 作用点沿 X_1 方向由 X_1 所产生的位移，Δ_{1P} 是在 X_1 作用点沿 X_1 方向由外荷载 q 所产生的位移。为了求得 B 点总的竖向位移，根据叠加原理，应有

$$\Delta_1 = \Delta_{11} + \Delta_{1P} = 0$$

若以 δ_{11} 表示 X_1 为单位力（即 $X_1=1$）时基本结构在 X_1 作用点沿 X_1 方向产生的位移，则有 $\Delta_{11}=\delta_{11}X_1$，于是上式可写成

$$\delta_{11}X_1 + \Delta_{1P} = 0$$

$$X_1 = -\frac{\Delta_{1P}}{\delta_{11}} \qquad (a)$$

由于 δ_{11} 和 Δ_{1P} 都是已知力作用在静定结构上的相应位移，故均可用求静定结构位移的方法求得，从而多余未知力的大小和方向即可由式（a）确定。

式（a）就是根据原结构的变形条件建立的用以确定 X_1 的变形协调方程，即为**力法基本方程**。

为了具体计算位移 δ_{11} 和 Δ_{1P}，分别绘出基本结构的单位力弯矩图 $\overline{M}_1$（由单位力 $X_1=1$ 产生）和荷载弯矩图 $\overline{M}_P$（由荷载 q 产生），分别如图 9.3（a，b）所示。用图乘法计算这些位移时，$\overline{M}_1$ 和 $\overline{M}_P$ 图分别是基本结构在 $\overline{X}_1=1$ 和荷载 q 作用下的弯矩图，故计算 δ_{11} 时可用 $\overline{M}_1$ 图乘 $\overline{M}_1$ 图，称为 $\overline{M}_1$ 图的"自乘"，即

$$\delta_{11} = \sum \int \frac{\overline{M}_1 \overline{M}_1}{EI} dx = \frac{1}{EI} \times \frac{l^2}{2} \times \frac{2l}{3} = \frac{l^3}{3EI}$$

同理，可用 $\overline{M}_1$ 图与 $\overline{M}_P$ 图相图乘计算 Δ_{1P}，即

$$\Delta_{1P} = \sum \int \frac{\overline{M}_1 M_P}{EI} dx = -\frac{1}{EI}\left(\frac{1}{3} \times l \times \frac{ql^2}{2} \times \frac{3l}{4}\right) = -\frac{ql^4}{8EI}$$

将 δ_{11} 和 Δ_{1P} 之值代入式（a），即可解出多余力 X_1，即

$$X_1 = -\frac{\Delta_{1P}}{\delta_{11}} = -\left(-\frac{ql^4}{8EI}\right) / \frac{l^3}{3EI} = \frac{3ql}{8}(\uparrow)$$

所得结果为正值，表明 X_1 的实际方向与基本结构中所假设的方向相同。

多余力 X_1 求出后，其余所有反力和内力都可用静力平衡条件确定。超静定结构的最后弯矩图 M 可利用已经绘出的 $\overline{M}_1$ 和 $\overline{M}_P$ 图按叠加原理绘出，即

$$M = \overline{M}_1 X_1 + M_P$$

应用上式绘制弯矩图时，可将 $\overline{M}_1$ 图的纵标乘以 X_1 倍，再与 $\overline{M}_P$ 图的相应纵值代数相加，即可绘出 M 图，如图 9.3（c）所示。

也可不用叠加法绘制最后弯矩图，而将已求得的多余力 X_1 与荷载 q 共同作用在基本结构上，按求解静定结构弯矩图的方法作出原结构的最后弯矩图。

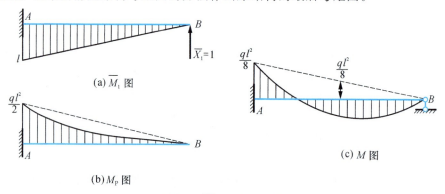

图 9.3 $\overline{M}_1$、M_P、M 图

综上所述可知，**力法**是以多余力作为**基本未知量**，取去掉多余联系后的静定结构为**基本结构**，并根据去掉多余联系处的已知位移条件建立**基本方程**，将多余力首先求出，进而根据静力平衡方程计算超静定结构其他反力和内力的方法。它可用来分析任何类型的超静定结构。

特别提示：变形协调方程的个数与多余联系的个数必须一致。计算基本结构在已知荷载和多余未知力作用下沿多余未知力方向产生的位移是求解多余未知力过程中的主要内容。

2 超静定次数和基本结构

超静定结构具有多余联系，因此具有多余力。通常将多余联系的数目或多余力的数目称为超静定结构的**超静定次数**。

超静定结构在几何组成上可以看作是在静定结构的基础上增加若干多余联系而构

成的，因此确定超静定次数最直接的方法就是在原结构上去掉多余联系，直至超静定结构变成静定结构，所去掉的多余联系的数目就是原结构的超静定次数。

从超静定结构上去掉多余联系的方式有以下几种：

1) 去掉支座处支杆或切断一根链杆，相当于去掉一个联系，如图 9.4（a，b）所示。
2) 撤去一个铰支座或撤去一个单铰，相当于去掉两个联系，如图 9.4（c，d）所示。
3) 切断一根梁式杆或去掉一个固定支座，相当于去掉三个联系，如图 9.4（e）所示。
4) 将一刚结点改为单铰联结或将一个固定端支座改为固定铰支座，相当于去掉一个联系，如图 9.4（f）所示。

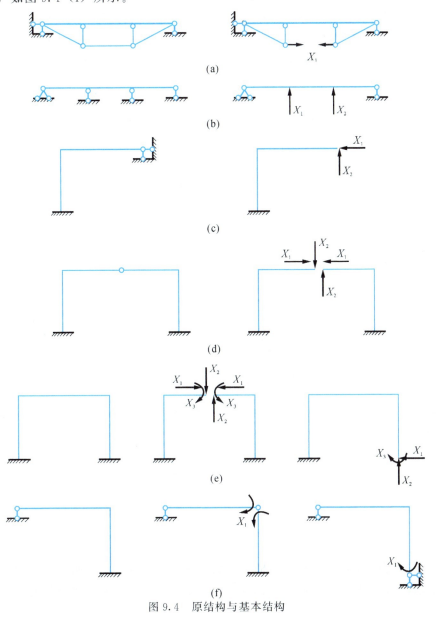

图 9.4 原结构与基本结构

用上述去掉多余联系的方式可以确定任何超静定结构的超静定次数。然而，对于同一个超静定结构，可用各种不同的方式去掉多余联系而得到不同的静定结构。不论采用哪种方式，所去掉的多余联系的数目必然是相等的。

去掉多余联系后得到的静定的几何不变体系称为力法计算的**基本结构**。

由于去掉多余联系的方式的多样性，在力法计算中同一结构的基本结构可有各种不同的形式。但应注意，去掉多余联系后基本结构必须是几何不变的。为了保证基本结构的几何不变性，有时结构中的某些联系是不能去掉的。如图9.5（a）的所示刚架具有一个多余联系，若将横梁某处改为铰接，即相当于去掉一个联系，得到如图9.5（b）所示的静定结构，当去掉支座的水平链杆则得到如图9.5（c）所示静定结构，它们都可作为基本结构。但是若去掉支座的竖向链杆，即成为瞬变体系，如图9.5（d）所示，显然是不允许的，当然也就不能作为基本结构。

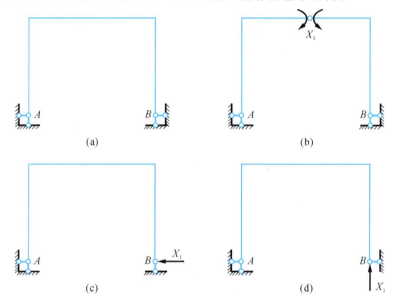

图9.5 基本结构的几何不变性

如图9.6（a）所示的超静定结构属内部超静定结构，因此只能在结构内部去掉多余联系得到基本结构，如图9.6（b）所示。

图9.6 内部超静定结构

对于具有多个框格的结构，按框格的数目来确定超静定的次数比较方便。一个封闭的无铰框格，其超静定次数等于3，故当一个结构有 n 个封闭无铰框格时其超静定次数等于 3n。如图 9.7（a）所示结构的超静定次数为 $3\times 8=24$。当结构的某些结点为铰接时，则一个单铰减少一个超静定次数。如图 9.7（b）所示结构的超静定次数为 $3\times 8-5=19$。

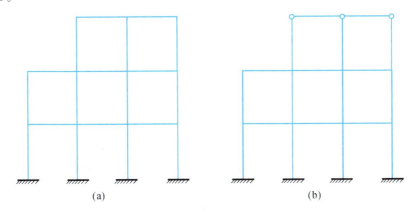

图 9.7　封闭框格

简言之，超静定次数＝多余联系的个数＝把原结构变成静定结构时所需撤除的联系个数，而力法的基本结构即为去掉多余联系代以多余未知力后所得到的静定结构。

特别提示： 基本结构必须是几何不变且不再有多余联系的结构。

3. 力法典型方程

用力法计算超静定结构的关键在于根据位移条件建立力法的基本方程，以求解多余力。对于多次超静定结构，其计算原理与一次超静定结构完全相同。

对于 n 次超静定结构，用力法计算时，可去掉 n 个多余联系，得到静定的基本结构，在去掉的 n 个多余联系处代之以 n 个多余未知力。当原结构在去掉多余联系处的位移为零时，相应地也就有 n 个已知的位移条件 $\Delta_i = 0$（$i=1,2,\cdots,n$），据此可以建立 n 个关于求解多余力的方程，即

$$\left.\begin{aligned}\Delta_1 &= \delta_{11}X_1 + \delta_{12}X_2 + \delta_{13}X_3 + \cdots + \delta_{1n}X_n + \Delta_{1P} = 0\\ \Delta_2 &= \delta_{21}X_1 + \delta_{22}X_2 + \delta_{23}X_3 + \cdots + \delta_{2n}X_n + \Delta_{2P} = 0\\ &\qquad\qquad\qquad\qquad\vdots\\ \Delta_n &= \delta_{n1}X_1 + \delta_{n2}X_2 + \delta_{n3}X_3 + \cdots + \delta_{nn}X_n + \Delta_{nP} = 0\end{aligned}\right\} \quad (9.1)$$

在上述方程中，从左上方至右下方的主对角线（自左上方的 δ_{11} 至右下方的 δ_{nn}）上的系数 δ_{ii} 称为主系数，δ_{ii} 表示当单位力 $\overline{X}_i=1$ 单独作用在基本结构上时沿其 X_i 自身方向所引起的位移，它可利用 $\overline{M}_i$ 图自乘求得，其值恒为正，且不会等于零。位于主对角线两侧的其他系数 δ_{ij}（$i\neq j$）则称为副系数，它是由未知力 X_j 为单位力 $\overline{X}_j=1$ 单独作用在基本结构上时沿未知力 X_i 方向所产生的位移，它可利用 $\overline{M}_i$ 图与 $\overline{M}_j$ 图图乘求得。根据位移互等定理可知副系数 δ_{ij} 与 δ_{ji} 是相等的，即 $\delta_{ij}=\delta_{ji}$。方程组中最后一项 Δ_{iP} 不含未知力，称为自由项，它是荷载单独作用在基本结构上时沿多余力 X_i 方向上产生的位移，它可通过 M_P 图与 $\overline{M}_i$ 图图乘求得。副系数和自由项可能为正值，可能为负值，

也可能为零。

上列方程组在组成上具有一定的规律，而且不论基本结构如何选取，只要是 n 次超静定结构，它们在荷载作用下的力法方程都与方程（9.1）相同，故称为力法的典型方程。

按前面求静定结构位移的方法求得典型方程中的系数和自由项后，即可解得多余力 X_i。

然后可按照静定结构的分析方法求得原结构的全部反力和内力，或按下述叠加公式求出弯矩，即

$$M = X_1\overline{M}_1 + X_2\overline{M}_2 + \cdots + X_n\overline{M}_n + M_P \tag{9.2}$$

再根据平衡条件即可求得其剪力。

特别提示：多余联系处的位移是否为零应根据所去掉的原超静定结构的多余约束类型而定。多余力可以是约束力，也可以是约束力偶，还可以是结构内某一截面的内力。

9.1.2 超静定梁的力法计算

用力法计算超静定结构的步骤可归纳如下：

1) 判断超静定次数，选取基本结构。去掉原结构的多余联系，得到一个静定的基本结构，并以力法基本未知量代替相应多余联系的作用，确定力法基本未知量的个数。

2) 建立力法典型方程。根据基本结构在多余力和已知荷载共同作用下沿多余力方向产生的位移应与原结构中相应位置的位移相同的条件建立力法典型方程。

3) 求系数和自由项。需分两步进行：
① 令 $\overline{X}_i = 1$，作基本结构单位弯矩图 $\overline{M}_i$ 和已知荷载作用下的弯矩图 $\overline{M}_P$。
② 按照求静定结构位移的方法计算系数和自由项。

4) 解典型方程，求出多余未知力。

5) 求出原结构内力，绘制内力图。

【**例 9.1**】 作图 9.8 (a) 所示连续梁的弯矩图。

解 1) 判断超静定次数，选取基本结构。结构为一次超静定梁，$n = 1$，去掉 B 支座，用多余未知力 X_1 代替，得图 9.8 (b) 所示的基本结构——简支梁。

2) 建立力法基本方程。

$$\delta_{11} X_1 + \Delta_{1P} = 0$$

3) 绘出基本结构在已知荷载和多余未知力作用下的弯矩图 $\overline{M}_1$、$\overline{M}_P$，由图乘法计算力法方程的主系数 δ_{11} 及自由项 Δ_{1P}。

$$\delta_{11} = \frac{2}{EI}\left(\frac{1}{2} \times \frac{l}{2} \times l \times \frac{2}{3} \times \frac{l}{2}\right) = \frac{l^3}{6EI}$$

$$\Delta_{1P} = \frac{2}{EI}\left[\frac{2}{3} \times \frac{ql^2}{8} \times l \times \left(-\frac{5}{8} \times \frac{l}{2}\right)\right] = -\frac{5ql^4}{24EI}$$

代入基本方程，可求得

$$X_1 = -\frac{\Delta_{1P}}{\delta_{11}} = \left(\frac{5ql^4}{24EI}\right) \Big/ \left(\frac{l^3}{6EI}\right) = \frac{5ql}{4}(\uparrow)$$

所得结果为正，表明 X_1 与原假设方向相同。

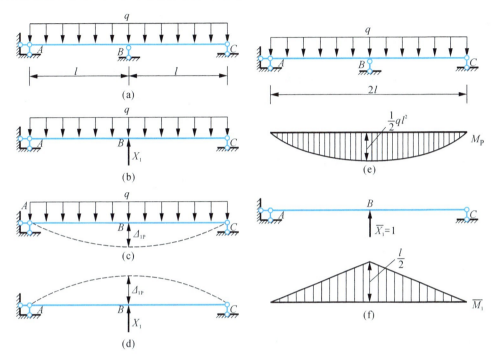

图 9.8 例 9.1 图

4) 原超静定结构的最后弯矩图 M 可利用已经绘出的 $\overline{M}_1$ 和 $\overline{M}_P$ 图按叠加原理绘出，即

$$M = \overline{M}_1 X_1 + M_P$$

连续梁的最后弯矩 M 图如图 9.9 所示。

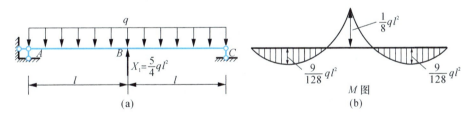

图 9.9 连续梁 ABC 的弯矩图

【例 9.2】 作图 9.10 (a) 所示两端固定超静定梁的内力图。

解 1) 判断超静定次数，选取基本结构。结构为三次超静定梁，$n=3$，取跨中截面处的三对内力为基本未知量，用多余未知力 X_1、X_2、X_3 代替，得图 9.9 (b) 所示的基本结构——悬臂梁。

2) 建立力法基本方程。

$$\left.\begin{array}{l}\Delta_1 = \delta_{11}X_1 + \delta_{12}X_2 + \delta_{13}X_3 + \Delta_{1P} = 0\\ \Delta_2 = \delta_{21}X_1 + \delta_{22}X_2 + \delta_{23}X_3 + \Delta_{2P} = 0\\ \Delta_3 = \delta_{31}X_1 + \delta_{32}X_2 + \delta_{33}X_3 + \Delta_{3P} = 0\end{array}\right\}$$

3）分别绘出基本结构在已知荷载和多余未知力作用下的弯矩图 $\overline{M}_1$、$\overline{M}_2$、$\overline{M}_3$、$\overline{M}_P$，由图乘法计算力法方程的主系数、副系数及自由项。

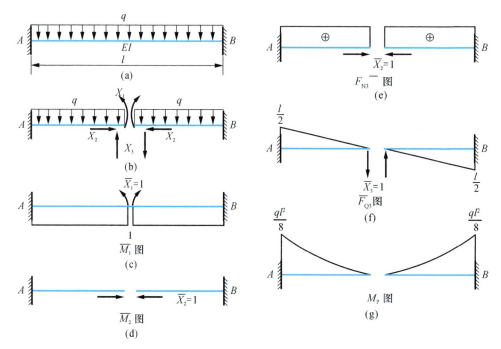

图 9.10　例 9.2 图

由于 $\overline{M}_2 = 0$，由图乘法可知 $\delta_{12} = \delta_{21} = 0$，$\delta_{23} = \delta_{32} = 0$，$\Delta_{2P} = 0$。又由于 $\overline{M}_1$ 图和 $\overline{M}_P$ 图都是正对称图形，而 $\overline{M}_3$ 图是反对称图形，所以 $\delta_{13} = \delta_{31} = 0$，$\Delta_{3P} = 0$，于是有

$$\delta_{11} = \frac{2}{EI}\left(\frac{l}{2} \times 1\right) = \frac{l}{EI}$$

$$\delta_{33} = \frac{2}{EI}\left(\frac{1}{2} \times \frac{l}{2} \times \frac{l}{2} \times \frac{2}{3} \times \frac{l}{2}\right) = \frac{l^3}{12EI}$$

$$\Delta_{1P} = -\frac{2}{EI}\left(\frac{1}{3} \times \frac{l}{2} \times \frac{ql^2}{8} \times 1\right) = -\frac{5ql^4}{24EI}$$

计算 δ_{22} 时，虽然 $\overline{M}_2$ 图弯矩都为零，但 δ_{22} 并不为零。因为杆件中还有轴力不为零，它使杆件伸长，所以

$$\delta_{22} = \sum \frac{\overline{N}_2^2 l}{EA} = \frac{2}{EA}\left(1 \times \frac{l}{2}\right) = \frac{l}{EA}$$

注意：当在直杆中同时存在内力 M、F_Q、F_N 的情况下求位移时常略去 F_Q、F_N 的影响，因为相对于弯矩 M 而言它们的影响较小，可以略去不计；但是如果杆件只受轴力 N 作用而无弯矩 M 和剪力 F_Q 作用，则求位移时 F_N 是主要因素，不能忽略。

将系数和自由项代入典型方程，可得

$$\left.\begin{array}{c}\dfrac{l}{EI}X_1 - \dfrac{ql^3}{24EI} = 0 \\ \dfrac{l}{EA}X_2 = 0 \\ \dfrac{l}{12EI}X_3 = 0\end{array}\right\}$$

即

$$X_1 = \dfrac{ql^2}{24}, \qquad X_2 = 0, \qquad X_3 = 0$$

所得结果 X_1 为正，表明 X_1 与原假设方向相同；X_2、X_3 为 0，表明跨中截面的剪力和轴力为 0。

4) 原超静定结构的最后弯矩图 M 可利用已经绘出的 $\overline{M}_1$、$\overline{M}_2$、$\overline{M}_3$ 和 $\overline{M}_P$ 图按叠加原理绘出，即

$$M = \overline{M}_1 X_1 + \overline{M}_2 X_2 + \overline{M}_3 X_3 + M_P$$

梁内轴力为零，剪力图按照静力方法也可画出，见图 9.11（c, d）。

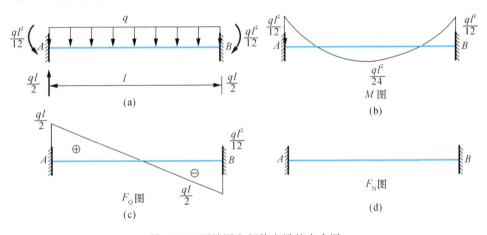

图 9.11 两端固定超静定梁的内力图

> **实例点评**
> 力法计算时应尽量取对称的基本结构，使尽可能多的系数为 0，以减少解方程组的工作量。

9.1.3 超静定刚架的力法计算

超静定刚架的力法计算步骤与超静定梁相同，不同之处在于超静定梁通常不用计算轴力，而超静定刚架一般还需计算轴力。

图 9.12（a）所示为一个三次超静定结构，在荷载作用下结构的变形如图中虚线所示。用力法求解时，去掉支座 C 的三个多余联系，并以相应的多余力 X_1、X_2 和 X_3 代替所去联系的作用，则得到图 9.12（b）所示的基本结构。由于原结构在支座 C 处不可能有任何位移，因此在承受原荷载和全部多余力的基本结构上也必须与原结构变形相

符，在 C 点处沿多余力 X_1、X_2 和 X_3 方向的相应位移 Δ_1、Δ_2 和 Δ_3 都应等于零。

根据叠加原理，在基本结构上可分别求出位移 Δ_1、Δ_2 和 Δ_3。基本结构在单位力 $\overline{X}_1=1$ 单独作用下，C 点沿 X_1、X_2 和 X_3 方向所产生的位移分别为 δ_{11}、δ_{21} 和 δ_{31} [图 9.12（c）]，事实上 X_1 并不等于 1，因此将图 9.12（c）乘上 X_1 倍后即得 X_1 作用时 C 点的水平位移 $\delta_{11}X_1$，竖向位移 $\delta_{21}X_1$ 和角位移 $\delta_{31}X_1$。同理，由图 9.12（d）得 X_2 单独作用时 C 点的水平位移 $\delta_{12}X_2$ 竖向位移 $\delta_{22}X_2$ 和角位移 $\delta_{32}X_2$；由图 9.12（e）得 X_3 单独作用时 C 点的水平位移 $\delta_{13}X_3$，竖向位移 $\delta_{23}X_3$ 和角位移 $\delta_{33}X_3$。在图 9.12（f）中，Δ_{1P}、Δ_{2P} 和 Δ_{3P} 依次表示由荷载作用于基本结构 C 点产生的水平位移、竖向位移和角位移。

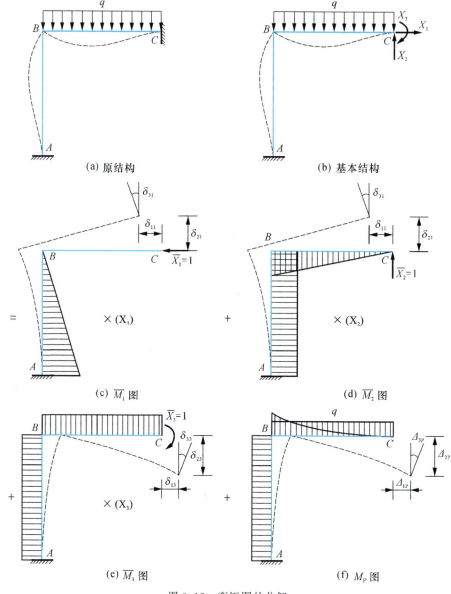

图 9.12 弯矩图的分解

根据叠加原理,可将基本结构满足的位移条件表示为

$$\left.\begin{aligned}\Delta_1 &= \delta_{11}X_1 + \delta_{12}X_2 + \delta_{13}X_3 + \Delta_{1P} = 0 \\ \Delta_2 &= \delta_{21}X_1 + \delta_{22}X_2 + \delta_{23}X_3 + \Delta_{2P} = 0 \\ \Delta_3 &= \delta_{31}X_1 + \delta_{32}X_2 + \delta_{33}X_3 + \Delta_{3P} = 0\end{aligned}\right\} \quad (9.3)$$

这就是求解多余力 X_1、X_2 和 X_3 所要建立的力法方程。其物理意义是:在基本结构中,由于全部多余力和已知荷载的共同作用,去掉多余联系处的位移应与原结构中相应的位移相等。

【例 9.3】 作图 9.13(a)所示刚架的内力图,各杆 $EI=$ 常数。

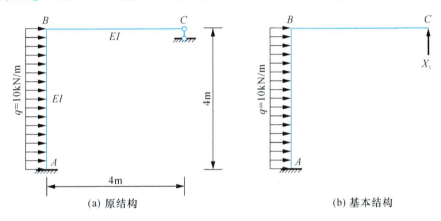

图 9.13 例 9.3 图

解 1)确定超静定次数,选取基本结构。此刚架具有一个多余联系,是一次超静定结构,去掉支座链杆 C 即为静定结构,并用 X_1 代替支座链杆 C 的作用,得基本结构,如图 9.13(b)所示。

2)建立力法典型方程。原结构在支座 C 处的竖向位移 $\Delta_1=0$。根据位移条件可得力法的典型方程为

$$\delta_{11}X_1 + \Delta_{1P} = 0$$

3)求系数和自由项。首先作 $X_i=1$ 单独作用于基本结构的弯矩图 $\overline{M}_1$ 图,如图 9.14(a)所示,再作荷载单独作用于基本结构时的弯矩图 M_P 图,如图 9.14(b)所示,然后利用图乘法求系数和自由项,即

$$\delta_{11} = \frac{1}{EI}\left(\frac{1}{2} \times 4 \times 4 \times \frac{2}{3} \times 4 + 4 \times 4 \times 4\right) = \frac{256}{3EI}$$

$$\Delta_{1P} = -\frac{1}{EI} \times \left(\frac{1}{3} \times 80 \times 4 \times 4\right) = -\frac{1280}{3EI}$$

4)求解多余力。将 δ_{11},Δ_{1P} 代入典型方程,有

$$\frac{256}{3EI}X_1 - \frac{1280}{3EI} = 0$$

解方程,得

$$X_1 = 5\text{kN}(\uparrow)$$

正值说明实际方向与基本结构上假设的 X_1 方向相同，即垂直向上。

5）绘制内力图。各杆端弯矩可按 $M = X_1 \overline{M}_1 + M_P$ 计算，最后弯矩图如图9.14（c）所示。

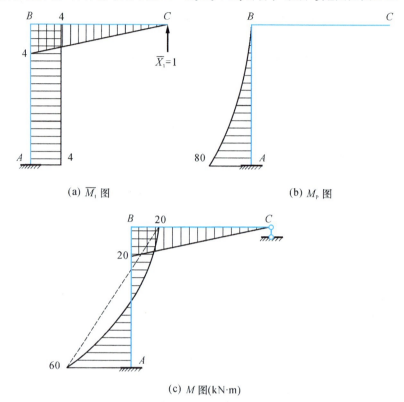

图 9.14 刚架 ABC 的弯矩图

至于剪力图和轴力图，在多余力求出后可直接按作静定结构剪力图和轴力图的方法作出，如图9.15（a，b）所示。

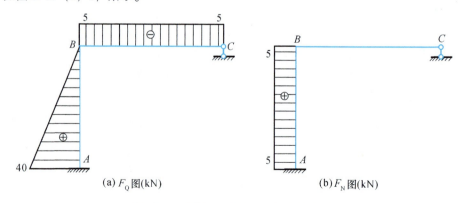

图 9.15 刚架 ABC 的剪力图和轴力图

【例9.4】 试作图 9.16（a）所示刚架的内力图，各杆 EI＝常数。

解 1) 确定超静定次数，选取基本结构。此刚架是两次超静定结构。去掉刚架 B 处的两根支座链杆，代以多余力 X_1 和 X_2，得到如图 9.16（b）所示的基本结构。

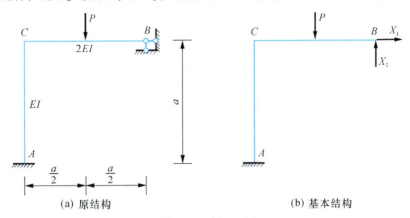

图 9.16 例 9.4 图

2) 建立力法典型方程。

$$\delta_{11}X_1 + \delta_{12}X_2 + \Delta_{1P} = 0$$
$$\delta_{21}X_1 + \delta_{22}X_2 + \Delta_{2P} = 0$$

3) 绘出各单位弯矩和荷载弯矩图，如图 9.17（a~c）所示。利用图乘法求得各系数和自由项为

$$\delta_{11} = \frac{1}{EI}\left(\frac{a^2}{2}\times\frac{2a}{3}\right) = \frac{a^3}{3EI}$$

$$\delta_{22} = \frac{1}{2EI}\left(\frac{a^2}{2}\times\frac{2a}{3}\right) + \frac{1}{EI}(a^2\times a) = \frac{7a^3}{6EI}$$

$$\delta_{12} = \delta_{21} = -\frac{1}{EI}\left(\frac{a^2}{2}\times a\right) = -\frac{a^3}{2EI}$$

$$\Delta_{1P} = \frac{1}{EI}\left(\frac{a^2}{2}\times\frac{Fa}{2}\right) = \frac{Fa^3}{4EI}$$

$$\Delta_{2P} = -\frac{1}{2EI}\left(\frac{1}{2}\times\frac{Fa}{2}\times\frac{a}{2}\times\frac{5a}{6}\right) - \frac{1}{EI}\left(\frac{Fa^2}{2}\times a\right) = -\frac{53Fa^3}{96EI}$$

4) 求解多余力。将以上系数和自由项代入典型方程，并消去 $\dfrac{a^3}{EI}$，得

$$\frac{1}{3}X_1 - \frac{1}{2}X_2 + \frac{F}{4} = 0$$
$$-\frac{1}{2}X_1 + \frac{7}{6}X_2 + \frac{53F}{96} = 0$$

解联立方程，得

$$X_1 = -\frac{9}{80}F(\leftarrow)$$

$$X_2 = \frac{17}{40}F(\uparrow)$$

5) 作最后弯矩图及剪力图、轴力图，如图 9.17（d~f）所示。

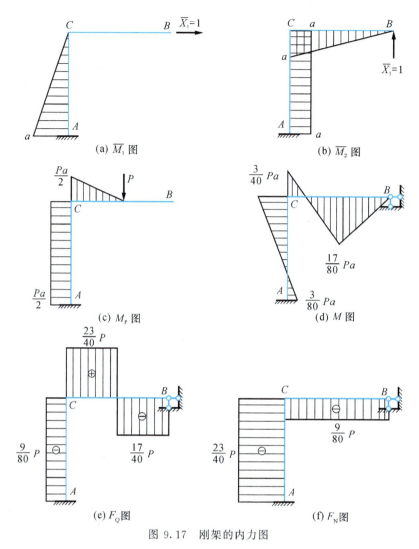

图 9.17 刚架的内力图

9.1.4 超静定桁架的力法计算

超静定桁架内力计算的力法原理与超静定梁相同。因为超静定桁架是链杆体系，所以计算力法方程系数时桁架位移只考虑轴力一项。

【例 9.5】 求图 9.18（a）所示超静定桁架的内力，各杆截面面积在表 9.1 中给出。

解 1) 确定超静定次数，选取基本结构。此桁架为一次超静定，$n=1$。切开 10 杆，代以一对多余力 X_1，得到图 9.18（b）所示的基本结构。

2) 建立力法典型方程。原结构在 10 杆切口处沿杆轴线方向的相对线位移 $\Delta_{11}=0$。根据位移条件可得力法的典型方程如下：

$$\delta_{11}X_1 + \Delta_{1P} = 0$$

3) 求系数和自由项。基本结构在荷载作用下的各杆轴力 N_P 示于图 9.18（c）中；单

位力 X_1 作用下的各杆轴力 $\overline{N}_1$ 示于图 9.18（d）中。位移公式为

$$\delta_{11} = \sum \frac{\overline{N}_1^2 l}{EA}, \Delta_{1P} = \sum \frac{\overline{N}_1 N_P l}{EA}$$

可列表（表 9.1）进行计算。代入力法方程后，解得

$$X_1 = -\frac{\Delta_{1P}}{\delta_{11}} = -\frac{-1082E}{89.5E} = 12.1 \text{kN}$$

各杆轴力可用下式计算，即

$$N = \overline{N}_1 X_1 + N_P$$

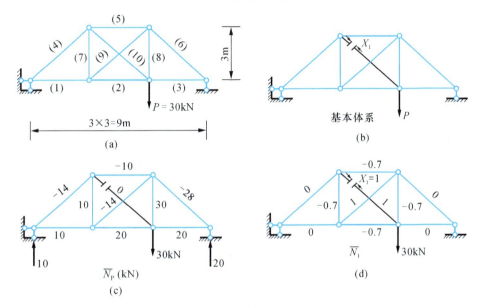

图 9.18 例 9.5 图

计算结果也列在表 9.1 中。

表 9.1 δ_{11}、Δ_{1P} 和轴力 N 的计算

杆件	l/cm	A/cm²	N/kN	$\overline{N}_1$	$\dfrac{\overline{N}_1 l}{A}$	$\dfrac{\overline{N}_1 N_P l}{A}$	$N = \overline{N}_1 X_1 + N_P$/kN
1	300	15	10	0	0	0	10.0
2	300	20	20	−0.7	7.5	−210	11.5
3	300	15	20	0	0	0	−20.0
4	424	20	−14	0	0	0	−14.0
5	300	25	−10	−0.7	6	84	−18.5
6	424	20	−28	0	0	0	−25.0
7	300	15	10	−0.7	10	−140	1.5
8	300	15	30	−0.7	10	−420	21.5
9	424	15	−14	1	28	−396	−1.9
10	424	15	0	1	28	0	12.1
Σ					89.5	−1082	

9.1.5 支座移动时的力法计算

超静定结构有个重要特点，就是无荷载作用时也可以产生内力。支座移动、温度改变、材料收缩、制造误差等因素可以使静定结构发生位移或变形，但不会产生内力；而对超静定结构来说，支座移动、温度改变、材料收缩、制造误差等因素却都能使其产生内力。

超静定结构在支座移动等因素作用下产生的内力称为自内力。用力法计算自内力时的计算步骤与荷载作用的情形基本相同。以下通过案例说明支座移动所产生内力的详细计算过程，并着重讨论它们与荷载作用时的不同点。

【例 9.6】 图 9.19（a）所示为一等截面梁 AB，左端 A 为固定端，右端 B 为链杆支座，如果左端支座转动角度已知为 θ，右端支座下沉距离已知为 a，求梁的内力。

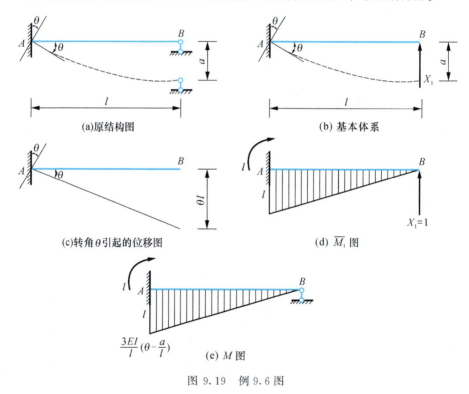

图 9.19 例 9.6 图

解 1）判断超静定次数，选取基本结构。此梁为一次超静定，$n=1$，取支座 B 的竖向反力为多余未知力 X_1，基本结构为悬臂梁。

2）建立力法基本方程。变形协调条件为基本结构在 B 处的竖向位移 Δ_1 应与原结构相同。由于原结构在 B 处的竖向位移已知为 a，方向与假设的 X_1 相反，故变形协调条件可写为

$$\Delta_1 = -a \tag{a}$$

另一方面，基本结构在 B 处的竖向位移 Δ_1 是由多余力 X_1 和支座 A 的转角 θ 共同产生

的,因此力法基本方程为

$$\delta_{11}X_1 + \Delta_{1c} = -a \tag{b}$$

3) 计算方程系数。上式 (b) 左边的自由项 Δ_{1c} 是当支座 A 产生转角 θ 时在基本结构中产生的沿 X_1 方向的位移。由图 9.19 (c) 得知

$$\Delta_{1c} = -\theta l \tag{c}$$

系数 δ_{11} 可由 $\overline{M}_1$ 图求得,即

$$\delta_{11} = \frac{1}{EI}\int \overline{M}_1^2 \mathrm{d}x = \frac{l^3}{3EI} \tag{d}$$

将式 (c) 和式 (d) 代入式 (b),得

$$\frac{l^3}{3EI}X_1 - \theta l = -a \tag{e}$$

由此求得

$$X_1 = \frac{3EI}{l^2}\left(\theta - \frac{a}{l}\right) \tag{f}$$

基本结构是静定结构,支座移动时不引起内力,因此内力全是由多余未知力引起的。弯矩叠加公式为

$$M = \overline{M}_1 X_1 \tag{g}$$

最后的 M 图如图 9.19 (e) 所示。

> **实例点评**
>
> 与荷载作用时的计算相比,支座移动时的计算有如下特点:
> (1) 力法方程的右边可以不为零。
> (2) 力法方程的自由项是由支座移动引起的。
> (3) 内力全部是由多余未知力引起的。
> (4) 内力与杆件刚度 EI 的绝对值有关。

以下对本实例通过取不同的基本结构再次进行分析计算。

如果取图 9.20 (a) 的简支梁作为基本结构,以 A 处的约束力偶为多余未知力 X_1,则

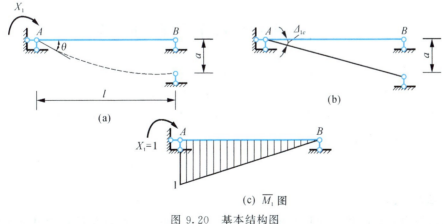

图 9.20 基本结构图

变形条件为：简支梁在 A 处的转角应等于给定值 θ。因此，力法方程为

$$\delta_{11}X_1 + \Delta_{1c} = \theta$$

式中，系数 δ_{11} 可由 $\overline{M}_1$ 图求得。

自由项 Δ_{1c} 是简支梁由于支座 B 下沉 a 而在 A 处产生的转角。由图 9.20（b）得

$$\Delta_{1c} = \frac{a}{l}$$

$$\delta_{11} = \frac{1}{EI}\int \overline{M}_1^2 \mathrm{d}x = \frac{l}{3EI}$$

因此力法方程为

$$\frac{l}{3EI}X_1 + \frac{a}{l} = \theta \tag{h}$$

由此求得

$$X_1 = \frac{3EI}{l}(\theta - \frac{a}{l})$$

同样可求出最后弯矩 M 图，与图 9.19（e）完全相同。

以上选取两种不同的基本结构，得出两个不同的力法方程式（e）和式（h），每个力法方程中都出现两个支座位移参数 θ 和 a，但式（e）中 θ 在左边，a 在右边，而式（h）中 θ 在右边，a 在左边。一般来说，凡是与多余未知力相应的支座位移参数都出现在力法方程的右边项中，而其他的支座位移参数都出现在左边的自由项中。

如果按图 9.21 选取基本结构，这时支座位移参数 θ 和 a 都不是与 X_1 相应的位移，因此它们都出现在力法方程的左边自由项中，而力法方程的右边项为零。

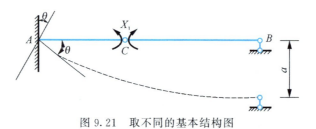

图 9.21 取不同的基本结构图

9.2 超静定结构的位移法计算

力法的基本未知量数目等于超静定次数，因此力法的计算量与结构超静定次数直接相关，超静定次数越高，计算量越大。20 世纪初，随着钢筋混凝土结构的问世，工程上出现了大量高次超静定结构，仍用力法计算将变得十分繁琐，由此诞生了力法基础上的新方法，也即位移法。

9.2.1 位移法原理

1. 基本思路

结构的内力与位移之间具有恒定的关系。位移法是以结点位移作为基本未知量，

设法先求出结点位移,然后根据结点位移反求出杆端内力,继而绘出整个超静定结构的内力图。

如图 9.22（a）所示,超静定结构在荷载作用下发生了图中虚线所示的变形,刚结点 B 发生转角 φ_B,根据刚架性质,它所连接的杆 BA、BC 也在 B 端发生相同的转角 φ_B。在刚架中,AB 杆的受力和变形与图 9.22（b）所示的单跨超静定梁完全相同,BC 杆的受力和变形又与图 9.22（c）所示的单跨超静定梁完全相同,而对图 9.22（b,c）所示的单跨超静定梁,可以用力法求出其杆端的内力 M_{BA}、M_{BC} 等与已知荷载 P 及 φ_B 的关系式。如果能先求出 φ_B,那么各杆端内力随之也可确定。由此可知,计算该超静定结构时,若把 B 结点的转角 φ_B 作为基本未知量并设法先求出,则各杆的内力均可随之得到。

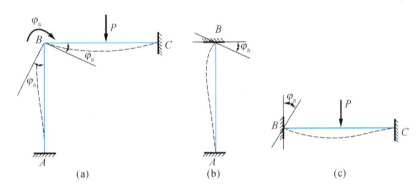

图 9.22 位移法原理图

2 基本未知量和基本结构

位移法以结点位移作为基本未知量,结点位移包括结点角位移和线位移。基本结构是单跨超静定梁。

（1）结点角位移的确定

结点角位移比较容易确定。根据刚架性质,同一刚结点处各杆的转角是相等的,因此每一个刚结点只有一个独立的角位移。在固定支座（固定端）处转角为零,没有角位移。至于铰结点和铰支座处的角位移,结构容许自由转动,其角位移是不独立的,也不能作为基本未知量。因此,确定结点角位移的数目时,只要计算刚结点（包括组合结点）的数目即可,角位移=刚结点数。角位移通常用字母 φ 或 θ 表示。

如图 9.23 所示的刚架有两个刚结点 D、E,故有两个结点角位移 φ_D 和 φ_E。如图 9.24（a）所示的连续梁中,B、C 可看作组合结点,因此有两个结点角位移 φ_B 和 φ_C,如果将图 9.24（a）改为图 9.24（b）的铰接体系,则为多跨静定梁,无结点角位移。

（2）结点线位移

一般情况下结点都有线位移,但确定结点线位移时通常略去受弯杆件的轴向变形,可认为受弯杆件两端之间的距离变形后不改变,从而减小**结点线位移的数目**。如

图 9.23 中，由于各杆不考虑轴向变形，刚结点 D 和 E 在原位置保持不动，因此没有线位移，只有角位移。如果 C 支座处不是固定铰支座，而是一根竖向的链杆支座，则刚结点 D 和 E 将有一个水平的线位移。

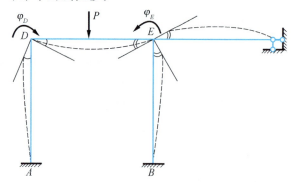

图 9.23　刚架结点角位移示意图

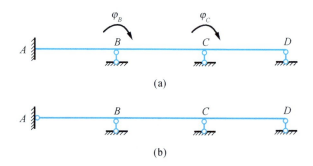

图 9.24　连续梁结点的角位移

确定结点线位移通常可用"铰化结点法"来进行，具体做法是：把结构中所有的刚结点、固定端全部改成铰接，得到一个铰接体系，按二元体规则组成几何不变体系，需增加的链杆数即为原结构的结点线位移数。结点线位移也称侧移，通常用字母 Δ 表示。

如图 9.25（a）所示的刚架，其铰化体系如图 9.25（b）所示，它必须增加一根链杆才能成为几何不变体系，所以原结构的结点线位移为 Δ_1。

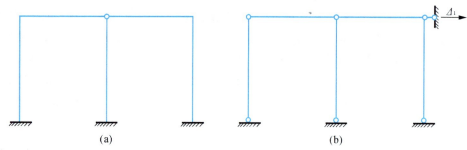

图 9.25　刚架结点线位移示意图

规定结点角位移符号以顺时针转向为正，侧移以整个杆轴线相对于原位置顺时针转向为正。

【例 9.7】 试确定图 9.26（a，c，e）所示超静定结构的位移法基本未知量。

解 对图 9.26（a），体系有 4 个刚结点，即 A，B，C，D，因此有四个角位移 φ_A，φ_B，φ_C，φ_D。将刚架改为图 9.26（b）所示的铰接体系，须增加两根图中虚线所示的链杆才能保持几何不变，故线位移为 Δ_1，Δ_2，所以该体系共有 6 个位移法基本未知量。

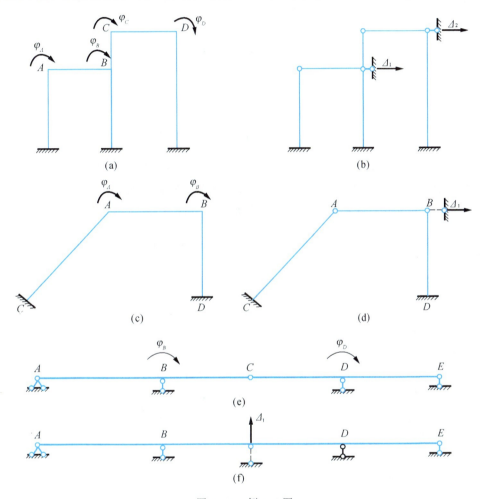

图 9.26 例 9.7 图

对图 9.26（c），体系有两个刚结点 A，B，所以有两个角位移 φ_A，φ_B。将刚架改为图 9.26（d）所示的铰接体系，按二元体规则组成几何不变体系，须增加一根图中虚线所示的链杆才能保持几何不变，故有一个结点线位移为 Δ_1，所以共有 6 个位移法基本未知量。

对图 9.26（e），B、D 为刚结点（组合结点），因此有角位移 φ_B，φ_C。若将梁改为图 9.26（f）所示的铰接体系，须在铰 C 处增加一根链杆才能保持几何不变，故有一个结点线位移，为 Δ_1，也即原结构共有 3 个位移法基本未知量。

（3）基本结构

用位移法计算超静定结构时可将超静定结构看作是由几个单跨超静定梁组成的。图 9.27（a）所示超静定刚架则是由图 9.27（b～d）三部分组成的，其中图（b）为两端固定，图（c）为 A 端固定、C 端铰接，图（d）为 A 端固定、D 端定向。

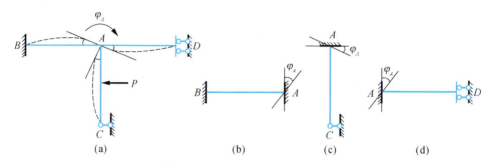

图 9.27　超静定刚架的基本结构

当讨论杆件的弯矩与剪力时，由于铰支座在杆轴线方向上的约束力只产生轴力，因此可不予考虑，从而铰支座可进一步简化为垂直于杆轴线的可动铰支座。结合边界支座的形式，位移法的单跨超静定梁有三种形式，如图 9.28 所示。

图 9.28　单跨超静定梁的约束形式

位移法的基本结构就是以上三类单跨超静定梁。

3. 转角位移方程

单跨超静定梁在杆端位移和荷载作用下杆端弯矩和剪力的计算公式称为转角位移方程。转角位移方程可以通过力法求出，也可以参照表 9.2 通过叠加法得到。

杆端弯矩的正负号规定：加于杆端的弯矩以顺时针转向为正；其反作用力（矩）则加于结点或支座，为逆时针转向。杆端剪力以绕杆段顺时针转向为正。以下是三类常见的单跨超静定梁的转角位移方程。

（1）两端固定梁

超静定结构中，凡两端与刚结点或固定端支座连接的杆件均可看作是两端固定。图 9.29 所示两端固定的等截面梁，其抗弯刚度为 EI，跨度为 l，已知杆端 A 和 B 的角位移分别为 φ_A，φ_B，两端垂直于杆轴线的相对位移为 Δ（简称侧移，注意杆件沿平行或垂直于杆轴线平行移动时不引起杆端弯矩），此时超静定梁的转角位移方程为

$$\left. \begin{array}{l} M_{AB} = 4i\varphi_A + 2i\varphi_B - \dfrac{6i}{l}\Delta + M_{AB}^F \\ M_{BA} = 2i\varphi_A + 4i\varphi_B - \dfrac{6i}{l}\Delta + M_{BA}^F \end{array} \right\} \quad (9.4)$$

式中，i——线刚度，$i=\dfrac{EI}{l}$；

M_{AB}^F，M_{BA}^F——固端弯矩，可查表 9.2 得到。

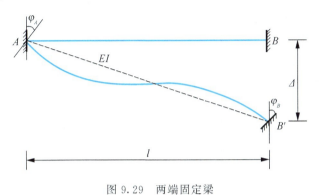

图 9.29 两端固定梁

表 9.2 给出了各种荷载作用下的杆端弯矩和剪力值，称为固端弯矩和固端剪力。

表 9.2 单跨超静定梁的杆端弯矩和杆端剪力

序号	梁的简图	杆端弯矩		杆端剪力	
		M_{AB}	M_{BA}	F_{QAB}	F_{QBA}
1		$4i$ $i=\dfrac{EI}{l}$（下同）	$2i$	$\dfrac{6i}{l}$	$\dfrac{6i}{l}$
2		$-\dfrac{6i}{l}$	$-\dfrac{6i}{l}$	$\dfrac{12i}{l^2}$	$\dfrac{12i}{l^2}$
3		$3i$	0	$-\dfrac{3i}{l}$	$-\dfrac{3i}{l}$
4		$-\dfrac{3i}{l}$	0	$\dfrac{3i}{l^2}$	$\dfrac{3i}{l^2}$
5		i	$-i$	0	0

续表

序号	梁的简图	杆端弯矩 M_{AB}	杆端弯矩 M_{BA}	杆端剪力 F_{QAB}	杆端剪力 F_{QBA}
6		$-\dfrac{Fab^2}{l^2}$	$\dfrac{Fa^2b}{l^2}$	$\dfrac{Fb^2}{l^2}\left(1+\dfrac{2a}{l}\right)$	$\dfrac{Pa^2}{l^2}\left(1+\dfrac{2b}{l}\right)$
7		$-\dfrac{Fl}{8}$	$\dfrac{Fl}{8}$	$\dfrac{F}{2}$	$-\dfrac{F}{2}$
8		$-\dfrac{ql^2}{12}$	$\dfrac{ql^2}{12}$	$\dfrac{ql}{2}$	$-\dfrac{ql}{2}$
9		$-\dfrac{Fab(l+b)}{2l^2}$	0	$\dfrac{Fb}{2l^3}(3l^2-b^2)$	$-\dfrac{Fa^2}{2l^3}(3l-a)$
10		$-\dfrac{3Fl}{16}$	0	$\dfrac{11F}{16}$	$-\dfrac{5F}{16}$
11		$-\dfrac{ql^2}{8}$	$\dfrac{ql^2}{8}$	$\dfrac{5ql}{8}$	$-\dfrac{3ql}{8}$
12		$-\dfrac{Fa(l+b)}{2l}$	$-\dfrac{Fa^2}{2l}$	F	0
13		$-\dfrac{3Fl}{8}$	$-\dfrac{Fl}{8}$	F	0

续表

序号	梁的简图	杆端弯矩		杆端剪力	
		M_{AB}	M_{BA}	F_{QAB}	F_{QBA}
14		$-\dfrac{Fl}{2}$	$-\dfrac{Fl}{2}$	F	F
15		$-\dfrac{ql^2}{3}$	$-\dfrac{ql^2}{6}$	ql	0
16		$\dfrac{M}{2}$	M	$-\dfrac{3M}{2l}$	$-\dfrac{3M}{2l}$

(2) 一端固定、一端铰支梁

凡是一端与固定端支座或刚结点联结，另一端与铰支座、可动铰支座、铰结点联结的杆件均可看作是这类梁。图 9.30 所示一端固定、一端铰支的等截面梁，其抗弯刚度为 EI，跨度为 l，已知杆端 A 的角位移分别为 φ_A，AB 两端垂直于杆轴线的相对位移为 Δ，此时超静定梁的转角位移方程为

$$\left. \begin{aligned} M_{AB} &= 3i\varphi_A - \dfrac{3i}{l}\Delta + M_{AB}^F \\ M_{BA} &= 0 \end{aligned} \right\} \tag{9.5}$$

式中符号含义同前。

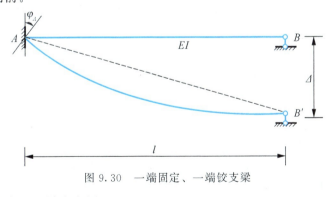

图 9.30 一端固定、一端铰支梁

(3) 一端固定、一端定向梁

凡是一端与固定端支座或刚结点联结，另一端与定向支座联结的杆件可看作是这类梁。图 9.31 所示为一端固定、一端定向的等截面梁，当已知 φ_A 和 Δ（Δ 为结构容许

位移，不引起杆端弯矩和剪力。）时的转角位移方程为

$$\left.\begin{array}{l} M_{AB} = i\varphi_A + M_{AB}^F \\ M_{BA} = -i\varphi_A + M_{BA}^F \end{array}\right\} \tag{9.6}$$

式中符号含义同前。

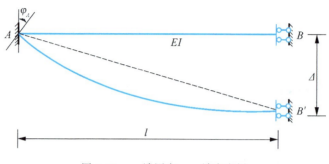

图 9.31 一端固定、一端定向梁

为应用方便，表 9.2 列出了以上三类单跨超静定梁在各种不同荷载、不同位移情况下的杆端弯矩和剪力值。

4. 位移法的计算步骤

用位移法计算超静定结构的步骤可归纳如下：

1）确定结点位移数，选取基本结构。判断原结构有几个结点角位移和线位移、有几根杆件、两端约束情况如何。

2）建立各杆端的转角位移方程。根据每个单跨超静定梁的类型，结合表 9.2 建立各杆端弯矩和剪力的转角位移方程。

3）以结点或杆段为隔离体建立平衡方程。（一般对有转角位移的刚结点取力矩平衡方程，有结点线位移时则考虑线位移方向剪力的投影平衡方程）

4）解方程，求出结点角位移和线位移。

5）将结点角位移和线位移数值代回转角位移方程，得到各杆端弯矩和剪力，由区段叠加法绘制各杆段弯矩图，计算对应支反力，绘制剪力图和轴力图。

9.2.2 超静定梁的位移法计算

【**例 9.8**】 用位移法作图 9.32（a）所示连续梁的弯矩图，$F = \dfrac{3}{2}ql$，各杆刚度 EI 为常数。

解 1）确定基本未知量。此连续梁只有一个刚节点 B，转角位移个数为 1，记作 φ_B，整个梁无线位移，因此基本未知量只有 B 节点角位移 φ_B。

2）将连续梁拆成两个单跨超静定梁，如图 9.32（b，d）所示。

3）写出各杆的转角位移方程（两杆的线刚度相等）。

$$M_{AB} = 2i\varphi_B - \frac{1}{8}Fl = 2i\varphi_B - \frac{3}{16}ql^2$$

$$M_{BA} = 4i\varphi_B + \frac{1}{8}Fl = 4i\varphi_B + \frac{3}{16}ql^2$$

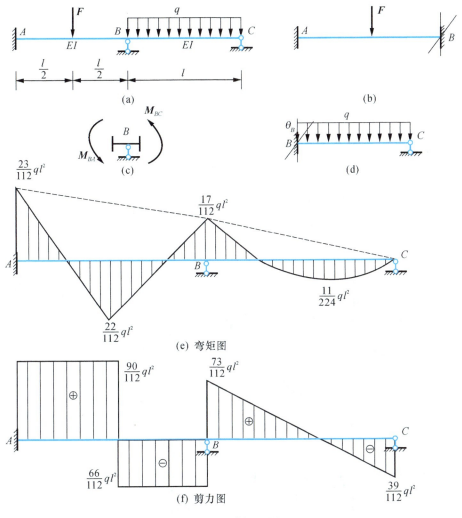

图 9.32 例 9.8 图

$$M_{BC} = 3i\varphi_B - \frac{1}{8}ql^2$$

$$M_{CB} = 0$$

4) 考虑刚结点 B 的力矩平衡，由 $\sum M_B = 0$，有

$$M_{BA} + M_{BC} = 0$$

$$4i\varphi_B + 3i\varphi_B + \frac{1}{16}ql^2 = 0$$

解得

$$i\varphi_B = -\frac{1}{112}ql^2 \quad （负号说明 \varphi_B 为逆时针转向）$$

5) 将上述方程代回转角位移方程，求出各杆的杆端弯矩。

$$M_{AB} = 2i\varphi_B - \frac{3}{16}ql^2 = -\frac{23}{112}ql^2$$

$$M_{BA} = 4i\varphi_B + \frac{3}{16}ql^2 = \frac{17}{112}ql^2$$

$$M_{BC} = 3i\varphi_B - \frac{1}{8}ql^2 = -\frac{17}{112}ql^2$$

$$M_{CB} = 0$$

6) 根据杆端弯矩求出杆端剪力，并作出弯矩图和剪力图，如图 9.32（e，f）所示。

【例 9.9】 用位移法作图 9.33（a）所示连续梁的内力图，并求支座反力，设各杆线刚度为 $i_{AB}=2$，$i_{BC}=3$，$i_{CD}=1$。

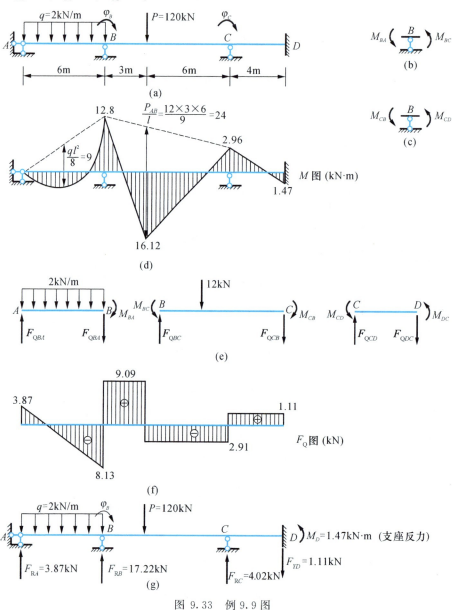

图 9.33 例 9.9 图

解 1）确定基本未知量。此连续梁有两个角位移 φ_B 和 φ_C，无线位移。

2）将连续梁拆成三个单跨梁，如图 9.33（e）所示。

3）写出各杆的转角位移方程。

$$M_{AB} = 0$$

$$M_{BA} = 3i\varphi_B + \frac{ql^2}{8} = 6\varphi_B + 9$$

$$M_{BC} = 4i\varphi_B + 2i\varphi_C - \frac{pab^2}{l^2} = 12\varphi_B + 6\varphi_C - 16$$

$$M_{CB} = 2i\varphi_B + 4i\varphi_C + \frac{pa^2b}{l^2} = 6\varphi_B + 12\varphi_C + 8$$

$$M_{CD} = 4i\varphi_C = 4\varphi_C$$

$$M_{DC} = 2i\varphi_C = 2\varphi_C$$

4）分别取结点 B 和 C 为隔离体，如图 9.33（b，c）所示，考虑力矩平衡，由

$$\sum M_B = 0, \quad M_{BA} + M_{BC} = 0$$

得

$$\left.\begin{array}{r} 6\varphi_B + 9 + 12\varphi_B + 6\varphi_C - 16 = 0 \\ 12\varphi_B + 6\varphi_C - 7 = 0 \end{array}\right\} \tag{1}$$

由

$$\sum M_C = 0, \quad M_{CB} + M_{CD} = 0$$

得

$$\left.\begin{array}{r} 12\varphi_C + 6\varphi_B + 8 + 4\varphi_C = 0 \\ 6\varphi_B + 16\varphi_C + 8 = 0 \end{array}\right\} \tag{2}$$

解方程组（1）和（2），得

$$\varphi_B = 0.635, \varphi_C = -0.737（负号表示 C 结点处转角为逆时针转向）$$

5）将 $\varphi_B = 0.635$，$\varphi_C = -0.737$ 代回转角位移方程，求出杆端弯矩。

$$M_{AB} = 12.8 \text{kN} \cdot \text{m}, \quad M_{BC} = -12.8 \text{kN} \cdot \text{m}$$

$$M_{CB} = 2.96 \text{kN} \cdot \text{m}, \quad M_{CD} = -2.96 \text{kN} \cdot \text{m}$$

$$M_{DC} = -1.47 \text{kN} \cdot \text{m}$$

6）根据杆端弯矩作出弯矩图，如图 9.33（d）所示。

7）取各杆为隔离体，如图 9.33（e）所示，求出杆端剪力，由此作出剪力图，如图 9.31（f）所示。

$$F_{QAB} = \frac{1}{6}(2 \times 6 \times 3 - 12.8) = 3.87 \text{kN}$$

$$F_{QBA} = -\frac{1}{6}(12.8 + 2 \times 6 \times 3) = -8.13 \text{kN}$$

$$F_{QBC} = \frac{1}{9}(12.8 + 12 \times 6 - 2.96) = 9.09 \text{kN}$$

$$F_{QCB} = \frac{1}{6}(12.8 - 12 \times 3 - 2.96) = -2.91\text{kN}$$

$$F_{QCD} = \frac{1}{4}(2.96 + 1.47) = 1.11\text{kN}$$

$$F_{QDC} = \frac{1}{4}(2.96 + 1.47) = 1.11\text{kN}$$

8) 根据内力图求出支座反力,如图 9.33 (g) 所示。

$F_{RA} = 3.87\text{kN}(\uparrow)$, $F_{RB} = 17.22\text{kN}(\uparrow)$, $F_{RC} = 4.02\text{kN}(\uparrow)$, $F_{YD} = 1.11\text{kN}(\downarrow)$

$m_D = 1.47\text{kN}\cdot\text{m}(\curvearrowleft)$

校核

$$\sum F_y = F_{RA} + F_{RB} + F_{RC} - F_{YD} - 2\times 6 - 12 = 0$$

9.2.3 超静定刚架的位移法计算

【例 9.10】 用位移法计算图 9.34 (a) 所示超静定刚架的内力,并作出此刚架的内力图。

解 1) 确定基本未知量。此刚架有 B、C 两个刚结点,所以有两个转角位移,分别记作 θ_B,θ_C。

2) 将刚架拆成单跨超静定梁,如图 9.34 (b) 所示。

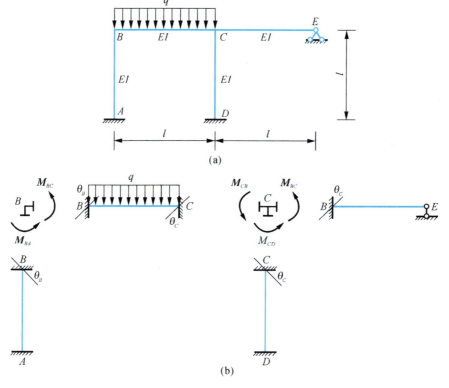

图 9.34 例 9.10 图

3) 写出转角位移方程（各杆的线刚度均相等）。

$$M_{AB} = 2i\theta_B$$

$$M_{BA} = 4i\theta_B$$

$$M_{BC} = 4i\theta_B + 2i\theta_C - \frac{1}{12}ql^2$$

$$M_{CB} = 2i\theta_B + 4i\theta_C + \frac{1}{12}ql^2$$

$$M_{CD} = 4i\theta_C$$

$$M_{DC} = 2i\theta_C$$

$$M_{CE} = 3i\theta_C$$

4) 考虑刚结点 B、C 的力矩平衡，如图 9.34（b）所示，建立平衡方程。
由

$$\sum M_B = 0, \qquad M_{BA} + M_{BC} = 0$$

得

$$8i\theta_B + 2i\theta_C - \frac{1}{12}ql^2 = 0 \tag{a}$$

由

$$\sum M_C = 0, \qquad M_{CB} + M_{CD} + M_{CE} = 0$$

得

$$2i\theta_B + 11i\theta_C + \frac{1}{12}ql^2 = 0 \tag{b}$$

将上两式 (a)、(b) 联立求解，得

$$i\theta_B = \frac{13}{1008}ql^2$$

$$i\theta_C = -\frac{5}{1008}ql^2 \quad （负号表明 \theta_C 为逆时针转向）$$

5) 将 $i\theta_B$，$i\theta_C$ 代回转角位移方程，求出各杆端弯矩。

$$M_{AB} = 2i\theta_B = \frac{13}{504}ql^2$$

$$M_{BA} = 4i\theta_B = \frac{26}{504}ql^2$$

$$M_{BC} = 4i\theta_B + 2i\theta_C - \frac{1}{12}ql^2 = -\frac{26}{504}ql^2$$

$$M_{CB} = 2i\theta_B + 4i\theta_C + \frac{1}{12}ql^2 = \frac{35}{504}ql^2$$

$$M_{CD} = 4i\theta_C = -\frac{20}{504}ql^2$$

$$M_{DC} = 2i\theta_C = -\frac{10}{504}ql^2$$

$$M_{CE} = 3i\theta_C = -\frac{15}{504}ql^2$$

6）作出弯矩图、剪力图和轴力图，如图 9.35 所示。

对于有结点线位移的刚架来说，一般要考虑杆端剪力，建立线位移方向的静力平衡方程和刚结点处的力矩平衡方程，才能解出未知量，下面举例说明。

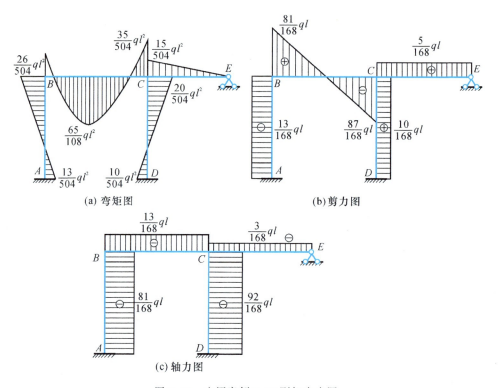

图 9.35 应用案例 9.10 刚架内力图

【例 9.11】 用位移法计算图 9.36（a）所示超静定刚架的内力，并作出弯矩图。

解 1）确定基本未知量。此刚架有一个刚结点 C，其转角位移记作 θ；有一个线位移，记作 Δ，如图 9.36（b）所示。

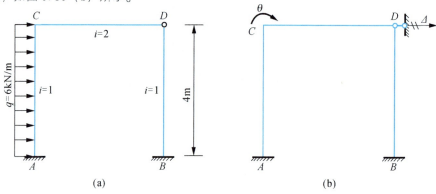

图 9.36 例 9.11 图

2) 将刚架拆成单跨超静定梁，如图 9.37 所示。
3) 写出转角位移方程。

$$M_{AC} = 2i\theta - \frac{6i}{l}\Delta - \frac{1}{12}ql^2 = 2\theta - \frac{3}{2}\Delta - 8$$

$$M_{CA} = 4i\theta - \frac{6i}{l}\Delta + \frac{1}{12}ql^2 = 4\theta - \frac{3}{2}\Delta + 8$$

$$M_{CD} = 3i\theta = 6\theta$$

$$M_{BD} = -\frac{3i}{l}\Delta = -\frac{3}{4}\Delta$$

$$F_{QAC} = -\frac{6i}{l}\theta + \frac{12i}{l^2}\Delta + \frac{ql}{2} = -\frac{3}{2}\theta + \frac{3}{4}\Delta + 12$$

$$F_{QBD} = \frac{3i}{l^2}\Delta = \frac{3}{16}\Delta$$

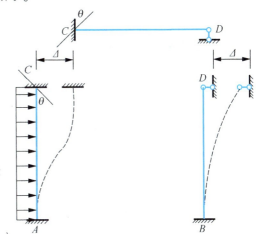

图 9.37　例 9.11 刚架的基本结构

4) 考虑刚结点 C 的力矩平衡，如图 9.38 (a) 所示，建立平衡方程。

由

$$\sum M_C = 0, \qquad M_{CA} + M_{CD} = 0$$

得

$$10\theta - \frac{3}{2}\Delta + 8 = 0$$

取整体结构，考虑水平力的平衡，如图 9.38 (b) 所示，建立平衡方程。

由

$$\sum F_x = 0, \qquad ql - F_{QAC} - F_{QBD} = 0$$

得

$$\frac{3}{2}\theta - \frac{15}{16}\Delta + 12 = 0$$

将上述两式联立，解得

$$\theta = 1.47$$
$$\Delta = 15.16$$

5) 将 θ 和 Δ 代回转角位移方程，求出各杆端弯矩。

$$M_{AC} = 2\theta - \frac{3}{2}\Delta - 8 = 2 \times 1.47 - \frac{3}{2} \times 15.16 - 8 = 27.79 \text{kN} \cdot \text{m}$$

$$M_{CA} = 4\theta - \frac{3}{2}\Delta + 8 = 4 \times 1.47 - \frac{3}{2} \times 15.61 + 8 = 8.82 \text{kN} \cdot \text{m}$$

$$M_{CD} = 6\theta = 6 \times 1.47 = 8.82 \text{kN} \cdot \text{m}$$

$$M_{BD} = -\frac{3}{4}\Delta = -\frac{3}{4} \times 15.16 = 11.37 \text{kN} \cdot \text{m}$$

6) 作出弯矩图，如图 9.38 (c) 所示。

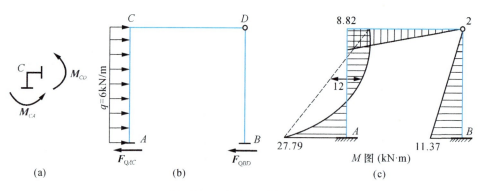

图 9.38 刚架的平衡及弯矩图

> **实例点评**
> 用位移法求解超静定结构的内力时,先确定基本未知量,将刚架拆成单杆,再写出转角位移方程,考虑刚结点 C 的力矩平衡及整体结构(部分结构)水平力的平衡,求出基本未知量,代入转角位移方程求出各杆端弯矩,根据杆端弯矩及荷载用叠加法作出弯矩图。

9.3 超静定结构的力矩分配法计算

9.3.1 力矩分配法的基本概念

力法和位移法是求解超静定结构的两种基本方法,它们的共同点是都需要列方程和解方程,运算较繁杂。力矩分配法无需解联立方程就可以直接计算杆端弯矩,方法简便,特别适合连续梁和无侧移刚架的内力计算,是工程设计中常用的计算方法。

力矩分配法的理论基础是位移法,解题过程采用逐次渐近的方法,其结果的精度随计算轮次的增加而提高,最后收敛于精确解。杆端弯矩的正负号规定与位移法一致。

1. 转动刚度

转动刚度 S_{AB} 是指使 AB 杆 A 端产生单位转角 $\varphi_A=1$ 时在 A 端所需施加的力矩。其中,转动端称为近端,另一端称为远端。等截面直杆的转动刚度与远端约束及线刚度有关,它反映了杆端对转动的抵抗能力,图 9.39 给出了等截面直杆在 A 端的转动刚度 S_{AB} 的大小。

远端固定

$$S = 4i \tag{9.7}$$

远端铰支

$$S = 3i \tag{9.8}$$

远端定向

$$S = i \tag{9.9}$$

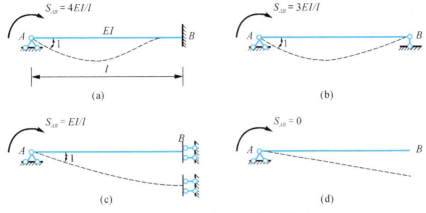

图 9.39 等截面直杆的转动刚度示意图

远端自由（i 为线刚度）

$$S = 0 \tag{9.10}$$

转动刚度是指近端在没有线位移条件下所需施加的力矩，图 9.39 中 A 端画成铰支座是为了强调 A 端只能转动不能移动的特点。也可以把 A 端看作可转动（但不能移动）的刚结点，这时 S 就代表刚结点产生单位转角时在近端引起的杆端弯矩。

2 分配系数

图 9.40 所示超静定刚架，B 端为固定端支座，C 端为定向支座，D 端为固定铰支座，设有力偶 M 作用于 A 结点，使结点 A 产生转角 θ_A，由转动刚度定义可知：

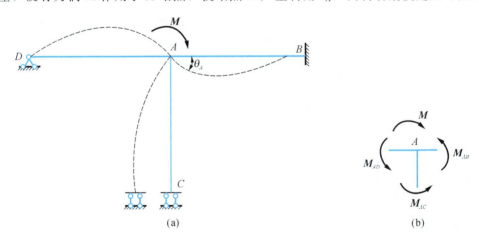

图 9.40 超静定刚架示意图

$$\left. \begin{array}{l} M_{AB} = S_{AB}\theta_A = 4i_{AB}\theta_A \\ M_{AC} = S_{AC}\theta_A = i_{AC}\theta_A \\ M_{AD} = S_{AD}\theta_A = 3i_{AD}\theta_A \end{array} \right\}$$

取结点 A 为隔离体，由平衡方程 $\sum M = 0$，得

$$M = S_{AB}\theta_A + S_{AC}\theta_A + S_{AD}\theta_A$$

因而得到

$$\theta_A = \frac{M}{S_{AB} + S_{AC} + S_{AD}} = \frac{M}{\sum\limits_A S_i}$$

式中，$\sum\limits_A S_i$ ——A 端各杆的转动刚度之和。

将 θ_A 值代入 A 结点的各杆端弯矩表达式，得

$$\left.\begin{aligned} M_{AB} &= \frac{S_{AB}}{\sum\limits_A S_i} M \\ M_{AC} &= \frac{S_{AC}}{\sum\limits_A S_i} M \\ M_{AD} &= \frac{S_{AD}}{\sum\limits_A S_i} M \end{aligned}\right\} \tag{9.11}$$

由此看来，A 结点处各杆端弯矩与各杆端的转动刚度成正比，可以用下列公式表示计算结果，即

$$M_{Aj} = \mu_{Aj} M \tag{9.12}$$

$$\mu_{Aj} = \frac{S_{Aj}}{\sum\limits_A S_i} \tag{9.13}$$

式中，μ_{Aj} ——分配系数，其中 j 可以是 B、C 或 D，如 μ_{AB} 称为杆 AB 在 A 端的分配系数，杆 AB 在结点 A 的分配系数 μ_{AB} 等于杆 AB 的转动刚度与铰结于 A 点的各杆的转动刚度之和的比值。

同一结点 α 杆端分配系数之间存在下列关系，即

$$\sum \mu_{Aj} = \mu_{AB} + \mu_{AC} + \mu_{AD} = 1 \tag{9.14}$$

加于结点 A 的力偶荷载 M，按各杆分配系数分配于各杆的 A 端。

3. 传递系数

在图 9.40 中，力偶荷载 M 加于结点 A，使各杆近端产生弯矩，同时也使各杆远端产生弯矩。由位移法中的转角位移方程可得杆端弯矩的具体数值为

$$M_{AB} = 4i_{AB}\theta_A, \quad M_{BA} = 2i_{AB}\theta_A$$
$$M_{AC} = i_{AC}\theta_A, \quad M_{CA} = -i_{AB}\theta_A$$
$$M_{AD} = 3i_{AB}\theta_A, \quad M_{DA} = 0$$

由上述结果可知

$$\frac{M_{BA}}{M_{AB}} = C_{AB} = \frac{1}{2} \tag{9.15}$$

其中，比值 $C_{AB} = \frac{1}{2}$ 称为传递系数，表示当近端有转角时远端弯矩与近端弯矩的比值。

对等截面杆来说，传递系数随远端的支承情况的不同而变化，数值为

远端固定
$$C = \frac{1}{2} \tag{9.16}$$

远端定向
$$C = -1 \tag{9.17}$$

远端铰支
$$C = 0 \tag{9.18}$$

用下列公式表示传递系数的应用，即
$$M_{BA} = C_{AB} M_{AB}$$

其中，系数 C_{AB} 称为由 A 端至 B 端的传递系数。

因此，图 9.40 所示问题的计算方法可归纳为：结点 A 作用的力偶荷载 M 按各杆分配系数分配给各杆的近端；远端弯矩等于近端弯矩乘以传递系数。

4. 计算原理

力矩分配法的思想就是首先将刚结点锁定，得到荷载单独作用下的杆端弯矩，然后任取一个结点作为起始结点，计算其不平衡力矩。接着放松该结点，允许其产生角位移，并依据平衡条件，通过分配不平衡力矩得到角位移引起的各杆近端分配弯矩，再由各杆近端分配弯矩传递得到各杆远端传递弯矩。该结点的计算结束后仍将其锁定，再换一个刚结点，重复上述计算过程，直至计算结束。由于力矩分配法属于逐次逼近法，因此计算可能不止一个轮次（所有结点计算一遍称为一个轮次），当误差在允许范围内时即可停止计算。最后将各结点的固端弯矩、分配弯矩与传递弯矩相加，得到最终杆端弯矩，并据此绘制弯矩图。

力矩分配法的计算步骤如下：

1）将各刚结点看作是锁定的，查表 9.2 得到各杆的固端弯矩。

2）计算各杆的线刚度 $i = \dfrac{EI}{l}$、转动刚度 S，确定刚结点处各杆的分配系数 μ，并用节点处总分配系数为 1 进行验算。

3）计算刚结点处的不平衡力矩 $\sum M^F$，将结点不平衡力矩变号分配，得各杆近端分配弯矩。

4）根据远端约束条件确定传递系数 C，计算各杆远端传递弯矩。

5）依次对各结点循环进行分配、传递计算，当误差在允许范围内时终止计算，然后将各杆端的固端弯矩、分配弯矩与传递弯矩进行代数相加，得出最后的杆端弯矩。

6）根据最终杆端弯矩值及位移法下的弯矩正负号规定用叠加法绘制弯矩图。

9.3.2 力矩分配法计算

【例 9.12】 用力矩分配法作图 9.41（a）所示两跨连续梁的弯矩图。

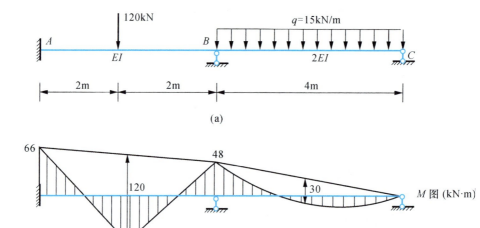

图 9.41 应用案例 9.12 图

解 原结构只有一个刚结点 B

1) 查表求出各杆端的固端弯矩。

$$M_{AB}^F = -\frac{Fl}{8} = -\frac{120 \times 4}{8} = -60 \text{kN} \cdot \text{m}$$

$$M_{AB}^F = \frac{Fl}{8} = \frac{120 \times 4}{8} = 60 \text{kN} \cdot \text{m}$$

$$M_{BC}^F = -\frac{ql^2}{8} = -\frac{15 \times 4^2}{8} = -30 \text{kN} \cdot \text{m}$$

$$M_{CB}^F = 0$$

2) 计算各杆的线刚度、转动刚度与分配系数。

线刚度

$$i_{AB} = \frac{EI}{4}, \qquad i_{BC} = \frac{2EI}{4} = \frac{EI}{2}$$

转动刚度

$$S_{BA} = 4i_{AB} = EI, \qquad S_{BC} = 3i_{BC} = \frac{3EI}{2}$$

分配系数

$$\mu_{BC} = \frac{S_{BC}}{S_{BA} + S_{BC}} = \frac{\frac{3EI}{2}}{EI + \frac{3EI}{2}} = 0.6$$

$$\mu_{BA} = \frac{S_{BA}}{S_{BA} + S_{BC}} = \frac{EI}{EI + \frac{3EI}{2}} = 0.4$$

$$\mu_{BA} + \mu_{BC} = 0.4 + 0.6 = 1$$

3) 通过列表方式计算分配弯矩与传递弯矩。

分配系数		0.4	0.6	
	M_{AB}	M_{BA}	M_{BC}	M_{CB}
固端弯矩	−60	60	−30	0
分配传递计算	−6 ←―― ($C=\frac{1}{2}$)	+12	−18 ――→ ($C=0$)	0
杆端弯矩	−66	48	−48	0

将固端弯矩和分配系数填入表中，然后根据表中数据进行计算。
B 节点不平衡力矩

$$M_B^F = M_{BA}^F + M_{BC}^F = 60 - 30 = 30 \text{kN} \cdot \text{m}$$

$$M'_{BA} = \mu_{BA}(-M_B) = 0.4 \times (-30) = -12 \text{kN} \cdot \text{m}$$

$$M'_{BC} = \mu_{BC}(-M_B) = 0.6 \times (-30) = -18 \text{kN} \cdot \text{m}$$

4）叠加计算，得出最后的杆端弯矩，作弯矩图，如图 9.41（b）所示。

【例 9.13】 用力矩分配法作图 9.42（a）所示无结点线位移刚架的弯矩图。

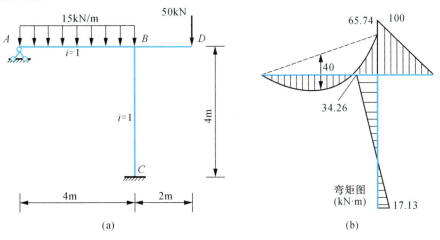

图 9.42 例 9.13 图

解 原结构只有一个刚结点 B。

1) 确定刚结点 B 处各杆的分配系数。

$$S_{BA} = 3 \times 1 = 3$$
$$S_{BC} = 4 \times 1 = 4$$
$$S_{BD} = 0$$

这里 BD 杆为近端固定，远端自由，属于静定结构，转动刚度为 0。

$$\mu_{BA} = \frac{3}{3+4} = 0.429$$

$$\mu_{BC} = \frac{4}{3+4} = 0.571$$

$$\mu_{BD} = 0$$

2) 计算固端弯矩。

$$M_{BA}^{F} = \frac{ql^2}{8} = \frac{20 \times 4^2}{8} = 40 \text{kN} \cdot \text{m}$$

$$M_{BD}^{F} = -Fl = -50 \times 2 = -100 \text{kN} \cdot \text{m}$$

$$M_{BC}^{F} = 0$$

3) 力矩分配计算见下表。

分配系数		0.429	0.571	0	
	M_{AB}	M_{BA}	M_{BC}	M_{BD}	M_{DB}
固端弯矩	0	40	0	−100	0
分配传递计算	0 ←	25.74	34.26	0 →	0
杆端弯矩	0	65.74	34.26	−100	0
			M_{CB} 0 17.13 17.13		

显然，刚结点 B 满足结点力矩平衡条件 $\sum M_B = 0$，弯矩图如图 9.42（b）所示。

【例 9.14】 用力矩分配法作图 9.43（a）所示三跨连续梁的弯矩图，EI 为常数。

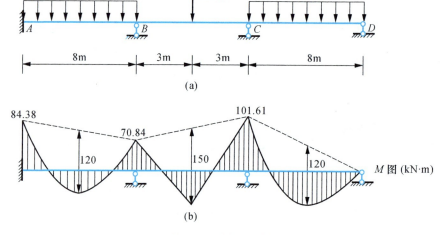

图 9.43 例 9.14 图

解 1）计算各杆端的固端弯矩。

$$M_{AB}^F = -\frac{ql^2}{12} = -\frac{15 \times 8^2}{12} = -80 \text{kN} \cdot \text{m}$$

$$M_{BA}^F = \frac{ql^2}{12} = \frac{15 \times 8^2}{12} = 80 \text{kN} \cdot \text{m}$$

$$M_{BC}^F = -\frac{Fl}{8} = -\frac{100 \times 6}{8} = -75 \text{kN} \cdot \text{m}$$

$$M_{CB}^F = \frac{Fl}{8} = 75 \text{kN} \cdot \text{m}$$

$$M_{CD}^F = -\frac{ql^2}{8} = -\frac{15 \times 8^2}{8} = -120 \text{kN} \cdot \text{m}$$

$$M_{DC}^F = 0$$

2）确定各刚结点处各杆的分配系数，为了计算简便，可令 $EI = 1$。

B 结点处：

$$S_{BA} = 4i_{AB} = 4 \times \frac{1}{8} = \frac{1}{2}$$

$$S_{BC} = 4i_{BC} = 4 \times \frac{1}{6} = \frac{2}{3}$$

$$\mu_{BA} = \frac{\frac{1}{2}}{\frac{1}{2} + \frac{2}{3}} = 0.429$$

$$\mu_{BC} = \frac{\frac{2}{3}}{\frac{1}{2} + \frac{2}{3}} = 0.571$$

C 结点处：

$$S_{CB} = 4i_{BC} = 4 \times \frac{1}{6} = \frac{2}{3}$$

$$S_{CD} = 3i_{CD} = 3 \times \frac{1}{8} = \frac{3}{8}$$

$$\mu_{CB} = \frac{\frac{2}{3}}{\frac{2}{3} + \frac{3}{8}} = 0.64$$

$$\mu_{CD} = \frac{\frac{3}{8}}{\frac{2}{3} + \frac{3}{8}} = 0.36$$

3）将分配系数和固端弯矩填入计算表中。首先计算 C 结点，C 结点的不平衡力矩为 $-45 \text{kN} \cdot \text{m}$，放松 C 结点，将不平衡力矩变号分配并进行传递，C 结点暂时处于平衡状态，然后锁定 C 结点，接着计算 B 结点。B 结点处的不平衡力矩除了固端弯矩外，还有 C 结点传过来的传递弯矩，所以 B 结点处的不平衡力矩为

$$80 - 75 + 14.4 = 19.4$$

放松 B 结点,将不平衡力矩变号分配并进行传递,B 结点暂时处于平衡状态,然后锁定 B 结点,第一轮计算完成。

原来 C 结点处于平衡状态,但是现在 B 结点处传来一个传递弯矩,形成一个新的不平衡力矩,所以必须开始新一轮计算。

第二轮计算结束后,如果新的不平衡力矩值很小,在允许误差范围内,则可以停止计算,否则应继续下一轮计算。

停止分配、传递计算后,将杆端所有固端弯矩、分配弯矩、传递弯矩(即表中同一列的弯矩值)代数相加,得到杆端最终弯矩,如下列计算表所示。

分配系数			0.429	0.571			0.64	0.36	
固端弯矩		−80		80	−75		75	−120	0
分配传递计算					14.4	←	28.8	16.2	→	0
		−4.16	←	−8.32	−11.08	→	−5.54			
					1.78	←	3.55	1.99	→	0
		−0.38	←	−0.76	−1.02	→	−0.51			
					0.17	←	0.33	0.18	→	0
		−0.04	←	−0.07	−0.10	→	−0.05			
					0.02		0.03	0.02	→	0
					−0.01					
		−0.01								
杆端弯矩		−84.58		70.84	−70.84		101.61	−101.61	0

根据杆端最终弯矩就可绘制弯矩图,如图 9.43(b)所示。显然,刚结点 B 满足结点力矩平衡条件 $\sum M_B = 0$,刚结点 C 也满足结点力矩平衡条件 $\sum M_C = 0$。

实例点评

对于多个分配结点的计算,要注意计算顺序,一般先从结点不平衡力矩大的结点开始分配,这样可以加快收敛速度。

特别提示:同一个约束反力同时出现在物体系统的整体受力图和拆开画的分离体的受力图中时,它的指向必须一致。

小 结

1. 力法

(1)力法是计算超静定结构的基本方法之一。超静定结构的主要特点是有多余联系,力法解题的基本原理是:首先将超静定结构中的多余联系去掉,代之以多余未知力。以去掉多余联系后得到的静定结构作为基本结构,以多余未知力作为力法的基本未知量，利用基本结构在荷载和多余未知力共同作用下的变形条件建立力法方程（称为力法的基本方程），从而求解多余未知力。求得多余未知力后，超静定问题就转化为静定问题，可用平衡条件求解所有未知力。

因此，力法计算的关键是：确定基本未知量；选择基本结构；建立基本方程。

(2) 确定基本未知量和选择基本结构。一般用去掉多余联系使原超静定结构变为静定结构的方法。去掉的多余联系处的多余未知力即为基本未知量，去掉多余联系后的静定结构即为基本结构，所以基本未知量和基本结构是同时选定的。同一超静定结构可以选择多种基本结构，应尽量选择计算简单的基本结构，但必须保证基本结构是几何不变且无多余联系的静定结构。

(3) 建立力法方程。基本结构在荷载（或温度变化、支座移动等）及多余未知力作用下，沿多余未知力方向的位移应与原结构在相应处的位移相等，据此列出力法方程。要充分理解力法方程所代表的变形条件的意义，以及方程中各项系数和自由项的含义。

(4) 力法方程的系数和自由项的计算。系数和自由项的计算就是求静定结构的位移。因此，要使系数、自由项的计算准确，必须保证静定结构的内力（或内力图）的正确和位移计算的准确。力法方程中的主系数（δ_{ii}）恒大于零；副系数和自由项可能小于零、等于零，也可能大于零，且副系数 $\delta_{ij} = \delta_{ji}$，注意这一特点。

(5) 超静定结构的内力计算与内力图的绘制。通过解力法方程求得多余未知力后，可用静力平衡方程或内力叠加公式计算超静定结构的内力和绘制内力图。对梁和刚架来说，一般先计算杆端弯矩，绘制弯矩图，然后计算杆端剪力，绘制剪力图，最后计算杆端轴力，绘制轴力图。

2. 位移法

(1) 位移法以结点位移作为基本未知量，根据静力平衡条件求解基本未知量。计算时将整个结构拆成单杆，分别计算各个杆件的杆端弯矩。杆件的杆端弯矩由固端弯矩和位移弯矩两部分组成，固端弯矩和位移弯矩均可查表 9.2 获得，根据查表结果写出含有基本未知量的转角位移方程，接着根据静力平衡条件求解基本未知量，将解得的基本未知量代回转角位移方程就得到了杆端弯矩，最后绘制弯矩图，同时根据弯矩图及静力平衡条件可计算剪力、轴力，并绘制剪力图与轴力图。

在运用位移法进行计算和绘制弯矩图时应注意位移法的弯矩正负号的规定，即杆端弯矩顺时针为正，结点处逆时针为正。

(2) 位移法基本未知量个数的判定：角位移个数等于结构的刚结点个数；独立结点线位移个数等于限制所有结点线位移所需添加的链杆数。

3. 力矩分配法

(1) 力矩分配法是建立在位移法基础上的一种数值逼近法，不需要求解未知量。对于单结点结构，计算结果是精确结果；对于两个及以上节点的结构，力矩分配法是一种近似计算方法，但其误差是收敛的，换句话说，即可以循环计算，直至误差在允许范围内。

(2) 力矩分配法的计算步骤如下：

1) 将各刚结点看作是锁定的（即将结构拆成单杆），查表 9.2 得到各杆的固端弯矩。

2) 计算各杆的线刚度 $i = \dfrac{EI}{l}$、转动刚度 S，确定刚结点处各杆的分配系数 μ，并用结点处总分配系数为 1 进行验算。

3）计算刚结点处的不平衡力矩 $\sum M^F$，将结点不平衡力矩变号分配，得近端位移弯矩。

4）根据远端约束条件确定传递系数 C，计算远端位移弯矩。

5）依次对各结点循环进行分配、传递计算，当误差在允许范围内时终止计算，然后将各杆端的固端弯矩与位移弯矩进行代数相加，得出最后的杆端弯矩。

6）根据最终杆端弯矩值及位移法下的弯矩正负号规定绘制弯矩图。

思 考 题

9.1 说明静定结构与超静定结构的区别。

9.2 用力法解超静定结构的思路是什么？何谓基本结构和基本未知量？为什么要首先计算基本未知量？基本结构与原结构有何异同？

9.3 在选取力法基本结构时应掌握什么原则？如何确定超静定次数？

9.4 力法典型方程的意义是什么？其系数和自由项的物理意义是什么？

9.5 为什么力法典型方程中主系数恒大于零，而副系数则可能为正值、负值或为零？

9.6 试述用力法求解超静定结构的步骤。

9.7 怎样利用结构的对称性简化计算？

9.8 为什么对称结构在对称荷载作用下反对称多余未知力等于零？反之，为什么对称结构在反对称荷载作用下对称的多余未知力等于零？

9.9 试比较超静结构与静定结构的不同特性。

9.10 位移法的基本未知量是什么？如何确定其数目？

9.11 杆端弯矩的正负号如何规定？

9.12 位移法求解未知量的方程是如何建立的？

9.13 力矩分配法的适用条件是什么？

9.14 杆端转动刚度 S 如何确定？

9.15 分配系数 μ 如何计算？

9.16 传递系数 C 如何确定？

9.17 什么是节点不平衡力矩？分配时应如何处理不平衡力矩？

习 题

一、填空题

1. 去掉多余联系，用多余未知力来代替后得到的静定结构称为力法的_____。
2. 多余力是最基本的未知力，又可称为力法的_____。
3. 根据原结构的变形条件建立的用以确定 X_1 的变形协调方程称为_____。
4. 将多余联系的数目或多余力的数目称为超静定结构的_____。
5. 结构撤去一个铰支座或撤去一个单铰，相当于去掉_____联系，等于_____多余未知力。

6. 力法的基本未知量数目等于_____。

7. _____是以结点位移作为基本未知量求解超静定结构的方法。

8. _____是以多余未知力作为基本未知量求解超静定结构的方法。

9. 位移法以结点位移作为基本未知量，结点位移包括结点_____和_____。

10. 结点角位移等于_____。

11. 力矩分配法适用于计算_____和_____的内力。

12. 杆端的转动刚度表示了杆端抵抗转动变形的能力，它与杆件的_____和_____有关；而与杆件的_____无关。

13. 单跨超静定梁在荷载单独作用下引起的杆端弯矩称为_____。

二、单选题

1. 切断一根链杆相当于解除（   ）个约束，切断一根梁式杆相当于解除（   ）个约束。
   A．1   B．4   C．3   D．2

2. 一个封闭框具有（   ）次超静定。
   A．1   B．4   C．2   D．3

3. 传递系数等于远端传递弯矩和近端分配弯矩之比，当远端为固定端时传递系数等于（   ），当远端为铰时传递系数等于（   ）。
   A．1   B．0.5   C．2   D．0

4. 杆端的转动刚度表示了杆端抵抗转动变形的能力，当杆件的线刚度为 i，若远端支承为固定端时杆端的转动刚度等于（   ），若远端支承为滑动支承时杆端的转动刚度等于（   ）。
   A．$3i$ B．$0i$ C．$4i$ D．$-1i$

三、判断题

1. 力矩分配法将各结点的固端弯矩、分配弯矩与传递弯矩相加，得到最终杆端弯矩。（   ）

2. 远端弯矩等于近端弯矩乘以分配系数。（   ）

3. 传递系数随远端的支承情况的不同而不同，若远端固定，$C=0.5$。（   ）

4. 等截面直杆的转动刚度与远端约束及线刚度有关，若远端铰支，转动刚度为 $3i$。（   ）

5. 力矩分配法无需解联立方程就可以直接计算杆端弯矩，适合连续梁和无侧移刚架的内力计算。（   ）

6. 力法是计算超静定结构的基本方法之一。（   ）

7. 力矩分配法中规定杆端弯矩顺时针为正。（   ）

四、主观题

1. 试确定下图所示结构的超静定次数。

2. 试用力法求解图示结构的内力，并绘内力图，$EI=$ 常数。

3. 试用力法求解图示结构的内力，并作 M 图。

4. 试用力法求解图示结构的内力，并作 M 图。

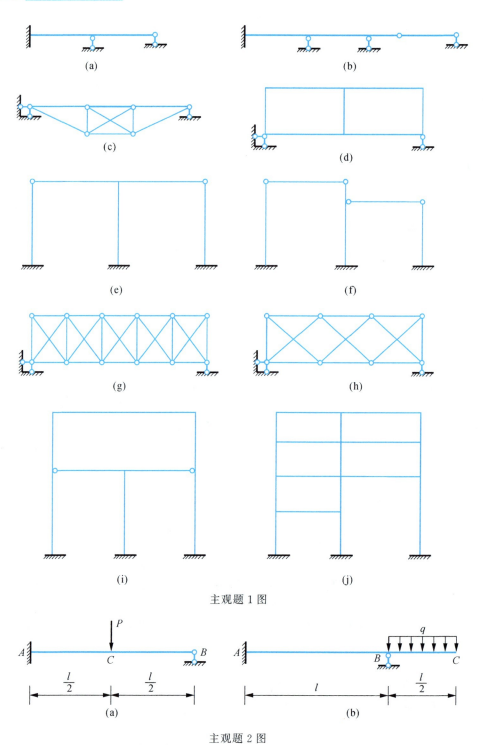

主观题1图

主观题2图

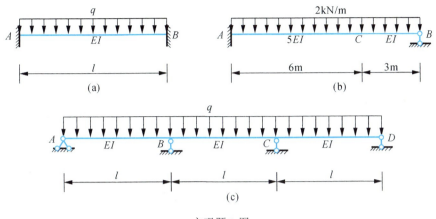

主观题 3 图

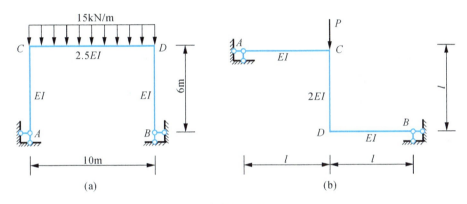

主观题 4 图

5. 试用力法求解图示结构的内力,并作 M 图。
6. 试用力法求解图示结构的内力,并作 M 图。

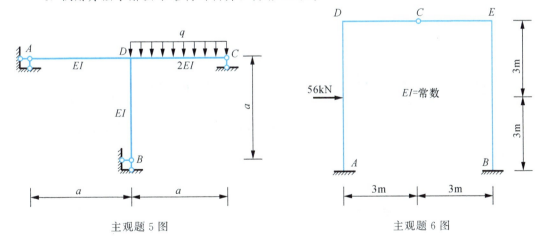

主观题 5 图　　　　　　　　　主观题 6 图

7. 确定图示超静定结构的位移法基本未知量。

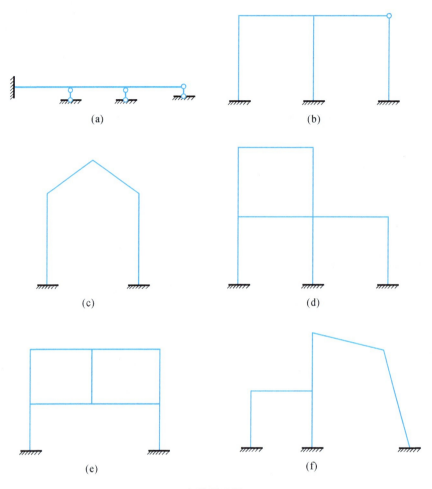

主观题 7 图

8. 用位移法求图示梁的弯矩图，EI 为常数。

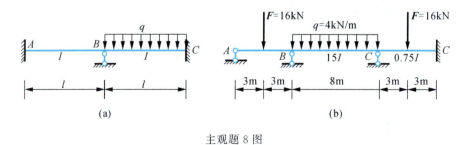

主观题 8 图

9. 用位移法绘制图示刚架的弯矩图。

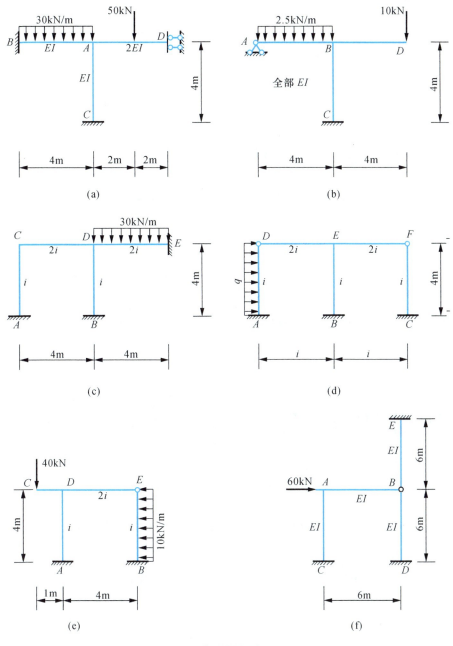

主观题 9 图

10. 试用力矩分配法计算图示超静定梁的弯矩，并绘制弯矩图，EI 均为常数。
11. 试用力矩分配法计算图示刚架，作出弯矩图，EI 均为常数。

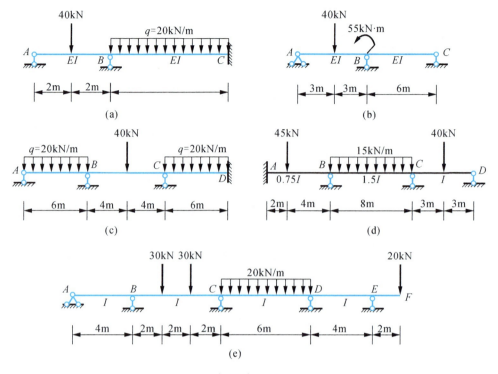

主观题 10 图

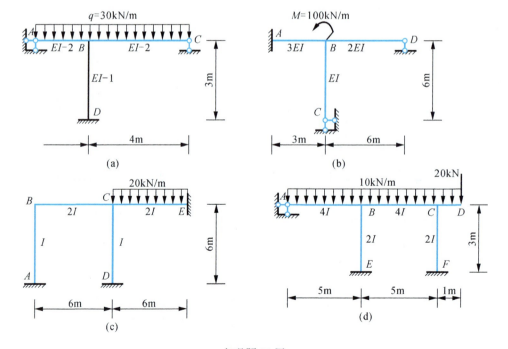

主观题 11 图

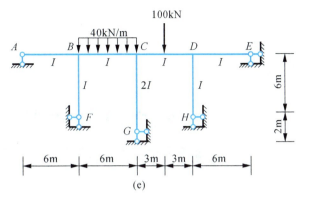

(e)

主观题 11 图（续）

第10单元 移动荷载作用下静定结构的内力计算

> 【教学目标】
>
> 掌握影响线的概念。
>
> 能正确应用静力法绘制静定梁的影响线;能正确应用机动法绘制静定梁的影响线;能利用影响线计算量值和确定荷载的不利位置。
>
> 了解梁的绝对最大弯矩和简支梁的内力包络图。
>
> 【学习重点与难点】
>
> 影响线的概念,荷载的不利位置,影响线的绘制。

工程中经常会碰到荷载位置变动的情况,例如吊车梁上行驶的吊车对梁的作用、桥梁上的车辆荷载等,这些荷载对梁的作用不同于荷载位置不变的情况,由于荷载位置在不断的变化,其内力、变形等也是变化的,这就需要讨论内力、应力、变形等量值的变化规律。

10.1 静定结构的影响线

10.1.1 影响线的概念

工程中所涉及的荷载大多数情况下其作用位置是给定的,这一类荷载称为固定荷载。然而,工程中有时候所讨论的荷载其作用位置是不定的,是随着时间变化的,例如桥梁上行驶的火车、汽车,活动的人群,工业厂房吊车梁上行驶的吊车等,这类作用位置经常变动的荷载称为**移动荷载**。常见的移动荷载有间距保持不变的几个集中力(称为行列荷载)和均布荷载。为了简化问题,我们往往先从单个移动荷载的分析入手,再根据叠加原理来分析多个荷载以及均布荷载作用的情形。

对于工程计算中的各种物理量和几何量,我们统称为**量值**,记作 Z。

由于移动荷载的作用位置是变化的，使得结构的支座反力、截面内力、应力、变形等也是变化的。因此，在移动荷载作用下，我们不仅要了解结构某一处的量值随荷载位置的变化而变化的规律，还要了解结构不同部位处量值的变化规律，以便找出可能发生的最大内力是多少，发生的位置在哪里，此时荷载位置又怎样，从而保证结构的安全设计和施工。

量值随荷载位置变化而变化的规律用一个图像来表示时，该图像就称为量值的**影响线**，即反映结构内力、反力等量值随荷载位置变化而变化的规律图像称为影响线。由于工程中的量值与荷载成线性关系，因此讨论影响线时通常取大小为 1 的单位竖向荷载来进行研究。

绘制影响线时，用水平轴表示荷载的作用位置，纵轴表示量值的大小，正量值画在水平轴的上方，负量值画在水平轴的下方。

10.1.2 静力法作静定梁的影响线

利用静力平衡条件建立量值关于荷载作用位置的函数关系，进而绘制该量值影响线的方法称为静力法。

图 10.1（a）所示的简支梁，作用有单位移动荷载 $F_0=1$。取 A 点为坐标原点，以 x 表示荷载作用点的横坐标，下面分析 A 支座反力 F_{Ay} 随移动荷载作用点坐标 x 的变化而变化的规律，亦即根据静力平衡条件建立 A 支座的反力 F_{Ay} 关于移动荷载作用点坐标 x 的函数式，假设支座反力向上为正。

当 $0 \leqslant x \leqslant l$ 时，根据平衡条件 $\sum M_B = 0$，得

$$-F_{Ay} \cdot l + F_0 \cdot (l-x) = 0$$

解得

$$F_{Ay} = \frac{l-x}{l}$$

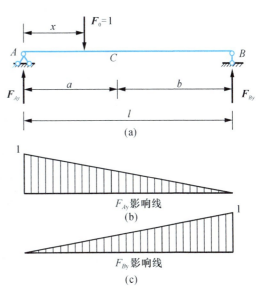

上式表示 F_{Ay} 关于荷载位置坐标 x 的变化规律，是一个直线函数关系，由此可以作出 F_{Ay} 的影响线，如图 10.1（b）所示。

从图 10.1（b）中可以看出：荷载作用在 A 点时，即 ($x=0$) 时 $F_{Ay}=1$；荷载作用在 B 点时，即 ($x=l$) 时 $F_{Ay}=0$。显然，当 ($x=0$) 时 F_{Ay} 达到最大，所以 A 点是 F_{Ay} 的荷载最不利位置。在荷载移动过程中 F_{Ay} 的值在 0 和 1 之间变动。

图 10.1 支座反力的影响线

B 支座的反力 F_{By} 的影响线也可由静力平衡条件得到。

当 $0 \leqslant x \leqslant l$ 时,根据平衡条件 $\sum M_A = 0$,得

$$F_{By} \cdot l - F_0 \cdot x = 0$$

解得

$$F_{By} = \frac{x}{l}$$

上式表示 F_{By} 关于荷载位置坐标 x 的变化规律,也是一个直线函数关系,由此可以作出 F_{By} 的影响线,如图 10.1 (c) 所示。从图 10.1 (c) 中可以看出:荷载作用在 A 点时,即 ($x=0$) 时 $F_{By}=0$;荷载作用在 B 点时,即 ($x=l$) 时 $F_{By}=1$。显然,当 ($x=l$) 时 F_{By} 达到最大值,所以 B 点是 F_{By} 的荷载最不利位置。在荷载移动过程中 F_{By} 的值在 0 和 1 之间变动。

下面讨论简支梁在移动荷载作用下 C 截面内力的影响线。在研究内力影响线时,剪力正负号规定和弯矩正负号规定仍然和以前相同。

如图 10.2 (a) 所示的梁,前已求得

$$\left. \begin{array}{l} F_{Ay} = \dfrac{l-x}{l} \\ F_{By} = \dfrac{x}{l} \end{array} \right\} \tag{10.1}$$

先讨论 C 截面的弯矩影响线。当单位力 F_0 在梁上移动时 C 截面弯矩也随之变化,根据截面法可以得知:

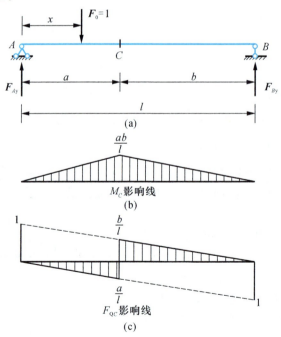

图 10.2 截面 C 内力的影响线

当 F_0 在 AC 段上移动时，即当 $0 \leqslant x \leqslant a$ 时，有

$$M_C = F_{By} \cdot b = \frac{bx}{l} \tag{10.2}$$

当 F_0 在 CB 段上移动时，即当 $a \leqslant x \leqslant l$ 时，有

$$M_C = F_{Ay} \cdot a = a\frac{l-x}{l} \tag{10.3}$$

M_C 的影响线在 AC 段和 CB 段上都为斜直线，如图 10.2（b）所示。

下面讨论 C 截面的剪力影响线。当单位力 F_0 在梁上移动时，C 截面弯矩也随之变化，根据截面法可以得知：

当 F_0 在 AC 段上移动时，即当 $0 \leqslant x \leqslant a$ 时，有

$$F_{QC} = -F_{By} = -\frac{x}{l} \tag{10.4}$$

当 F_0 在 CB 段上移动时，即当 $a \leqslant x \leqslant l$ 时，有

$$F_{QC} = F_{Ay} = \frac{l-x}{l} \tag{10.5}$$

F_{QC} 的影响线在 AC 段和 CB 段上都为斜直线，如图 10.2（c）所示。

【例 10.1】 作图 10.3（a）所示外伸梁支座反力的影响线。

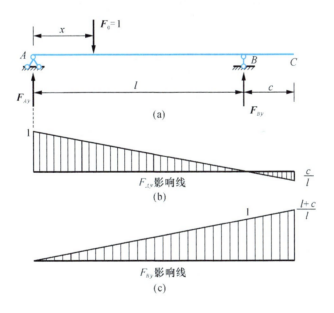

图 10.3 例 10.1 图

解 设 A 点为坐标原点。

讨论 A 支座反力的影响线。且注意到单位力 F_0 在 AB 段移动时对 B 点之矩的转向与其在 BD 段移动时对 B 点之矩的转向是不同的，因此应分段讨论。

当 $0 \leqslant x \leqslant l$ 时,由 $\sum M_B = 0$,得

$$F_{Ay} = \frac{l-x}{l}$$

当 $l \leqslant x \leqslant l+C$ 时由 $\sum M_B = 0$,整理后得

$$F_{Ay} = \frac{l-x}{l}$$

显然,上述两段影响线是同一条直线,作图如图 10.3(b)所示。

讨论 B 支座反力的影响线。由 $\sum M_A = 0$,整理后得

$$F_{By} = \frac{x}{l+c}$$

B 支座的反力影响线如图 10.3(c)所示。

【例 10.2】 作图 10.4(a)所示外伸梁 C 截面弯矩、剪力的影响线。

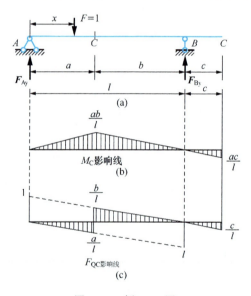

图 10.4 例 10.2 图

解 由例 10.1 知

$$F_{Ay} = \frac{l-x}{l}$$

$$F_{By} = \frac{x}{l+c}$$

当 F_0 位于 C 截面左侧时,有

$$M_C = F_{By} \cdot b$$
$$F_{QC} = -F_{By}$$

当 F_0 位于 C 右侧时,有

$$M_C = F_{Ay} \cdot a$$
$$F_{QC} = F_{Ay}$$

C 截面弯矩、剪力的影响线如图 10.4（b，c）所示。

【例 10.3】 作图 10.5（a）所示悬臂梁竖向支反力及根部截面的弯矩、剪力的影响线。

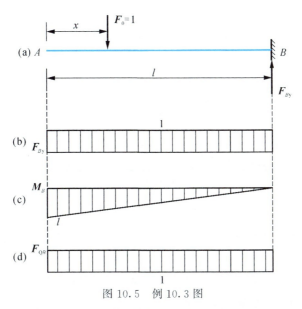

图 10.5　例 10.3 图

解　以 A 点为坐标原点，设移动单位荷载作用在 x 截面处。

讨论竖向支反力的影响线。取梁整体为研究对象，由 $\sum F_y = 0$ 得
$$F_{By} = 1$$
作 F_{By} 的影响线，如图 10.5（b）所示。

讨论 B 截面的弯矩影响线。在 B 截面处截开，由 $\sum M = 0$ 得
$$M_B = l - x$$
作 M_B 的影响线，如图 10.5（c）所示。

讨论 B 截面的剪力影响线。在 B 截面处截开，由 $\sum y = 0$ 得
$$F_{QB} = -1$$
作 F_{QB} 的影响线，如图 10.5（d）所示。

10.1.3　机动法作静定梁的影响线

利用虚位移原理作影响线的方法称为**机动法**。由于在结构设计中往往只需要知道影响线的轮廓，而机动法能不经计算就可迅速绘出影响线的轮廓，这对设计工作很有帮助。另外，也可对静力法绘制的影响线进行校核。

下面以图10.6（a）所示外伸梁为例，讨论用机动法作B支座的竖向反力影响线。

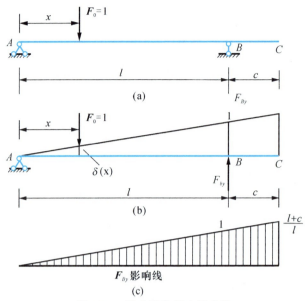

图10.6 机动法作反力影响线

如果我们把支座B去掉，以反力F_{By}代替，原结构就变成一个几何可变体系，在剩余的约束条件下允许产生刚体运动。现令B点沿F_{By}正方向（设向上为正）发生微小的单位虚位移，如图10.6（b）所示。B点发生的虚位移为单位值，支反力F_{By}与虚位移同向，故在单位虚位移上做正虚功，即

$$W_1 = F_{By} \cdot 1$$

移动荷载F作用点也将发生竖向虚位移，其值为$\delta(x)$，F与$\delta(x)$反向，F在$\delta(x)$上做负虚功，即

$$W_2 = -F \cdot \delta(x)$$

根据虚功原理，各力在虚位移上做的总虚功应该为零，即

$$W = W_1 + W_2 = 0$$

所以

$$F_{By} \cdot 1 - F \cdot \delta(x) = 0$$

注意到$F=1$，则有

$$F_{By} = \delta(x) \tag{10.6}$$

此式表明，梁产生单位虚位移时的图形反映出了反力F_{By}的变化规律，因此反力F_{By}的影响线完全可以由梁的虚位移图来替代，即"梁剩余约束所允许的刚体位移图即为相应量值的影响线"。

由以上分析可知，机动法绘制量值Z的影响线，只要去掉与欲求量值相对应的约束，使得到的可变体系沿量值Z的正向发生单位虚位移，由此得到的刚体虚位移图即为量值Z的影响线。

用机动法作静定梁的影响线的一般步骤如下：

1）去掉与量值对应的约束，以正向量值代替，使梁成为可变体系。

2）使体系沿量值的正方向发生单位位移，根据剩余约束条件作出梁的刚体位移图，此图即为欲求量值的影响线。

为了进一步说明怎样用机动法绘制影响线，以图 10.7（a）所示简支梁为例，作 C 截面弯矩、剪力的影响线。

用机动法绘制 C 截面弯矩影响线时，首先撤掉与 C 截面弯矩相对应的转动约束，代之以正向弯矩，即将刚结点 C 改为铰结点，然后沿正向弯矩的转向给出单位相对角位移 γ（$\gamma=1$），梁 C 上点位移到 C' 点，整个梁在剩余约束条件下所允许的刚体位移如图10.7（b）所示。作线段 BC' 的延长线交线段 AA' 于 A'，由于线段 AC' 与 $A'C'$ 的夹角 γ

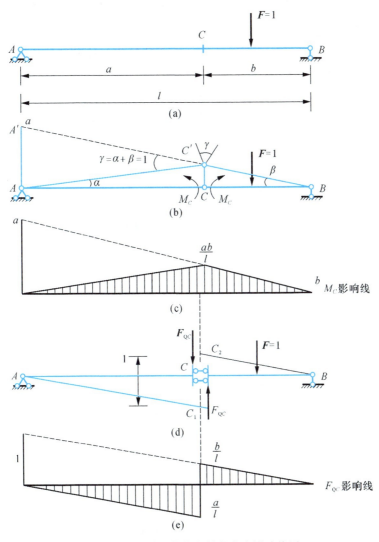

图 10.7 机动法作静定梁的内力影响线图

是一个单位微量，由微分学原理可得线段 AA' 的高度为 a，从而由相似三角形边长的比例关系可得 CC' 的高度为 $\dfrac{ab}{l}$，根据梁的刚体位移绘出 C 截面弯矩的影响线，如图 10.7（c）所示。

机动法绘制 C 截面剪力的影响线时，去掉与剪力相对应的约束，把刚结点 C 变成双滑动约束，用一对正向剪力代替，使 C 截面沿剪力的正向发生单位相对线位移，整个梁在剩余约束条件下所允许的刚体位移如图 10.7（d）所示。由于 C 点是双滑动约束，C 点两侧截面始终平行，且截面与梁轴线始终垂直，所以 C 点左右两侧的梁段轴线是平行的，从而根据相似三角形边长的比例关系可得 CC_1 的高度为 $\dfrac{a}{l}$，CC_2 的高度为 $\dfrac{b}{l}$，根据梁的刚体位移绘出 C 截面剪力的影响线，如图 10.7（e）所示。

这里所讨论的 C 截面内力影响线具有一般性，即对于两支座之间的任意截面，其弯矩、剪力影响线均可照此套用，包括外伸梁也是如此，对于梁外伸段的影响线，只需随着梁轴线延伸即可。

【例 10.4】 作图 10.8（a）所示外伸梁 B 截面弯矩影响线和 B 左截面剪力的影响线。

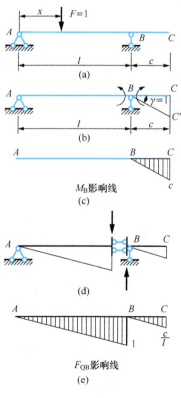

图 10.8 例 10.4 图

解 用机动法绘制 B 截面弯矩影响线时，首先撤除与 B 截面弯矩相对应的转动约束，代之以正向弯矩，即将刚结点 B 改为铰结点，然后沿正向弯矩的转向给出单位相对角位移，由于 AB 杆为静定结构，所以 AB 段 B 端截面既不能转动也不能移动，因此 B 点两侧截面的单位相对角位移由 BC 段 B 端截面独自转过一个单位角位移 γ（$\gamma=1$），梁 C 点位移到 C' 点，整个梁在剩余约束条件下所允许的刚体位移如图 10.8（b）所示。根据梁的刚体位移绘出 B 截面弯矩的影响线，如图 10.8（c）所示。

机动法绘制 B 左截面剪力的影响线时，去掉与剪力相对应的约束，在 B 支座左侧把刚结点 B 变成双滑动约束，用一对正向剪力代替，使 B 左截面沿剪力的正向发生单位相对线位移，在滑移过程中，AB 段绕 A 点作刚体转动，该段 B 端截面既有线位移又有角位移；而 BC 段 B 端处有可动铰支座，不允许发生竖向线位移，但允许角位移，因此 BC 段 B 端截面可以在原位转过一个角度，与 AB 段 B 端截面保持平行关系，从而两梁段轴线位移后仍然平行，整个梁在剩余约束条件下所允许的刚体位移如图10.8（d）所示。根据梁的刚体位移绘出 B 左截面剪力的影响线，如图 10.8（e）所示。

【**例 10.5**】 作图 10.9（a）所示多跨静定梁 C 支座反力 F_{Cy} 和 K 截面内力 M_K、F_{QK} 的影响线。

解 对于多跨静定梁来说，在绘制虚位移图时要注意几何位移协调，满足剩余约束条件。由于 A 为固定支座，不允许发生位移和转角，所以在作图过程中，画 C 支座反力的影

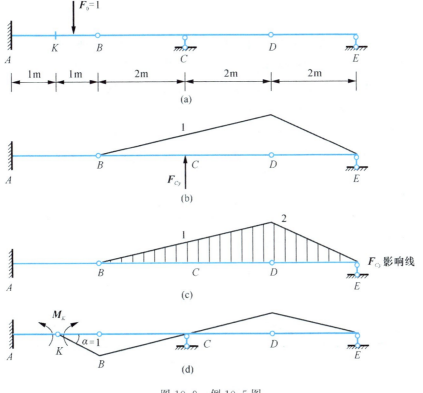

图 10.9 例 10.5 图

响线时 AB 段没有刚体位移，同样，画 K 截面内力影响线时 AK 段也没有刚体位移，注意到这一点，再根据约束条件可得出欲求量值的影响线，如图 10.9（c，e，g）所示。

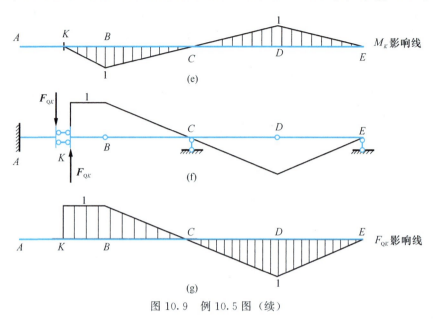

图 10.9 例 10.5 图（续）

10.1.4 机动法作连续梁的影响线

对于连续梁来说，机动法作影响线的步骤仍然和静定梁一样，但是由于结构在去掉量值所对应的约束后结构整体或者部分仍可保持为几何不变，要使结构发生虚位移，梁的位移就不再是刚体运动，位移图也不再是直线，而是约束所允许的光滑连续的弹性变形曲线，这是连续梁影响线的特征，在绘制影响线图时要注意这个特点。正因为连续梁的影响线为弹性变形曲线，所以其影响线的特征值难以直接利用机动法来加以确定。对于连续梁来说，常见荷载为均布荷载，很多情况下只需要根据影响线的轮廓来帮助确定最不利荷载位置，所以连续梁的影响线一般都是用机动法来分析，绘出图像轮廓线即可。

图 10.10 所示为连续梁 K_1 截面弯矩、B 支座反力、C 截面弯矩和 K_2 截面剪力的影响线，从中可以看出，影响线均为连续光滑的弹性曲线。

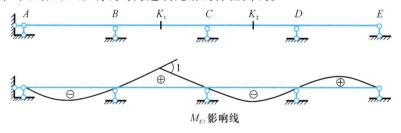

图 10.10 机动法作连续梁的影响线

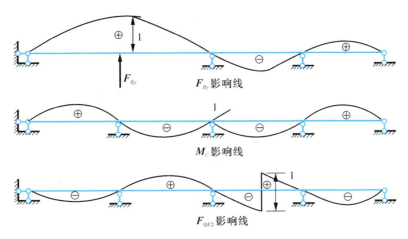

图 10.10 机动法作连续梁的影响线（续）

10.2 影响线的应用

影响线的应用主要是求固定荷载下的量值大小以及确定移动荷载的最不利位置两个方面，下面分别说明。

10.2.1 利用影响线求固定荷载下的量值

现已知道，影响线的横坐标表示单位集中力的作用位置，纵坐标表示单位集中力作用在该位置时的量值大小，如将集中力的固定作用位置视为荷载移动过程中的某个位置，就可以利用影响线计算固定集中力下的量值。影响线反映的是单位集中荷载下量值的大小，而当集中荷载不等于1时，只需将相应的影响线值（注意正负号）乘以荷载大小即可。如果多个集中荷载同时作用，可运用叠加法，分别计算每个荷载后进行叠加。

【例 10.6】 求图 10.11（a）所示多跨静定梁 K 截面的弯矩。

解 首先绘制 K 截面弯矩的影响线，如图 10.11（b）所示。根据影响线的定义，有

当 F_1 单独作用时

$$M_{K1} = F_1 \cdot y_1 = 20 \times (-0.5) = -10 \text{kN} \cdot \text{m}$$

当 F_2 单独作用时

$$M_{K2} = F_2 \cdot y_2 = 10 \times 0.5 = 5 \text{kN} \cdot \text{m}$$

当 F_3 单独作用时

$$M_{K3} = F_3 \cdot y_3 = 30 \times 0.5 = 15 \text{kN} \cdot \text{m}$$

从而由叠加法得

$$M_K = M_{K1} + M_{K2} + M_{K3} = -10 + 5 + 15 = 10 \text{kN} \cdot \text{m}$$

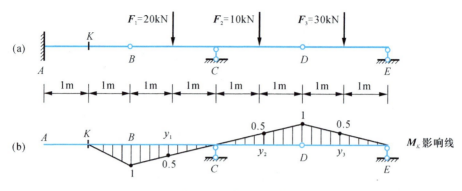

图 10.11 例 10.6 图

一般来说，如果有一组集中荷载 F_i 同时作用，所求量值 Z 的表达式为

$$Z = F_1 y_1 + F_2 y_2 + \cdots + F_n y_n = \sum F_i y_i \tag{10.7}$$

如果在梁 AB 段上作用一个均布荷载 q，如图 10.12（a）所示，可把分布长度为 $\mathrm{d}x$ 的微段上的分布荷载总和 $q\mathrm{d}x$ 看作集中荷载，所引起的量值为 $yq\mathrm{d}x$，如图 10.12（a）中阴影所示。将无穷多个 $\mathrm{d}x$ 上的集中力引起的量值进行叠加，即沿荷载整个分布长度积分，则 AB 段均布荷载所引起的量值为

$$Z = \int_A^B yq\,\mathrm{d}x = q\int_A^B y\,\mathrm{d}x = q\omega \tag{10.8}$$

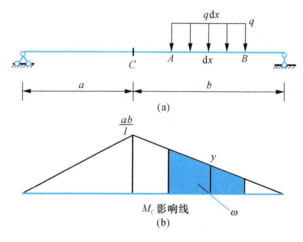

图 10.12 量值计算

其中 ω 就是影响线在 AB 段的面积，如图 10.12（b）中阴影所示。

式（10.8）表明，均布荷载引起的量值等于荷载集度乘以影响线对应荷载作用段的面积。在应用中，要注意面积的正负，影响线上部面积取为正，下部取为负。

当有多个均布荷载时其量值计算式为

$$Z = q_1 \cdot \omega_1 + q_2 \cdot \omega_2 + \cdots + q_n \cdot \omega_n = \sum q_i \cdot \omega_i$$

当集中力和均布荷载同时出现时,其量值计算式为

$$Z = \sum F_i \cdot y_i + \sum q_i \cdot \omega_i \tag{10.9}$$

【例 10.7】 利用影响线求图 10.13 (a) 所示多跨静定梁 K 截面的弯矩 M_K。

解 先作出 M_K 的影响线,如图 10.13 (b) 所示。各计算量为

$$y_1 = -0.5, \quad y_2 = 0.5$$

$$\omega_1 = -\frac{1 \times 1}{2} = -0.5, \quad \omega_2 = \frac{1 \times 2}{2} = 1$$

从而

$$M_K = \sum F_i \cdot y_i + \sum q_i \cdot \omega_i = F_1 \cdot y_1 + F_2 \cdot y_2 + q_1 \cdot \omega_1 + q_2 \cdot \omega_2$$
$$= 20 \times (-0.5) + 10 \times 0.5 + 4 \times (-0.5) + 2 \times 1 = -5 \text{kN} \cdot \text{m}$$

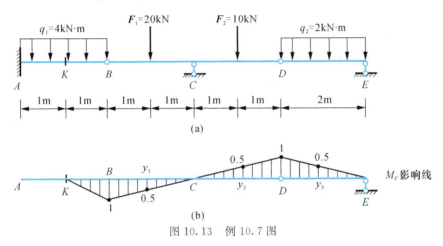

图 10.13 例 10.7 图

10.2.2 荷载最不利位置的确定

使量值取得最大值时的荷载位置就是荷载的最不利位置,荷载最不利位置确定后将荷载按最不利位置作用,然后将其视为固定荷载,即可利用影响线计算其极值。下面分集中荷载和移动均布荷载两种情况来说明。

单个集中力移动时,荷载的不利位置就是影响线的顶点,当荷载作用于该点时量值取最大值。

对于图 10.14 所示间距保持不变的一组集中荷载来说,可以推断:量值取最大值时必定有一个集中荷载作用于影响线顶点。作用于影响线顶点的集中荷载称为临界荷载,对于临界荷载可以用下面两个判别式来判定(推导从略),即

$$\frac{\sum F_{\text{左}} + F_K}{a} \geqslant \frac{\sum F_{\text{右}}}{b}$$

$$\frac{\sum F_{\text{左}}}{a} \leqslant \frac{F_K + \sum F_{\text{右}}}{b}$$

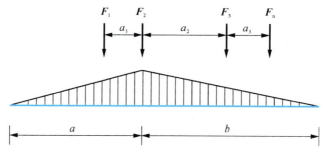

图 10.14 荷载的不利位置图

满足上面两个式子的 F_K 就是临界荷载，$\sum F_{左}$、$\sum F_{右}$ 分别代表 F_K 以左的荷载总和与 F_K 以右的荷载总和。有时会出现多个满足上面判别式的临界荷载，这时将每个临界荷载置于影响线顶点计算量值，然后进行比较，根据最大量值确定一组荷载的最不利荷载位置。对于荷载个数不多的情况，工程中往往不进行判定，直接将各个荷载分别置于影响线的顶点计算其量值，最大量值所对应的荷载位置就是这组荷载的最不利位置，这时位于顶点的集中力就是临界荷载。

【例 10.8】 求图 10.15（a）所示简支梁在图示吊车荷载作用下，截面 K 的最大弯矩。

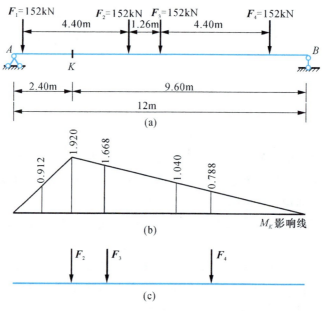

图 10.15 例 10.8 图

解 先作 M_K 的影响线，如图 10.15（b）所示。选 F_2 作为临界荷载 F_K 来考察，将 F_2 置于影响线的顶点处，如图 10.15（c）所示，此时力 F_1 落在梁外，不予考虑，代入临界荷载的判别式，有

$$\frac{F_2}{2.4} > \frac{F_3+F_4}{9.6}$$

$$\frac{0}{2.4} < \frac{F_2+F_3+F_4}{9.6}$$

即

$$\frac{152}{2.4} > \frac{152+152}{9.6}$$

$$\frac{0}{2.4} < \frac{152+152+152}{9.6}$$

F_2 满足判别式，所以是临界荷载。将其他集中荷载分别置于顶点，用同样的方法可以判定都不是临界荷载，所以图 10.15（c）所示 F_2 作用在 K 点时为 M_K 的最不利荷载位置。

利用影响线可以求得 M_K 的极值为

$$M_{K\max} = 152 \times (1.920 + 1.668 + 0.788) = 665.15 \text{kN} \cdot \text{m}$$

当移动荷载为均布可变荷载时，由于可变荷载的分布长度也是变化的，注意到均布荷载下的量值等于均布荷载集度乘以影响线对应分布长度的面积，所以只要把均布荷载布满整个正影响线区域，就可以得到正的最大量值；同样，只要把均布荷载布满整个负影响线区域，就可以得到负的最大量值。如图 10.16（a）所示的连续梁，现讨论其跨中截面 K 的弯矩 M_K 和支座截面弯矩 M_B 的不利荷载位置。图 10.16（b）给出了 K 截面弯矩 M_K 的影响线，其对应的最大正弯矩的荷载最不利位置如图 10.16（c）所示，其对应的最大负弯矩的荷载最不利位置如图 10.16（d）所示。图 10.16（e）给出了 B 支座截面弯矩 M_B 的影响线，其对应的最大正弯矩的荷载最不利位置如图 10.16（f）所示，其对应的最大负弯矩的荷载最不利位置如图 10.16（g）所示。工程中进行结构设计时，必须针对梁的危险状态进行计算，由图 10.16 可知，并不是整个

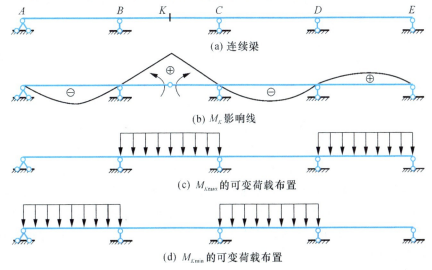

图 10.16 连续梁荷载最不利位置

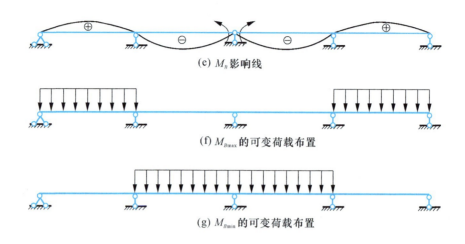

(e) M_B 影响线

(f) M_{Bmax} 的可变荷载布置

(g) M_{Bmin} 的可变荷载布置

图 10.16　连续梁荷载最不利位置（续）

梁上布满均布荷载时才是梁的危险状态。显然，只有按照下列方式进行可变荷载的布置，才是截面弯矩的危险状态，即对于任意跨的跨中截面最大正弯矩，可变荷载的最不利布置是"本跨布置，隔跨布置"；对于任意的中间支座截面最大负弯矩，可变荷载的最不利布置是"相邻跨布置，隔跨布置"。

10.3　绝对最大弯矩及简支梁的内力包络图

在固定荷载作用下，通过绘制梁的弯矩图可以得到整个梁的最大、最小弯矩值。同样，在移动荷载时，我们不仅要了解某个截面的内力变化规律，更要关心整个梁的危险弯矩，这个危险弯矩就称为梁的绝对最大弯矩。

由前面的讨论可知，在移动荷载下量值也是随着荷载位置的变化而变化，因此在荷载的变化范围内量值必定有一个最大值和一个最小值。将梁沿长度方向分为 n 等分，即等距离地取 $n+1$ 个截面，分别作这些截面的内力影响线，讨论内力的极值。将求得的各截面内力的最大值连线，再将求得的内力最小值连线，由此得到的图像称为内力包络图。包络图与梁的内力图一样，全面反映了内力沿梁轴线的分布规律。但是梁的内力图中每一个截面只有一个确定的内力值，而梁的包络图中每一个截面有两个内力极值，一个极大值，一个极小值，截面内力在这两个值之间变动，即包络图囊括了整个梁的内力在荷载移动过程中的所有取值。显然，弯矩包络图上的最大值就是梁的绝对最大弯矩。图 10.17 给出了简支梁在间距给定的一组移动荷载下的弯矩包络图和剪力包络图，这里取 $n=10$，n 越大，绘制的包络图越精确，但计算量也随之增大。

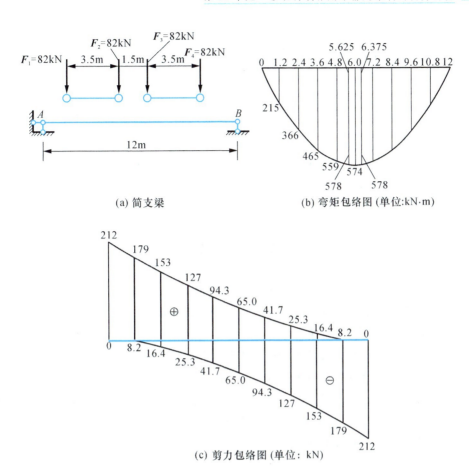

图 10.17 简支梁的内力包络图

小　结

1. 反映量值随荷载位置变化而变化的规律的图线称为影响线。影响线的横坐标表示荷载作用的位置，纵坐标表示荷载作用在该点时的量值大小。

2. 绘制影响线有静力法和机动法两种方法。

根据静力平衡条件建立量值关于移动荷载作用位置的函数方程，据此函数绘制影响线的方法称为静力法。

由虚位移原理，撤除与所求量值对应的约束，沿量值正向给出虚位移，根据约束所允许的位移绘制影响线的方法称为机动法。

静定结构的影响线由直线段组成，超静定结构的影响线由曲线段构成。

3. 固定荷载作用下的量值计算式为

$$Z = \sum F_i \cdot y_i + \sum q_i \cdot \omega_i$$

4. 荷载的不利位置。

单个集中力的荷载不利位置在影响线的顶点。

一组等间距的集中力，其荷载不利位置是临界荷载（有时临界荷载不止一个）作用在影响线的顶点时的位置。

均布可变荷载的不利位置，对于正量值是在均布荷载布满整个正影响线区域时，对于负量值是在均布荷载布满整个负影响线区域时。

对于连续梁的可变荷载布置：跨中截面是"本跨布置，隔跨布置"，支座截面是"相邻跨布置，隔跨布置"。

5. 各截面内力最大值的连线与各截面内力最小值的连线称为内力包络图。

思 考 题

10.1 影响线的含义是什么？弯矩影响线和弯矩图的区别是什么？

10.2 静力法绘制影响线时什么情况下影响线方程要分段建立？

10.3 机动法和静力法各有什么优缺点？

10.4 静定梁与超静定梁的影响线各有什么特点？

10.5 什么是荷载最不利位置？

10.6 什么是内力包络图？内力包络图和内力图的区别是什么？内力包络图和影响线的区别又是什么？

10.7 什么是绝对最大弯矩？

习 题

一、填空题

1. 影响线的横坐标表示_____，纵坐标表示_____。

2. 根据函数绘制影响线的方法称为_____。

3. 根据约束所允许的位移绘制影响线的方法称为_____。

4. 均布可变荷载的不利位置，对于正量值是均布荷载_____。

5. 单个集中力的荷载不利位置在影响线的_____。

二、单选题

1. 影响线的横坐标表示荷载作用位置，纵坐标表示荷载作用在该点时的（   ）大小。

  A. 荷载   B. 内力   C. 量值   D. 反力

2. 简支梁在单位竖向移动荷载作用下，当单位竖向移动荷载作用在 C 截面左边时 C 截面弯矩的影响线等于（   ）。

  A. B 支座反力扩大 b 倍   B. A 支座反力扩大 a 倍

C. B 支座反力扩大 a 倍   D. A 支座反力扩大 b 倍

3. 简支梁在单位竖向移动荷载作用下，当单位竖向移动荷载作用在 C 截面右边时，C 截面剪力的影响线等于（　　）。

   A. 正 B 支座反力   B. 正 A 支座反力
   C. 负 B 支座反力   D. 负 A 支座反力

4. 在可变荷载任意分布长度作用时，对于连续梁的跨中截面 C 正弯矩最不利布置为（　　）。

   A. 相邻跨布置，隔跨布置   B. 满跨布置
   C. 本跨布置，隔二跨布置   D. 本跨布置，隔跨布置

三、判断题

1. 影响线的横坐标表示荷载作用位置。（　　）
2. 根据约束所允许的位移绘制影响线的方法称为静力法。（　　）
3. 一组等间距的集中力，其荷载不利位置是临界荷载（有时临界荷载不止一个）作用在影响线的顶点时的位置。（　　）
4. 各截面内力最大值的连线称为内力包络图。（　　）
5. 弯矩包络图上的最大弯矩称为绝对最大弯矩。（　　）

四、主观题

1. 静力法绘制图示梁指定量值的影响线。

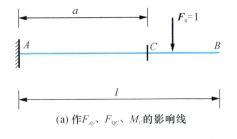
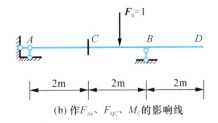

主观题 1 图

2. 机动法绘制图示梁指定量值的影响线。

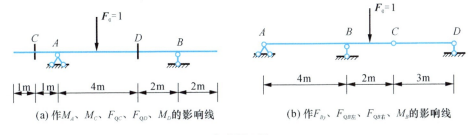

主观题 2 图

3. 利用影响线求图示结构指定的量值。

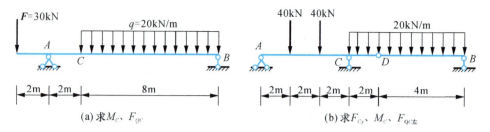

(a) 求 M_C、F_{QC} (b) 求 F_{Cy}、M_C、$F_{QC左}$

主观题 3 图

4. 绘制图示连续梁的内力 M_A、M_K、M_C、F_{QK} 的影响线轮廓。

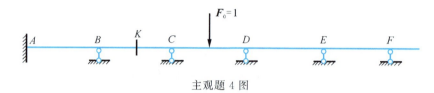

主观题 4 图

5. 求图示简支梁在移动行列荷载作用下 C 截面的最大弯矩 $M_{C\max}$。

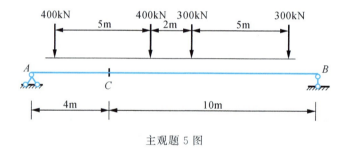

主观题 5 图

附录 1 主要符号表

A	面积	n_b	对应于脆性材料 σ_b 的安全因数
A_s	剪切面面积		
A_{bs}	挤压面面积	n_{st}	稳定安全因数
a	间距	p	压强
b	宽度	P	功率
h	高度	q	分布荷载集度
s	路程，弧长	$\Delta, \Delta_x, \Delta_y, y$	广义位移，水平位移，竖直位移，挠度
D, d	直径		
R, r	半径	W_z	抗弯截面系数
l, L	长度，跨度	W_p	抗扭截面系数
f	矢高	α	倾角，线膨胀系数
E	弹性模量，杨氏模量	β	角度
$\mathbf{F}$	力	θ	梁截面转角，单位长度相对扭转角，体积应变
F_{Ax}, F_{Ay}	A 点 x, y 方向约束力		
$\mathbf{F}_N$	轴力	φ	相对扭转角
$F_P, F_{cr}, [F_{cr}]$	集中荷载，临界荷载，许用临界荷载	γ	剪应变、重度
V	剪力	ε	线应变
$\mathbf{F}_R, \mathbf{F}'_R$	合力，主矢	λ	柔度，长细比，压杆轴向位移
$\mathbf{F}_T$	拉力	μ	长度因数
$F_u, [F_u]$	极限荷载，许用极限荷载	ν	泊松比
F_x, F_y, F_z	力在 x, y, z 方向的分量	ρ	曲率半径，材料密度
G	剪切弹性模量	σ	正应力
I	惯性矩	σ_a	应力幅值
I_p	极惯性矩	σ_t	拉应力
I_{xy}	惯性积	σ_c	压应力
i	惯性半径	σ_m	平均应力
S	静矩（一次矩），转动刚度	σ_b	强度极限
M	弯矩	σ_{bs}	挤压应力
m	外力偶矩	$[\sigma]$	许用应力
M_O	对 O 点的弯矩	$[\sigma_t]$	许用拉应力
n_s	对应于塑性材料 σ_s 的安全因数	$[\sigma_c]$	许用压应力

σ_{cr}, $[\sigma_{cr}]$	临界应力，许用临界应力	τ_u	极限剪应力
σ_e	弹性极限	$[\tau]$	许用剪应力
σ_p	比例极限	a	加速度
$\sigma_{0.2}$	名义屈服应力	σ_d	动应力
σ_s	屈服应力	K_d	动荷载系数
τ	剪应力		

附录 2 型钢规格表

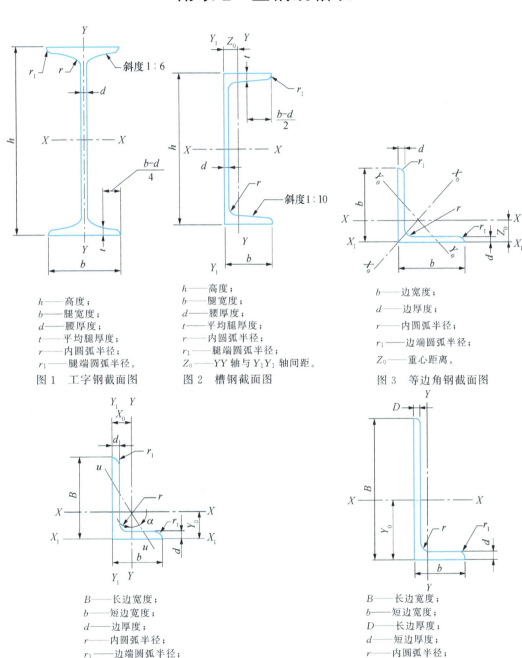

h——高度；
b——腿宽度；
d——腰厚度；
t——平均腿厚度；
r——内圆弧半径；
r_1——腿端圆弧半径。

图 1 工字钢截面图

h——高度；
b——腿宽度；
d——腰厚度；
t——平均腿厚度；
r——内圆弧半径；
r_1——腿端圆弧半径；
Z_0——YY 轴与 Y_1Y_1 轴间距。

图 2 槽钢截面图

b——边宽度；
d——边厚度；
r——内圆弧半径；
r_1——边端圆弧半径；
Z_0——重心距离。

图 3 等边角钢截面图

B——长边宽度；
b——短边宽度；
d——边厚度；
r——内圆弧半径；
r_1——边端圆弧半径；
X_0——重心距离；
Y_0——重心距离。

图 4 不等边角钢截面图

B——长边宽度；
b——短边宽度；
D——长边厚度；
d——短边厚度；
r——内圆弧半径；
r_1——边端圆弧半径；
Y_0——重心距离。

图 5 L 型钢截面图

附表 2.1 工字钢截面尺寸、截面面积、理论重量及截面特性

型号	截面尺寸/mm						截面面积/cm²	理论重量/(kg/m)	惯性矩/cm⁴		惯性半径/cm		截面模数/cm³	
	h	b	d	t	r	r_1			I_x	I_y	i_x	i_y	W_x	W_y
10	100	68	4.5	7.6	6.5	3.3	14.345	11.261	245	33.0	4.14	1.52	49.0	9.72
12	120	74	5.0	8.4	7.0	3.5	17.818	13.987	436	46.9	4.95	1.62	72.7	12.7
12.6	126	74	5.0	8.4	7.0	3.5	18.118	14.223	488	46.9	5.20	1.61	77.5	12.7
14	140	80	5.5	9.1	7.5	3.8	21.516	16.890	712	64.4	5.76	1.73	102	16.1
16	160	88	6.0	9.9	8.0	4.0	26.131	20.513	1130	93.1	6.58	1.89	141	21.2
18	180	94	6.5	10.7	8.5	4.3	30.756	24.143	1660	122	7.36	2.00	185	26.0
20a	200	100	7.0	11.4	9.0	4.5	35.578	27.929	2370	158	8.15	2.12	237	31.5
20b	200	102	9.0	11.4	9.0	4.5	39.578	31.069	2500	169	7.96	2.06	250	33.1
22a	220	110	7.5	12.3	9.5	4.8	42.128	33.070	3400	225	8.99	2.31	309	40.9
22b	220	112	9.5	12.3	9.5	4.8	46.528	36.524	3570	239	8.78	2.27	325	42.7
24a	240	116	8.0	13.0	10.0	5.0	47.741	37.477	4570	280	9.77	2.42	381	48.4
24b	240	118	10.0	13.0	10.0	5.0	52.541	41.245	4800	297	9.57	2.38	400	50.4
25a	250	116	8.0	13.0	10.0	5.0	48.541	38.105	5020	280	10.2	2.40	402	48.3
25b	250	118	10.0	13.0	10.0	5.0	53.541	42.030	5280	309	9.94	2.40	423	52.4
27a	270	122	8.5	13.7	10.5	5.3	54.554	42.825	6550	345	10.9	2.51	485	56.6
27b	270	124	10.5	13.7	10.5	5.3	59.954	47.064	6870	366	10.7	2.47	509	58.9
28a	280	122	8.5	13.7	10.5	5.3	55.404	43.492	7110	345	11.3	2.50	508	56.6
28b	280	124	10.5	13.7	10.5	5.3	61.004	47.888	7480	379	11.1	2.49	534	61.2
30a	300	126	9.0	14.4	11.0	5.5	61.254	48.084	8950	400	12.1	2.55	597	63.5
30b	300	128	11.0	14.4	11.0	5.5	67.254	52.794	9400	422	11.8	2.50	627	65.9
30c	300	130	13.0	14.4	11.0	5.5	73.254	57.504	9850	445	11.6	2.46	657	68.5
32a	320	130	9.5	15.0	11.5	5.8	67.156	52.717	11100	460	12.8	2.62	692	70.8
32b	320	132	11.5	15.0	11.5	5.8	73.556	57.741	11600	502	12.6	2.61	726	76.0
32c	320	134	13.5	15.0	11.5	5.8	79.956	62.765	12200	544	12.3	2.61	760	81.2
36a	360	136	10.0	15.8	12.0	6.0	76.480	60.037	15800	552	14.4	2.69	875	81.2
36b	360	138	12.0	15.8	12.0	6.0	83.680	65.689	16500	582	14.1	2.64	919	84.3
36c	360	140	14.0	15.8	12.0	6.0	90.880	71.341	17300	612	13.8	2.60	962	87.4
40a	400	142	10.5	16.5	12.5	6.3	86.112	67.598	21700	660	15.9	2.77	1090	93.2
40b	400	144	12.5	16.5	12.5	6.3	94.112	73.878	22800	692	15.6	2.71	1140	96.2
40c	400	146	14.5	16.5	12.5	6.3	102.112	80.158	23900	727	15.2	2.65	1190	99.6
45a	450	150	11.5	18.0	13.5	6.8	102.446	80.420	32200	855	17.7	2.89	1430	114
45b	450	152	13.5	18.0	13.5	6.8	111.446	87.485	33800	894	17.4	2.84	1500	118
45c	450	154	15.5	18.0	13.5	6.8	120.446	94.550	35300	938	17.1	2.79	1570	122

续表

型号	截面尺寸/mm						截面面积/cm²	理论重量/(kg/m)	惯性矩/cm⁴		惯性半径/cm		截面模数/cm³	
	h	b	d	t	r	r_1			I_x	I_y	i_x	i_y	W_x	W_y
50a	500	158	12.0	20.0	14.0	7.0	119.304	93.654	46500	1120	19.7	3.07	1860	142
50b		160	14.0				129.304	101.504	48600	1170	19.4	3.01	1940	146
50c		162	16.0				139.304	109.354	50600	1220	19.0	2.96	2080	151
55a	550	166	12.5	21.0	14.5	7.3	134.185	105.335	62900	1370	21.6	3.19	2290	164
55b		168	14.5				145.185	113.970	65600	1420	21.2	3.14	2390	170
55c		170	16.5				156.185	122.605	68400	1480	20.9	3.08	2490	175
56a	560	166	12.5	21.0	14.5	7.3	135.435	106.316	65600	1370	22.0	3.18	2340	165
56b		168	14.5				146.635	115.108	68500	1490	21.6	3.16	2450	174
56c		170	16.5				157.835	123.900	71400	1560	21.3	3.16	2550	183
63a	630	176	13.0	22.0	15.0	7.5	154.658	121.407	93900	1700	24.5	3.31	2980	193
63b		178	15.0				167.258	131.298	98100	1810	24.2	3.29	3160	204
63c		180	17.0				179.858	141.189	102000	1920	23.8	3.27	3300	214

注：表中 r、r_1 的数据用于孔型设计，不做交货条件。

附表 2.2 槽钢截面尺寸、截面面积、理论重量及截面特性

型号	截面尺寸/mm						截面面积/cm²	理论重量/(kg/m)	惯性矩/cm⁴			惯性半径/cm		截面模数/cm³		重心距离/cm
	h	b	d	t	r	r_1			I_x	I_y	I_{y1}	i_x	i_y	W_x	W_y	Z_0
5	50	37	4.5	7.0	7.0	3.5	6.928	5.438	26.0	8.30	20.9	1.94	1.10	10.4	3.55	1.35
6.3	63	40	4.8	7.5	7.5	3.8	8.451	6.634	50.8	11.9	28.4	2.45	1.19	16.1	4.50	1.36
6.5	65	40	4.3	7.5	7.5	3.8	8.547	6.709	55.2	12.0	28.3	2.54	1.19	17.0	4.59	1.38
8	80	43	5.0	8.0	8.0	4.0	10.248	8.045	101	16.6	37.4	3.15	1.27	25.3	5.79	1.43
10	100	48	5.3	8.5	8.5	4.2	12.748	10.007	198	25.6	54.9	3.95	1.41	39.7	7.80	1.52
12	120	53	5.5	9.0	9.0	4.5	15.362	12.059	346	37.4	77.7	4.75	1.56	57.7	10.2	1.62
12.6	126	53	5.5	9.0	9.0	4.5	15.692	12.318	391	38.0	77.1	4.95	1.57	62.1	10.2	1.59
14a	140	58	6.0	9.5	9.5	4.8	18.516	14.535	564	53.2	107	5.52	1.70	80.5	13.0	1.71
14b		60	8.0				21.316	16.733	609	61.1	121	5.35	1.69	87.1	14.1	1.67
16a	160	63	6.5	10.0	10.0	5.0	21.962	17.24	866	73.3	144	6.28	1.83	108	16.3	1.80
16b		65	8.5				25.162	19.752	935	83.4	161	6.10	1.82	117	17.6	1.75
18a	180	68	7.0	10.5	10.5	5.2	25.699	20.174	1270	98.6	190	7.04	1.96	141	20.0	1.88
18b		70	9.0				29.299	23.000	1370	111	210	6.84	1.95	152	21.5	1.84
20a	200	73	7.0	11.0	11.0	5.5	28.837	22.637	1780	128	244	7.86	2.11	178	24.2	2.01
20b		75	9.0				32.837	25.777	1910	144	268	7.64	2.09	191	25.9	1.95

续表

型号	截面尺寸/mm						截面面积 /cm²	理论重量 /(kg/m)	惯性矩/cm⁴			惯性半径 /cm		截面模数 /cm³		重心距离/cm
	h	b	d	t	r	r_1			I_x	I_y	I_{y1}	i_x	i_y	W_x	W_y	Z_0
22a	220	77	7.0	11.5	11.5	5.8	31.846	24.999	2390	158	298	8.67	2.23	218	28.2	2.10
22b	220	79	9.0	11.5	11.5	5.8	36.246	28.453	2570	176	326	8.42	2.21	234	30.1	2.03
24a	240	78	7.0	12.0	12.0	6.0	34.217	26.860	3050	174	325	9.45	2.25	254	30.5	2.10
24b	240	80	9.0	12.0	12.0	6.0	39.017	30.628	3280	194	355	9.17	2.23	274	32.5	2.03
24c	240	82	11.0	12.0	12.0	6.0	43.817	34.396	3510	213	388	8.96	2.21	293	34.4	2.00
25a	250	78	7.0	12.0	12.0	6.0	34.917	27.410	3370	176	322	9.82	2.24	270	30.6	2.07
25b	250	80	9.0	12.0	12.0	6.0	39.917	31.335	3530	196	353	9.41	2.22	282	32.7	1.98
25c	250	82	11.0	12.0	12.0	6.0	44.917	35.260	3690	218	384	9.07	2.21	295	35.9	1.92
27a	270	82	7.5	12.5	12.5	6.2	39.284	30.838	4360	216	393	10.5	2.34	323	35.5	2.13
27b	270	84	9.5	12.5	12.5	6.2	44.684	35.077	4690	239	428	10.3	2.31	347	37.7	2.06
27c	270	86	11.5	12.5	12.5	6.2	50.084	39.316	5020	261	467	10.1	2.28	372	39.8	2.03
28a	280	82	7.5	12.5	12.5	6.2	40.034	31.427	4760	218	388	10.9	2.33	340	35.7	2.10
28b	280	84	9.5	12.5	12.5	6.2	45.634	35.823	5130	242	428	10.6	2.30	366	37.9	2.02
28c	280	86	11.5	12.5	12.5	6.2	51.234	40.219	5500	268	463	10.4	2.29	393	40.3	1.95
30a	300	85	7.5	13.5	13.5	6.8	43.902	34.463	6050	260	467	11.7	2.43	403	41.1	2.17
30b	300	87	9.5	13.5	13.5	6.8	49.902	39.173	6500	289	515	11.4	2.41	433	44.0	2.13
30c	300	89	11.5	13.5	13.5	6.8	55.902	43.883	6950	316	560	11.2	2.38	463	46.4	2.09
32a	320	88	8.0	14.0	14.0	7.0	48.513	38.083	7600	305	552	12.5	2.50	475	46.5	2.24
32b	320	90	10.0	14.0	14.0	7.0	54.913	43.107	8140	336	593	12.2	2.47	509	49.2	2.16
32c	320	92	12.0	14.0	14.0	7.0	61.313	48.131	8690	374	643	11.9	2.47	543	52.6	2.09
36a	360	96	9.0	16.0	16.0	8.0	60.910	47.814	11900	455	818	14.0	2.73	660	63.5	2.44
36b	360	98	11.0	16.0	16.0	8.0	68.110	53.466	12700	497	880	13.6	2.70	703	66.9	2.37
36c	360	100	13.0	16.0	16.0	8.0	75.310	59.118	13400	536	948	13.4	2.67	746	70.0	2.34
40a	400	100	10.5	18.0	18.0	9.0	75.068	58.928	17600	592	1070	15.3	2.81	879	78.8	2.49
40b	400	102	12.5	18.0	18.0	9.0	83.068	65.208	18600	640	114	15.0	2.78	932	82.5	2.44
40c	400	104	14.5	18.0	18.0	9.0	91.068	71.488	19700	688	1220	14.7	2.75	986	86.2	2.42

注：表中 r、r_1 的数据用于孔形设计，不做交货条件。

附录2 型钢规格表

附表2.3 等边角钢截面尺寸、截面面积、理论重量及截面特征

型号	截面尺寸/mm			截面面积/cm²	理论重量/(kg/m)	外表面积/(m²/m)	惯性矩/cm⁴				惯性半径/cm			截面模数/cm³			重心距离/cm
	b	d	r				I_x	I_{x1}	I_{x0}	I_{y0}	i_x	i_{x0}	i_{y0}	W_x	W_{x0}	W_{y0}	Z_0
2	20	3	3.5	1.132	0.889	0.078	0.40	0.81	0.63	0.17	0.59	0.75	0.39	0.29	0.45	0.20	0.60
		4		1.459	1.145	0.077	0.50	1.09	0.78	0.22	0.58	0.73	0.38	0.36	0.55	0.24	0.64
2.5	25	3		1.432	1.124	0.098	0.82	1.57	1.29	0.34	0.76	0.95	0.49	0.46	0.73	0.33	0.73
		4		1.859	1.459	0.097	1.03	2.11	1.62	0.43	0.74	0.93	0.48	0.59	0.92	0.40	0.76
3	30	3		1.749	1.373	0.117	1.46	2.71	2.31	0.61	0.91	1.15	0.59	0.68	1.09	0.51	0.85
		4		2.276	1.786	0.117	1.84	3.63	2.92	0.77	0.90	1.13	0.58	0.87	1.37	0.62	0.89
3.6	36	3	4.5	2.109	1.656	0.141	2.58	4.68	4.09	1.07	1.11	1.39	0.71	0.99	1.61	0.76	1.00
		4		2.756	2.163	0.141	3.29	6.25	5.22	1.37	1.09	1.38	0.70	1.28	2.05	0.93	1.04
		5		3.382	2.654	0.141	3.95	7.84	6.24	1.65	1.08	1.36	0.70	1.56	2.45	1.00	1.07
4	40	3	5	2.359	1.852	0.157	3.59	6.41	5.69	1.49	1.23	1.55	0.79	1.23	2.01	0.96	1.09
		4		3.086	2.422	0.157	4.60	8.56	7.29	1.91	1.22	1.54	0.79	1.60	2.58	1.19	1.13
		5		3.791	2.976	0.156	5.53	10.74	8.76	2.30	1.21	1.52	0.78	1.96	3.10	1.39	1.17
4.5	45	3	5	2.659	2.088	0.177	5.17	9.12	8.20	2.14	1.40	1.76	0.89	1.58	2.58	1.24	1.22
		4		3.486	2.736	0.177	6.65	12.18	10.56	2.75	1.38	1.74	0.89	2.05	3.32	1.54	1.26
		5		4.292	3.369	0.176	8.04	15.20	12.74	3.33	1.37	1.72	0.88	2.51	4.00	1.81	1.30
		6		5.076	3.985	0.176	9.33	18.36	14.76	3.89	1.36	1.70	0.80	2.95	4.64	2.06	1.33
5	50	3	5.5	2.971	2.332	0.197	7.18	12.5	11.37	2.98	1.55	1.96	1.00	1.96	3.22	1.57	1.34
		4		3.897	3.059	0.197	9.26	16.69	14.70	3.82	1.54	1.94	0.99	2.56	4.16	1.96	1.38
		5		4.803	3.770	0.196	11.21	20.90	17.79	4.64	1.53	1.92	0.98	3.13	5.03	2.31	1.42
		6		5.688	4.465	0.196	13.05	25.14	20.68	5.42	1.52	1.91	0.98	3.68	5.85	2.63	1.46

319

续表

型号	截面尺寸/mm			截面面积/cm²	理论重量/(kg/m)	外表面积/(m²/m)	惯性矩/cm⁴				惯性半径/cm			截面模数/cm³			重心距离/cm
	b	d	r				I_x	I_{x1}	I_{x0}	I_{y0}	i_x	i_{x0}	i_{y0}	W_x	W_{x0}	W_{y0}	Z_0
5.6	56	3	6	3.343	2.624	0.221	10.19	17.56	16.14	4.24	1.75	2.20	1.13	2.48	4.08	2.02	1.48
		4		4.390	3.446	0.220	13.18	23.43	20.92	5.46	1.73	2.18	1.11	3.24	5.28	2.52	1.53
		5		5.415	4.251	0.220	16.02	29.33	25.42	6.61	1.72	2.17	1.10	3.97	6.42	2.98	1.57
		6		6.420	5.040	0.220	18.69	35.26	29.66	7.73	1.71	2.15	1.10	4.68	7.49	3.40	1.61
		7		7.404	5.812	0.219	21.23	41.23	33.63	8.82	1.69	2.13	1.09	5.36	8.49	3.80	1.64
		8		8.367	6.568	0.219	23.63	47.24	37.37	9.89	1.68	2.11	1.09	6.03	9.44	4.16	1.68
6	60	5	6.5	5.829	4.576	0.236	19.89	36.05	31.57	8.21	1.85	2.33	1.19	4.59	7.44	3.48	1.67
		6		6.914	5.427	0.235	23.25	43.33	36.89	9.60	1.83	2.31	1.18	5.41	8.70	3.98	1.70
		7		7.977	6.262	0.235	26.44	50.65	41.92	10.96	1.82	2.29	1.17	6.21	9.88	4.45	1.74
		8		9.020	7.081	0.235	29.47	58.02	46.66	12.28	1.81	2.27	1.17	6.98	11.00	4.88	1.78
6.3	63	4	7	4.978	3.907	0.248	19.03	33.35	30.17	7.89	1.96	2.46	1.26	4.13	6.78	3.29	1.70
		5		6.143	4.822	0.248	23.17	41.73	36.77	9.57	1.94	2.45	1.25	5.08	8.25	3.90	1.74
		6		7.288	5.721	0.247	27.12	50.14	43.03	11.20	1.93	2.43	1.24	6.00	9.66	4.46	1.78
		7		8.412	6.603	0.247	30.87	58.60	48.96	12.79	1.92	2.41	1.23	6.88	10.99	4.98	1.82
		8		9.515	7.469	0.247	34.46	67.11	54.56	14.33	1.90	2.40	1.23	7.75	12.25	5.47	1.85
		10		11.657	9.151	0.246	41.09	84.31	64.85	17.33	1.88	2.36	1.22	9.39	14.56	6.36	1.93
7	70	4	8	5.570	4.372	0.275	26.39	45.74	41.80	10.99	2.18	2.74	1.40	5.14	8.44	4.17	1.86
		5		6.875	5.397	0.275	32.21	57.21	51.08	13.31	2.16	2.73	1.39	6.32	10.32	4.95	1.91
		6		8.160	6.406	0.275	37.77	68.73	59.93	15.61	2.15	2.71	1.38	7.48	12.11	5.67	1.95
		7		9.424	7.398	0.275	43.09	80.29	68.35	17.82	2.14	2.69	1.38	8.59	13.81	6.34	1.99
		8		10.667	8.373	0.274	48.17	91.92	76.37	19.98	2.12	2.68	1.37	9.68	15.43	6.98	2.03

附录2 型钢规格表

续表

型号	截面尺寸/mm			截面面积/cm²	理论重量/(kg/m)	外表面积/(m²/m)	惯性矩/cm⁴			惯性半径/cm			截面模数/cm³			重心距离Z_0/cm
	b	d	r				I_x	I_{x1}	I_{x0}	I_{y0}	i_x	i_{x0}	i_{y0}	W_x	W_{x0}	W_{y0}	
7.5	75	5	9	7.412	5.818	0.295	39.97	70.56	63.30	16.63	2.33	2.92	1.50	7.32	11.94	5.77	2.04
		6		8.797	6.905	0.294	46.95	84.55	74.38	19.51	2.31	2.90	1.49	8.64	14.02	6.67	2.07
		7		10.160	7.976	0.294	53.57	98.71	84.96	22.18	2.30	2.89	1.48	9.93	16.02	7.44	2.11
		8		11.503	9.030	0.294	59.96	112.97	95.07	24.86	2.28	2.88	1.47	11.20	17.93	8.19	2.15
		9		12.825	10.068	0.294	66.10	127.30	104.71	27.48	2.27	2.86	1.46	12.43	19.75	8.89	2.18
		10		14.126	11.089	0.293	71.98	141.71	113.92	30.05	2.26	2.84	1.46	13.64	21.48	9.56	2.22
8	80	5	9	7.912	6.211	0.315	48.79	85.36	77.33	20.25	2.48	3.13	1.60	8.34	13.67	6.66	2.15
		6		9.397	7.376	0.314	57.35	102.50	90.98	23.72	2.47	3.11	1.59	9.87	16.08	7.65	2.19
		7		10.860	8.525	0.314	65.58	119.70	104.07	27.09	2.46	3.10	1.58	11.37	18.40	8.58	2.23
		8		12.303	9.658	0.314	73.49	136.97	116.60	30.39	2.44	3.08	1.57	12.83	20.61	9.46	2.27
		9		13.725	10.774	0.314	81.11	154.31	128.60	33.61	2.43	3.06	1.56	14.25	22.73	10.29	2.31
		10		15.126	11.874	0.313	88.43	171.74	140.09	36.77	2.42	3.04	1.56	15.64	24.76	11.08	2.35
9	90	6	10	10.637	8.350	0.354	82.77	145.87	131.26	34.28	2.79	3.51	1.80	12.61	20.63	9.95	2.44
		7		12.301	9.656	0.354	94.83	170.30	150.47	39.18	2.78	3.50	1.78	14.54	23.64	11.19	2.48
		8		13.944	10.946	0.353	106.47	194.80	168.97	43.97	2.76	3.48	1.78	16.42	26.55	12.35	2.52
		9		15.566	12.219	0.353	117.72	219.39	186.77	48.66	2.75	3.46	1.77	18.27	29.35	13.46	2.56
		10		17.167	13.476	0.353	128.58	244.07	203.90	53.26	2.74	3.45	1.76	20.07	32.04	14.52	2.59
		12		20.306	15.940	0.352	149.22	293.76	236.21	62.22	2.71	3.41	1.75	23.57	37.12	16.49	2.67

续表

型号	截面尺寸/mm b	d	r	截面面积/cm²	理论重量/(kg/m)	外表面积/(m²/m)	惯性矩/cm⁴ I_x	I_{x1}	I_{x0}	I_{y0}	惯性半径/cm I_x	I_{x0}	I_{y0}	截面模数/cm³ W_x	W_{x0}	W_{y0}	重心距离/cm Z_0
10	100	6	12	11.932	9.366	0.393	114.95	200.07	181.98	47.92	3.10	3.90	2.00	15.68	25.74	12.69	2.67
		7		13.796	10.830	0.393	131.86	233.54	208.97	54.74	3.09	3.89	1.99	18.10	29.55	14.26	2.71
		8		15.638	12.276	0.393	148.24	267.09	235.07	61.41	3.08	3.88	1.98	20.47	33.24	15.75	2.76
		9		17.462	13.708	0.392	164.12	300.73	260.30	67.95	3.07	3.86	1.97	22.79	36.81	17.18	2.80
		10		19.261	15.120	0.392	179.51	334.48	284.68	74.35	3.05	3.84	1.96	25.06	40.26	18.54	2.84
		12		22.800	17.898	0.391	208.90	402.34	330.95	86.84	3.03	3.81	1.95	29.48	46.80	21.08	2.91
		14		26.256	20.611	0.391	236.53	470.75	374.06	99.00	3.00	3.77	1.94	33.73	52.90	23.44	2.99
		16		29.627	23.257	0.390	262.53	539.80	414.16	110.89	2.98	3.74	1.94	37.82	58.57	25.63	3.06
11	110	7	12	15.196	11.928	0.433	177.16	310.64	280.94	73.38	3.41	4.30	2.20	22.05	36.12	17.51	2.96
		8		17.238	13.535	0.433	199.46	355.20	316.49	82.42	3.40	4.28	2.19	24.95	40.69	19.39	3.01
		10		21.261	16.690	0.432	242.19	444.65	384.39	99.98	3.38	4.25	2.17	30.60	49.42	22.91	3.09
		12		25.200	19.782	0.431	282.55	534.60	448.17	116.93	3.35	4.22	2.15	36.05	57.62	26.15	3.16
		14		29.056	22.809	0.431	320.71	625.16	508.01	133.40	3.32	4.18	2.14	41.31	65.31	29.14	3.24

附录2 型钢规格表

续表

型号	截面尺寸/mm				截面面积/cm²	理论重量/(kg/m)	外表面积/(m²/m)	惯性矩/cm⁴				惯性半径/cm			截面模数/cm³			重心距离/cm
	b	d		r				I_x	I_{x1}	I_{x0}	I_{y0}	i_x	i_{x0}	i_{y0}	W_x	W_{x0}	W_{y0}	Z_0
12.5	125	8			19.750	15.504	0.492	297.03	521.01	470.89	123.16	3.88	4.88	2.50	32.52	53.28	25.86	3.37
		10			24.373	19.133	0.491	361.67	651.93	573.89	149.46	3.85	4.85	2.48	39.97	64.93	30.62	3.45
		12			28.912	22.696	0.491	423.16	783.42	671.44	174.88	3.83	4.82	2.46	41.17	75.96	35.03	3.53
		14			33.367	26.193	0.490	481.65	915.61	763.73	199.57	3.80	4.78	2.45	54.16	86.41	39.13	3.61
		16			37.739	29.625	0.489	537.31	1048.62	850.98	223.65	3.77	4.75	2.43	60.93	96.28	42.96	3.68
14	140	10			27.373	21.488	0.551	514.65	915.11	817.27	212.04	4.34	5.46	2.78	50.58	82.56	39.20	3.82
		12		14	32.512	25.522	0.551	603.68	1099.28	958.79	248.57	4.31	5.43	2.76	59.80	96.85	45.02	3.90
		14			37.567	29.490	0.550	688.81	1284.22	1093.56	284.06	4.28	5.40	2.75	68.75	110.47	50.45	3.98
		16			42.539	33.393	0.549	770.24	1470.07	1221.81	318.67	4.26	5.36	2.74	77.46	123.42	55.55	4.06
15	150	8			23.750	18.644	0.592	521.37	899.55	827.49	215.25	4.69	5.90	3.01	47.36	78.02	38.14	3.99
		10			29.373	23.058	0.591	637.50	1125.09	1012.79	262.21	4.66	5.87	2.99	58.35	95.49	45.51	4.08
		12			34.912	27.406	0.591	748.85	1351.26	1189.97	307.73	4.63	5.84	2.97	69.04	112.19	52.38	4.15
		14			40.367	31.688	0.590	855.64	1578.25	1359.30	351.98	4.60	5.80	2.95	79.45	128.16	58.83	4.23
		15			43.063	33.804	0.590	907.39	1692.10	1441.09	373.69	4.59	5.78	2.95	84.56	135.87	61.90	4.27
		16			45.739	35.905	0.589	958.08	1806.21	1521.02	395.14	4.58	5.77	2.94	89.59	143.40	64.89	4.31

323

续表

型号	截面尺寸/mm			截面面积/cm²	理论重量/(kg/m)	外表面积/(m²/m)	惯性矩/cm⁴				惯性半径/cm				截面模数/cm³			重心距离/cm
	b	d	r				I_x	I_{x1}	I_{x0}	I_{y0}	i_x	i_{x0}	i_{y0}		W_x	W_{x0}	W_{y0}	Z_0
16	160	10	16	31.502	24.729	0.630	779.53	1365.33	1237.30	321.76	4.98	6.27	3.20		66.70	109.36	52.76	4.31
		12		37.441	29.391	0.630	916.58	1639.57	1455.68	377.49	4.95	6.24	3.18		78.98	128.67	60.74	4.39
		14		43.296	33.987	0.629	1048.36	1914.68	1665.02	431.70	4.92	6.20	3.16		90.95	147.17	68.24	4.47
		16		49.067	38.518	0.629	1175.08	2190.82	1865.57	484.59	4.89	6.17	3.14		102.63	164.89	75.31	4.55
18	180	12	16	42.241	33.159	0.710	1321.35	2332.80	2100.10	542.61	5.59	7.05	3.58		100.82	165.00	78.41	4.89
		14		48.896	38.383	0.709	1514.48	2723.48	2407.42	621.53	5.56	7.02	3.56		116.25	189.14	88.38	4.97
		16		55.467	43.542	0.709	1700.99	3115.29	2703.37	698.60	5.54	6.98	3.55		131.13	212.40	97.83	5.05
		18		61.055	48.634	0.708	1875.12	3502.43	2988.24	762.01	5.50	6.94	3.51		145.64	234.78	105.14	5.13
20	200	14	18	54.642	42.894	0.788	2103.55	3734.10	3343.26	863.83	6.20	7.82	3.98		144.70	236.40	111.82	5.46
		16		62.013	48.680	0.788	2366.15	4270.39	3760.89	971.41	6.18	7.79	3.96		163.65	265.93	123.96	5.54
		18		69.301	54.401	0.787	2620.64	4808.13	4164.54	1076.74	6.15	7.75	3.94		182.22	294.48	135.52	5.62
		20		76.505	60.056	0.787	2867.30	5347.51	4554.55	1180.04	6.12	7.72	3.93		200.42	322.06	146.55	5.69
		24		90.661	71.168	0.785	3338.25	6457.16	5294.97	1381.53	6.07	7.64	3.90		236.17	374.41	166.65	5.87

续表

型号	截面尺寸/mm			截面面积/cm²	理论重量/(kg/m)	外表面积/(m²/m)	惯性矩/cm⁴				惯性半径/cm			截面模数/cm³			重心距离/cm
	b	d	r				I_x	I_{x1}	I_{x0}	I_{y0}	i_x	i_{x0}	i_{y0}	W_x	W_{x0}	W_{y0}	Z_0
22	220	16	21	68.664	53.901	0.866	3187.36	5681.62	5063.73	1310.99	6.81	8.59	4.37	199.55	325.51	153.81	6.03
		18		76.752	60.250	0.866	3534.30	6395.93	5615.32	1453.27	6.79	8.55	4.35	222.37	360.97	168.29	6.11
		20		84.756	66.533	0.865	3871.49	7112.04	6150.08	1592.90	6.76	8.52	4.34	244.77	395.34	182.16	6.18
		22		92.676	72.751	0.865	4199.23	7830.19	6668.37	1730.10	6.73	8.48	4.32	266.78	428.66	195.45	6.26
		24		100.512	78.902	0.864	4517.83	8550.57	7170.55	1865.11	6.70	8.45	4.31	288.39	460.94	208.21	6.33
		26		108.264	84.987	0.864	4827.58	9273.39	7656.98	1998.17	6.68	8.41	4.30	309.62	492.21	220.49	6.41
25	250	18	24	87.842	68.956	0.985	5268.22	9379.11	8369.04	2167.41	7.74	9.76	4.97	290.12	473.42	224.03	6.84
		20		97.045	76.180	0.984	5779.34	10426.97	9181.94	2376.74	7.72	9.73	4.95	319.66	519.41	242.85	6.92
		22		106.125	83.308												
		24		115.201	90.433	0.983	6763.93	12529.74	10742.67	2785.19	7.66	9.66	4.92	377.34	607.70	278.38	7.07
		26		124.154	97.461	0.982	7238.08	13585.18	11491.33	2984.84	7.63	9.62	4.90	405.50	650.05	295.19	7.15
		28		133.022	104.422	0.982	7700.60	14643.62	12219.39	3181.81	7.61	9.58	4.89	433.22	691.23	311.42	7.22
		30		141.807	111.318	0.981	8151.80	15705.30	12927.26	3376.34	7.58	9.55	4.88	460.51	731.28	327.12	7.30
		32		150.508	118.149	0.981	8592.01	16770.41	13615.32	3568.71	7.56	9.51	4.87	487.39	770.20	342.33	7.37
		35		163.402	128.271	0.980	9232.44	18374.95	14611.16	3853.72	7.52	9.46	4.86	526.97	826.53	364.30	7.48

注：截面图中的 $r_1=1/3d$ 及表中 r 的数据用于孔型设计，不做交货条件。

附表 2.4 不等边角钢截面尺寸、截面面积、理论重量及截面特性

型号	截面尺寸/mm				截面面积/cm²	理论重量/(kg/m)	外表面积/(m²/m)	惯性矩/cm⁴					惯性半径/cm				截面模数/cm³			$\tan\alpha$	重心距离/cm	
	B	b	d	r				I_x	I_{x1}	I_y	I_{y1}	I_u	i_x	i_y	i_u		W_x	W_y	W_u		X_0	Y_0
2.5/1.6	25	16	3	3.5	1.162	0.912	0.080	0.70	1.56	0.22	0.43	0.14	0.78	0.44	0.34	0.43	0.19	0.16	0.392	0.42	0.86
			4		1.499	1.176	0.079	0.88	2.09	0.27	0.59	0.17	0.77	0.43	0.34	0.55	0.24	0.20	0.381	0.46	1.86
3.2/2	32	20	3		1.492	1.171	0.102	1.53	3.27	0.46	0.82	0.28	1.01	0.55	0.43	0.72	0.30	0.25	0.382	0.49	0.90
			4		1.939	1.522	0.101	1.93	4.37	0.57	1.12	0.35	1.00	0.54	0.42	0.93	0.39	0.32	0.374	0.53	1.08
4/2.5	40	25	3	4	1.890	1.484	0.127	3.08	5.39	0.93	1.59	0.56	1.28	0.70	0.54	1.15	0.49	0.40	0.385	0.59	1.12
			4		2.467	1.936	0.127	3.93	8.53	1.18	2.14	0.71	1.36	0.69	0.54	1.49	0.63	0.52	0.381	0.63	132
4.5/2.8	45	28	3	5	2.149	1.687	0.143	445	9.10	1.34	2.23	0.80	1.44	0.79	0.61	1.47	0.62	0.51	0.383	0.64	137
			4		2.806	2.203	0.143	5.69	12.13	1.70	3.00	1.02	1.42	0.78	0.60	1.91	0.80	0.66	0.380	0.68	147
5/3.2	50	32	3	5.5	2.431	1.908	0.161	6.24	12.49	2.02	3.31	1.20	1.60	0.91	0.70	1.84	1.06	0.87	0.404	0.73	1.51
			4		3.177	2.494	0.160	8.02	16.65	2.58	4.45	1.53	1.59	0.90	0.69	2.39	1.05	0.87	0.402	0.77	160
5.6/3.6	56	36	3	6	2.743	2.153	0.181	8.88	17.54	2.92	4.70	1.73	1.80	1.03	0.79	2.32	1.37	1.13	0.408	0.80	1.65
			4		3.590	2.818	0.180	11.45	23.39	3.76	6.33	2.23	1.79	1.02	0.79	3.03	1.65	1.36	0.408	0.85	1.78
			5		4.415	3.466	0.180	13.86	29.25	4.49	7.94	2.67	1.77	1.01	0.78	3.71	1.70	1.40	0.404	0.88	1.82
6.3/4	63	40	4	7	4.058	3.185	0.202	16.49	33.30	5.23	8.63	3.12	2.02	1.14	0.88	3.87	2.07	1.71	0.398	0.92	1.87
			5		4.993	3.920	0.202	20.02	41.63	6.31	10.86	3.76	2.00	1.12	0.87	4.74	2.43	1.99	0.396	0.95	2.04
			6		5.908	4.638	0.201	23.36	49.98	7.29	13.12	4.34	1.96	1.11	0.86	5.59	2.78	2.29	0.393	0.99	2.08
			7		6.802	5.339	0.201	26.53	58.07	8.24	15.47	4.97	1.98	1.10	0.86	6.40	2.17	1.77	0.389	1.03	2.12
7/4.5	70	45	4	7.5	4.547	3.570	0.226	23.17	45.92	7.55	12.26	4.40	2.26	1.29	0.98	4.86	2.65	2.19	0.410	1.02	2.15
			5		5.609	4.403	0.225	27.95	57.10	9.13	15.39	5.40	2.23	1.28	0.98	5.92	3.12	2.59	0.407	1.06	2.24
			6		6.647	5.218	0.225	32.54	68.35	10.62	18.58	6.35	2.21	1.26	0.98	6.95	3.57	2.94	0.404	1.09	2.28
			7		7.657	6.011	0.225	37.22	79.99	12.01	21.84	7.16	2.20	1.25	0.97	8.03			0.402	1.13	2.32

附录2 型钢规格表

续表

型号	截面尺寸/mm				截面面积/cm²	理论重量/(kg/m)	外表面积/(m²/m)	惯性矩/cm⁴					惯性半径/cm			截面模数/cm³			tanα	重心距离/cm	
	B	b	d	r				I_x	I_{x1}	I_y	I_{y1}	I_u	i_x	i_y	i_u	W_x	W_y	W_u		X_0	Y_0
7.5/5	75	50	5	8	6.125	4.808	0.245	34.86	70.00	12.61	21.04	7.41	2.39	1.44	1.10	6.83	3.30	2.74	0.435	1.17	2.36
			6		7.260	5.699	0.245	41.12	84.30	14.70	25.37	8.54	2.38	1.42	1.08	8.12	3.88	3.19	0.435	1.21	2.40
			8		9.467	7.431	0.244	52.39	112.50	18.53	34.23	10.87	2.35	1.40	1.07	10.52	4.99	4.10	0.429	1.29	2.44
			10		11.590	9.098	0.244	62.71	140.80	21.96	43.43	13.10	2.33	1.38	1.06	12.79	6.04	4.99	0.423	1.36	2.52
8/5	80	50	5	8	6.375	5.005	0.255	41.96	85.21	12.82	21.06	7.66	2.56	1.42	1.10	7.78	3.32	2.74	0.388	1.14	2.60
			6		7.560	5.935	0.255	49.49	102.53	14.95	25.41	8.85	2.56	1.41	1.08	9.25	3.91	3.20	0.387	1.18	2.65
			7		8.724	6.848	0.255	56.16	119.33	46.96	29.82	10.18	2.54	1.39	1.08	10.58	4.48	3.70	0.384	1.21	2.69
			8		9.867	7.745	0.254	62.83	136.41	18.85	34.32	11.38	2.52	1.38	1.07	11.92	5.03	4.16	0.381	1.25	2.73
9/5.6	90	56	5	9	7.212	5.661	0.287	60.45	121.32	18.32	29.53	10.98	2.90	1.59	1.23	9.92	4.21	3.49	0.385	1.25	2.91
			6		8.557	6.717	0.286	71.03	145.59	21.42	35.58	12.90	2.88	1.58	1.23	11.74	4.96	4.13	0.384	1.29	2.95
			7		9.880	7.756	0.286	81.01	169.60	24.36	41.71	14.67	2.86	1.57	1.22	13.49	5.70	4.72	0.382	1.33	3.00
			8		11.183	8.779	0.286	91.03	194.17	27.15	47.93	16.34	2.85	1.56	1.21	15.27	6.41	5.29	0.380	1.36	3.04
10/6.3	100	63	6	10	9.617	7.550	0.320	99.06	199.71	30.94	50.50	18.42	3.21	1.79	1.38	14.64	6.35	5.25	0.394	1.43	3.24
			7		11.111	8.722	0.320	113.45	233.00	35.26	59.14	21.00	3.20	1.78	1.38	16.88	7.29	6.02	0.394	1.47	3.28
			8		12.534	9.878	0.319	127.37	266.32	39.39	67.88	23.50	3.18	1.77	1.37	19.08	8.21	6.78	0.391	1.50	3.32
			10		15.467	12.142	0.319	153.81	333.06	47.12	85.73	28.33	3.15	1.74	1.35	23.32	9.98	8.24	0.387	1.58	3.40
10/8	100	80	6	10	10.637	8.350	0.354	107.04	199.83	61.24	102.68	31.65	3.17	2.40	1.72	15.19	10.16	8.37	0.627	1.97	2.95
			7		121.301	9.656	0.354	122.73	233.20	70.08	119.98	36.17	3.16	2.39	1.72	17.52	11.71	9.60	0.626	2.01	3.0
			8		13.944	10.946	0.353	137.92	266.61	78.58	137.37	40.58	3.14	2.37	1.71	19.81	13.21	10.80	0.625	2.05	3.04
			10		17.167	13.476	0.353	166.87	333.63	94.65	172.48	49.10	3.12	2.35	1.69	24.24	16.12	13.12	0.622	2.13	3.12

续表

型号	截面尺寸/mm				截面面积/cm²	理论重量/(kg/m)	外表面积/(m²/m)	惯性矩/cm⁴					惯性半径/cm			截面模数/cm³			$\tan\alpha$	重心距离/cm	
	B	b	d	r				I_x	I_{x1}	I_y	I_{y1}	I_u	i_x	i_y	i_u	W_x	W_y	W_u		X_0	Y_0
11/7	110	70	6	10	10.637	8.350	0.354	133.37	265.78	42.92	69.08	25.36	3.54	2.01	1.54	17.85	7.90	6.53	0.403	1.57	3.53
			7		12.301	9.656	0.354	153.00	310.07	49.01	80.82	28.95	3.53	2.00	1.53	20.60	9.09	7.50	0.402	1.61	3.57
			8		13.944	10.946	0.353	172.04	354.39	54.87	92.70	32.45	3.51	1.98	1.53	23.30	10.25	8.45	0.401	1.65	3.62
			10		17.167	13.476	0.353	208.39	443.13	65.88	116.83	39.20	3.48	1.96	1.51	28.54	12.48	10.29	0.397	1.72	3.70
12.5/8	125	80	7	11	14.096	11.066	0.403	227.98	454.99	74.42	120.32	43.81	4.02	2.30	1.76	26.86	12.01	9.92	0.408	1.80	4.01
			8		15.989	12.551	0.403	256.77	519.99	83.49	137.85	49.15	4.01	2.28	1.75	30.41	13.56	11.18	0.407	1.84	4.06
			10		19.712	15.474	0.402	312.04	650.09	100.67	173.40	59.45	3.98	2.26	1.74	37.33	16.56	13.64	0.404	1.92	4.14
			12		23.351	18.330	0.402	364.41	780.39	116.67	209.67	69.35	3.95	2.24	1.72	44.01	19.43	16.01	0.400	2.00	4.22
14/9	140	90	8	12	18.038	14.160	0.453	365.64	730.53	120.69	195.79	70.83	4.50	2.59	1.98	38.48	17.34	14.31	0.411	2.04	4.50
			10		22.261	17.475	0.452	445.50	913.20	140.03	245.92	85.82	4.47	2.56	1.96	47.31	21.22	17.48	0.409	2.12	4.58
			12		26.400	20.724	0.451	521.59	1096.09	169.79	296.89	100.21	4.44	2.54	1.95	55.87	24.95	20.54	0.406	2.19	4.66
			14		30.456	23.908	0.451	594.10	1279.26	192.10	348.82	114.13	4.42	2.51	1.94	64.18	28.54	23.52	0.403	2.27	4.74
15/9	150	90	8	12	18.839	14.788	0.473	442.05	898.35	122.80	195.96	74.14	4.84	2.55	1.98	43.86	17.47	14.48	0.364	1.97	4.92
			10		23.261	18.260	0.472	539.24	1122.85	148.62	246.26	89.86	4.81	2.53	1.97	53.97	21.38	17.69	0.362	2.05	5.01
			12		27.600	21.666	0.471	632.08	1347.50	172.85	297.46	104.95	4.79	2.50	1.95	63.79	25.14	20.80	0.359	2.12	5.09
			14		31.856	25.007	0.471	720.77	1572.38	195.62	349.74	119.53	4.76	2.48	1.94	73.33	28.77	23.84	0.356	2.20	5.17
			15		33.952	26.652	0.471	763.62	1684.93	206.50	376.33	126.67	4.74	2.47	1.93	77.99	30.53	25.33	0.354	2.24	5.21
			16		36.027	28.281	0.470	805.51	1797.55	217.07	403.24	133.72	4.73	2.45	1.93	82.60	32.27	26.82	0.352	2.27	5.25

附录2 型钢规格表

续表

型号	截面尺寸/mm				截面面积/cm²	理论重量/(kg/m)	外表面积/(m²/m)	惯性矩/cm⁴					惯性半径/cm			截面模数/cm³			tanα	重心距离/cm	
	B	b	d	r				I_x	I_{x1}	I_y	I_{y1}	I_u	I_x	I_y	I_u	W_x	W_y	W_u		X_0	Y_0
16/10	160	100	10	13	25.315	19.872	0.512	668.69	1362.89	205.03	336.59	121.74	5.14	2.85	2.19	62.13	26.56	21.92	0.390	2.28	5.24
			12		30.054	23.592	0.511	784.91	1635.56	239.06	405.94	142.33	5.11	2.82	2.17	73.49	31.28	25.79	0.388	2.36	5.32
			14		34.709	27.247	0.510	896.30	1908.50	271.20	476.42	162.23	5.08	2.80	2.16	84.56	35.83	29.56	0.385	0.43	5.40
			16		29.281	30.835	0.510	1003.04	2181.79	301.60	548.22	182.57	5.05	2.77	2.16	95.33	40.24	33.44	0.382	2.51	5.48
18/11	180	110	10	14	28.373	22.273	0.571	956.25	1940.40	278.11	447.22	166.50	5.80	3.13	2.42	78.96	32.49	26.88	0.376	2.44	5.89
			12		33.712	26.440	0.571	1124.72	2328.38	325.03	538.94	194.87	5.78	3.10	2.40	93.53	38.32	31.66	0.374	2.52	5.98
			14		38.967	30.589	0.570	1286.91	2716.60	369.55	631.95	222.30	5.75	3.08	2.39	107.76	43.97	36.32	0.372	2.59	6.06
			16		44.139	34.649	0.569	1443.06	3105.15	411.85	726.46	248.94	5.72	3.06	2.38	121.64	49.44	40.87	0.369	2.67	6.14
20/12.5	200	125	12	14	37.912	29.761	0.641	1570.90	3193.85	483.16	787.74	285.79	6.44	3.57	2.74	116.73	49.99	41.23	0.392	2.83	6.54
			14		43.687	34.436	0.640	1800.97	3726.17	550.83	922.47	326.58	6.41	3.54	2.73	134.65	57.44	47.34	0.390	2.91	6.62
			16		49.739	39.045	0.639	2023.35	4258.88	615.44	1058.86	366.21	6.38	3.52	2.71	152.18	64.89	53.32	0.388	2.99	6.70
			18		55.526	43.588	0.639	2238.30	4792.00	677.19	1197.13	404.83	6.35	3.49	2.70	169.33	71.74	59.18	0.385	3.06	6.78

注：截面图中的 $r_1=1/3d$ 及表中 r 的数据用于孔型设计，不做交货条件。

附表 2.5　L 型钢截面尺寸、截面面积、理论重量及截面特性

型　　号	截面尺寸/mm						截面面积/cm²	理论重量/(kg/m)	惯性矩 I_x/cm⁴	重心距离 Y_0/cm
	B	b	D	d	r	r_1				
L250×90×9×13	250	90	9	13	15	7.5	33.4	26.2	2190	8.64
L250×90×10.5×15			10.5	15			38.5	30.3	2510	8.76
L250×90×11.5×16			11.5	16			41.7	32.7	2710	8.90
L300×100×10.5×15	300	100	10.5	15			45.3	35.6	4290	10.6
L300×100×11.5×16			11.5	16			49.0	38.5	4630	10.7
L350×120×10.5×16	350	120	10.5	16			54.9	43.1	7110	12.0
L350×120×11.5×18			11.5	18			60.4	47.4	7780	12.0
L400×120×11.5×23	400	120	11.5	23	20	10	71.6	56.2	11900	13.3
L450×120×11.5×25	450	120	11.5	25			79.5	62.4	16800	15.1
L500×120×12.5×33	500	120	12.5	33			98.6	77.4	25500	16.5
L500×120×13.5×35			13.5	35			105.0	82.8	27100	16.6

部分习题参考答案

绪 论

一、填空题

1. 力学 2. 构件 3. 变形固体 4. 塑性变形 5. 均匀连续假设

二、单选题

1. C 2. B 3. A 4. A

三、判断题

1. √ 2. × 3. × 4. √ 5. √

第 1 单元

一、填空题

1. 刚体

2. 机械作用、外效果、内效果

3. 力的大小、力的方向、力的作用点

4. 相等、相反、作用在同一条直线上

5. 外

6. 荷载（主动力）

7. 相反

8. 接触、中心

9. 拉（压）变形、剪切变形、扭转变形、弯曲变形

10. 均匀性假设、连续假设、各向同性假设、小变形假设

11. 内力

二、单选题

1. D 2. C 3. A 4. D 5. C 6. C

三、判断题

1. √ 2. × 3. × 4. × 5. √ 6. × 7. ×

四、主观题

1. $F_{1x} = F\cos 45°$ $F_{2x} = -F_2$

   $F_{1y} = F\sin 45°$ $F_{2y} = 0$

   $F_{3x} = -F\sin 30°$ $F_{4x} = -F\cos 60°$

   $F_{3y} = -F\cos 30°$ $F_{4y} = -F\sin 60°$

2. 作图略

3. 作图略

第 2 单元

一、填空题

1. 0 2. 0 3. 一个合力 4. 一个力和一个力偶 5. 零 6. 正

二、单选题

1. D 2. D 3. D 4. C

三、判断题

1. √ 2. × 3. √ 4. √ 5. ×

四、主观题

1. $T=25\text{N}$，$F_N=43.3\text{N}$

2. $F_{NBC}=-50\text{N}$，$F_{NAC}=86.6\text{N}$

3. $F_{NAB}=-0.828\text{kN}$，$F_{NAC}=-6.29\text{kN}$

4. $Q=1.732P$

5. $F_{Ay}=P/2$（↑），$F_{By}=P/2$（↓），$F_{Ax}=F_{Bx}=P/2$（→）

6. $F_{Ax}=0$，$F_{Ay}=3/2\text{kN}$（↓），$F_B=3/2\text{kN}$（↑）

7. (a) pl (b) 0 (c) $pl\sin\alpha$ (d) $-pa$ (e) $p(l+r)$ (f) $p\sqrt{l^2+b^2}\times\sin\beta$

8. $m_2=\dfrac{m_1}{4}$

9. (a) $F_{Cy}=14\text{kN}$，$F_{Cx}=0$，$M_C=34\text{kN}\cdot\text{m}$

   (b) $F_{Cy}=10\text{kN}$，$F_{Cx}=0$，$M_C=30\text{kN}\cdot\text{m}$

   (c) $F_{Ay}=ql+p/2$，$F_{Ax}=\sqrt{3}p$，$M_A=\dfrac{ql^2}{2}+\dfrac{ql}{2}$

   (d) $F_{Ax}=0$，$F_{Ay}=14\text{kN}$，$M=22\text{kN}\cdot\text{m}$

10. (a) $F_{Ax}=0$，$F_{Ay}=10\text{kN}$，$F_B=90\text{kN}$

    (b) $F_{Ax}=0$，$F_{Ay}=14.5\text{kN}$，$F_B=0.5\text{kN}$

    (c) $F_{Ax}=0$，$F_{Ay}=24.17\text{kN}$，$F_B=55.83\text{kN}$

    (d) $F_{Ax}=14.14\text{kN}$，$F_{Ay}=26.30\text{kN}$，$F_B=2.844\text{kN}$

11. (a) $F_{Ax}=0$，$F_{Ay}=25\text{kN}$，$F_B=85\text{kN}$，$F_D=10\text{kN}$

    (b) $F_{Ax}=0$，$F_{Ay}=15k\text{N}$（↓），$F_B=40k\text{N}$，$F_D=15\text{kN}$

12. $F_{Ay}=F_{By}=90\text{kN}$，$F_{Ax}=F_{Bx}=38.57\text{kN}$

第 3 单元

一、填空题

1. 拉（压）变形，剪切变形，扭转变形，弯曲变形

2. 内力

3. 应力

4. 轴力

5. 等截面直杆，外力作用线与轴线重合或内力只有轴力

6. 纵向线应变

7. 强度校核，设计截面，确定许用荷载

8. 应力集中

9. 弯曲

10. 纵向对称平面

11. 大小，正负

12. 简支梁，悬臂梁，外伸梁

13. 纵向对称平面

14. 有极值

15. 中性轴

16. 中性轴

17. 中性层

18. $N \cdot mm$，mm^3

19. $\dfrac{ab^2}{6}$

20. $\dfrac{\pi D^3}{32}$

二、单选题

1. A 2. D 3. C 4. B 5. B 6. C 7. C 8. A，B 9. D，B 10. A 11. C 12. B 13. B 14. C 15. A

三、判断题

1. √ 2. × 3. × 4. × 5. √ 6. × 7. √ 8. × 9. √ 10. √ 11. × 12. √ 13. √ 14. √ 15. ×

四、主观题

1. (a) $F_{Nmax} = F$ (b) $F_{Nmax} = 3F$
   (c) $F_{Nmax} = 30kN$ (d) $F_{Nmax} = 40kN$

2. (a) $F_{N1max} = 10\gamma Aa$ $F_{N2max} = 13\gamma Aa$
   (b) $F_{N1max} = 20\gamma Aa$ $F_{N2max} = 22\gamma Aa$
   (c) $F_{N1max} = 60\gamma Aa$ $F_{N2max} = 63\gamma Aa$

3. $F_{NBA} = 97.21kN$ $F_{NBC} = -121.21kN$
   $\sigma_{BA} = 137.59MPa$ $\sigma_{BC} = -12.12MPa$

4. (a) $\sigma_{max} = 100MPa$ (b) $\sigma_{max} = 88.89MPa$

5. $F_{Nmax} = 10kN$，$\sigma_{max} = 7.96MPa < [\sigma]$，强度条件满足

6. $b = 230mm$，按模数取 $b = 240mm$
   $a = 400mm$，按模数取 $a = 400mm$

7. 取 $A_{AD}=1061\text{mm}^2$，$A_{ED}=300\text{mm}^2$，$A_{AC}=125\text{mm}^2$

8. (a) $F_{Q1}=-F$，$M_1=-Fa$；$F_{Q2}=-F$，$M_2=-2Fa$

   (b) $F_{Q1}=4\text{kN}$，$M_1=-2\text{kN}\cdot\text{m}$；$F_{Q2}=0$，$M_2=0$

   (c) $F_{Q1}=20\text{kN}$，$M_1=40\text{kN}\cdot\text{m}$；$F_{Q2}=0$，$M_2=40\text{kN}\cdot\text{m}$；
   $F_{Q3}=0$，$M_3=40\text{kN}\cdot\text{m}$；$F_{Q4}=-10\text{kN}$，$M_4=30\text{kN}\cdot\text{m}$

   (d) $F_{Q1}=3.5\text{kN}$，$M_1=7\text{kN}\cdot\text{m}$；$F_{Q2}=3.5\text{kN}$，$M_2=-2\text{kN}\cdot\text{m}$；
   $F_{Q3}=3.5\text{kN}$，$M_3=5\text{kN}\cdot\text{m}$；$F_{Q4}=-2.5\text{kN}$，$M_4=5\text{kN}\cdot\text{m}$

   (e) $F_{Q1}=1\text{kN}$，$M_1=2\text{kN}\cdot\text{m}$；$F_{Q2}=-3\text{kN}$，$M_2=-8\text{kN}\cdot\text{m}$；$F_{Q3}=0$，
   $M_3=0$

   (f) $F_{Q1}=-6\text{kN}$，$M_1=10\text{kN}\cdot\text{m}$；$F_{Q2}=-6\text{kN}$，$M_2=-2\text{kN}\cdot\text{m}$；
   $F_{Q3}=8.5\text{kN}$，$M_3=-2\text{kN}\cdot\text{m}$；$F_{Q4}=0.5\text{kN}$，$M_4=7\text{kN}\cdot\text{m}$

9. (a) $F_{Q\max}=ql$ $\qquad M_{\max}=\dfrac{1}{2}ql^2$

   (b) $F_{Q\max}=0$ $\qquad M_{\max}=m$

   (c) $F_{Q\max}=3\text{kN}$ $\qquad M_{\max}=2.25\text{kN}\cdot\text{m}$

   (d) $F_{Q\max}=8\text{kN}$ $\qquad M_{\max}=6\text{kN}\cdot\text{m}$

10. (a) $M_{\max}=ql^2$

    (b) $M_{\max}=30\text{kN}\cdot\text{m}$

    (c) $M_{\max}=qa^2$

    (d) $M_{AC\text{中}}=4.05\text{kN}\cdot\text{m}$

11. $\sigma_a=-6.56\text{MPa}$，$\sigma_b=-4.685\text{MPa}$；$\sigma_c=0$，$\sigma_d=4.685\text{MPa}$

12. (a) $\sigma_{\max}=8.75\text{MPa}$

    (b) $\sigma_{\max}=5.53\text{MPa}$

13. 强度满足

14. $d\geqslant 145\text{mm}$

第 4 单元

一、填空题

1. 组合变形 2. 斜弯曲 3. 单向偏心压缩 4. 双向偏心压缩 5. 截面核心

二、选择题

1. A，D 2. C 3. A，C

三、判断题

1. √ 2. × 3. × 4. × 5. √

四、主观题

1. $\sigma_{\max}=62.55\text{MPa}\leqslant[\sigma]$，满足强度要求

2. $\sigma_{\max}=6.13\text{MPa}\leqslant[\sigma]$，满足强度要求

3. 取 $b=90\text{mm}$，取 $h=180\text{mm}$

4. $\sigma_{\max}=0.33\text{MPa}$，$\sigma_{\min}=-9.167\text{MPa}$

5. $h=337.5\text{mm}$，$\sigma_{\min}=-4.74\text{MPa}$

6. （1）开槽前最大压应力为 $\dfrac{F}{a^2}$，开槽后最大压应力为 $\dfrac{8F}{3a^2}$

   （2）压应力为 $\dfrac{2F}{a^2}$

第 5 单元

一、填空题

1. 稳定的平衡　2. 不稳定的平衡　3. 临界力　4. 0.7；1.0　5. 临界应力

6. 无单位

二、选择题

1. C　2. D，D　3. A　4. B

三、判断题

1. √　2. ×　3. ×　4. ×　5. √

四、主观题

1. $F_{\text{cr1}}=1637.68\text{kN}$，$f_{\text{cr2}}=835.55\text{kN}$，$f_{\text{cr3}}=990.69\text{kN}$

2. $F_{\text{cr}}=38\text{kN}$，$F_{\text{cr}}=53\text{kN}$，$F_{\text{cr}}=459\text{kN}$

3. $F_{\max}=748\text{kN}$，$\sigma_{\text{cr}}=170\text{MPa}$

4. 稳定

5. 稳定

6. 稳定

第 6 单元

一、填空题

1. 自由度　2.（三）　3.（二）　4. 几何不变体系　5. 几何可变体系

二、单选题

1. B　2. D、C　3. A　4. D

三、判断题

1. ×　2. √　3. ×　4. √　5. ×　6. √

四、主观题

（a）无多余约束的几何不变体系（静定结构）

（b）几何瞬变体系

（c）2 个多余约束的几何不变体系（二次超静定结构）

（d）2 个多余约束的几何不变体系（二次超静定结构）

(e) 几何可变体系（常变）

(f) 无多余约束的几何不变体系（静定结构）

(g) 几何瞬变体系

(h) 几何可变体系（常变）

第 7 单元

一、填空题

1. 附属部分，基本部分
2. 悬臂刚架，简支刚架，三铰钢架
3. 平面汇交，平面任意
4. 平面任意，三
5. 轴力

二、单选题

1. B 2. C 3. A 4. C 5. D

三、判断题

1. × 2. √ 3. √ 4. √ 5. ×

四、主观题

1. (a) $F_{Qmax} = 13.33 \text{kN}$，$F_{Qmin} = -23.33 \text{kN}$

    $M_{max} = 13.33 \text{kN·m}$，$M_{min} = -20 \text{kN·m}$

    (b) $F_{Qmax} = 1.5qa$，$F_{Qmin} = -1.5qa$

    $M_{max} = 0.25qa^2$，$M_{min} = -qa^2$

2. (a) $M_{CA} = 4.5qa^2$（右侧受拉）

    (b) $M_{CB} = 0.5qa^2$（上侧受拉），$M_{CD} = 0.25qa^2$（上侧受拉），$M_{CA} = 0.25qa^2$（右侧受拉）

    (c) $M_{CA} = 8 \text{kN·m}$（右侧受拉）

    (d) $M_{CA} = 10 \text{kN·m}$（右侧受拉）

3. $R_{AY} = R_{BY} = 100 \text{kN}$（向上），$R_{AX} = 50 \text{kN}$（向右），$R_{BX} = 50 \text{kN}$（向左）

    $M_K = -29 \text{kN·m}$，$F_{QK} = 18.3 \text{kN}$，$F_{NK} = 68.3 \text{kN}$

4. 从左上到右下轴力依次为（单位：kN）：-10，0，-21.21，15，0，-20，7.07，15，-10。右半部分轴力对称

5. (a) $F_{N1} = -3F$，$F_{N2} = -2.828F$，$F_{N3} = 5F$，$F_{N4} = F$

    (b) $F_{N1} = -2F$，$F_{N2} = 0.707F$

    (c) $F_{N1} = 0$，$F_{N2} = -0.667F$

    (d) $F_{N1} = -0.745F$，$F_{N2} = 0$，$F_{N3} = -0.471F$

部分习题参考答案

第 8 单元

一、填空题

1. 弹性阶段，屈服阶段，强化阶段，颈缩阶段
2. 力学性能
3. （45°、抗剪强度低于抗压强度）
4. 纵向线应变
5. 内力

二、单选题

1. A 2. C 3. D 4. C 5. C 6. C

三、判断题

1. √ 2. × 3. √ 4. √ 5. √ 6. × 7. ×

四、主观题

1. $F_{N1}=60\text{kN}$，$F_{N2}=-20\text{kN}$，$F_{N3}=30\text{kN}$，$F_{N\max}=F_{N1}=60\text{kN}$
   $\sigma_1=600\text{MPa}$，$\sigma_2=-250\text{MPa}$，$\sigma_3=250\text{MPa}$，$\sigma_{\max}=\sigma_1=600\text{MPa}$
   $\Delta l=1.75\text{mm}$

2. $F_N=1932\text{kN}$

3. $\Delta_B=\dfrac{2Fl}{EA}+\dfrac{5\rho_g l^2}{2E}$

4. $\tau_{\max}=21.3\text{MPa}$，$\theta_{\max}=0.435°/\text{m}$，该轴的强度和刚度均满足要求

5. $\dfrac{f}{l}\approx\dfrac{2}{400}>\left[\dfrac{f}{l}\right]$，刚度不满足

6. $b\times h=160\text{mm}\times 240\text{mm}$

7. (a) $\Delta_A^V=\dfrac{ql^4}{8EI}$（↓），$\varphi_A=\dfrac{ql^2}{6EI}$（↓）

   (b) $\Delta_A^V=\dfrac{5pl^3}{48EI}$（↓），$\varphi_A=\dfrac{pl^3}{8EI}$（↓）。

8. $\Delta_B^H=\dfrac{11ql^4}{24EI}$（→）

9. $\Delta_C^H=\dfrac{4.83Pa}{EA}$（→）

10. (a) $\varphi_B=\dfrac{qa^3}{3EI}$（↑），$\Delta_C^V=\dfrac{qa^4}{24EI}$（↑）

    (b) $\varphi_B=\dfrac{ql^3}{24EI}$（↓），$\Delta_C^V=\dfrac{ql^4}{24EI}$（↓）

    (c) $\varphi_B=\dfrac{ql^3}{24EI}$（↓），$\Delta_C^V=\dfrac{11ql^4}{384EI}$（↓）

11. (a) $\varphi_B=-\dfrac{60}{EI}$（↑），$\Delta_B^H=\dfrac{120}{EI}$（→）

(b) $\varphi_A = \dfrac{9ql^3}{16EI}$ ($\downarrow$), $\varphi_B = \dfrac{11ql^3}{48EI}$ ($\downarrow$)

12. $\dfrac{Hb}{l}$ ($\rightarrow$)

13. $\Delta_E^V = \dfrac{1}{2}\Delta_1$ ($\uparrow$)

第9单元

一、填空题

1. 基本结构 2. 基本未知量 3. 力法基本方程 4. 超静定次数 5. 两个，两个 6. 超静定次数 7. 位移法 8. 力法 9. 角位移，线位移 10. 刚结点个数 11. 连续梁，无侧移刚架 12. 线刚度，远端支承情况；近端约束 13. 固端弯矩

二、单选题

1. A, C 2. D 3. B, D 4. C, D

三、判断题

1. √ 2. × 3. √ 4. √ 5. × 6. √ 7. √

四、主观题

1. (a) 2 (b) 2 (c) 3 (d) 6 (e) 4 (f) 2 (g) 5 (h) 1
   (i) 7 (j) 21

2. (a) $M_{AB} = \dfrac{3Fl}{16}$ (b) $M_{AB} = \dfrac{ql^2}{16}$

3. (a) $M_{AB} = \dfrac{ql^2}{12}$ (b) $R_B = 6.17\text{kN}$ (c) $M_{BA} = M_{CB} = \dfrac{ql^2}{10}$

4. (a) $M_{CA} = 62.5\text{kN·m}$ (b) $M_{CA} = \dfrac{Fl}{2}$

5. $M_{DA} = \dfrac{qa^2}{32}$

6. $M_{BE} = 34.5\text{kN·m}$

7. (a) 2 (b) 3 (c) 5 (d) 7 (e) 9 (f) 6

8. (a) $M_{CB} = \dfrac{5ql^2}{48}$ (b) $M_{CB} = -20.67\text{kN·m}$

9. (a) $M_{AB} = 55.5\text{kN·m}$, $M_{AC} = 11.7\text{kN·m}$, $M_{AD} = -67.2\text{kN·m}$
   (b) $M_{BA} = 20\text{kN·m}$, $M_{BC} = 20\text{kN·m}$, $M_{BD} = -40\text{kN·m}$
   (c) $M_{CA} = -2.85\text{kN·m}$, $M_{CD} = 2.85\text{kN·m}$, $M_{DC} = -14.4\text{kN·m}$
      $M_{DE} = -22.93\text{kN·m}$, $M_{ED} = 48.57\text{kN·m}$, $M_{DB} = 8.53\text{kN·m}$
   (d) $M_{AD} = -\dfrac{11ql^2}{56}$, $M_{BE} = -\dfrac{ql^2}{8}$, $M_{CF} = -\dfrac{ql^2}{14}$
   (e) $M_{DA} = 10.53\text{kN·m}$, $M_{BE} = 42.11\text{kN·m}$
   (f) $M_{CA} = -50\text{kN·m}$, $M_{AC} = -30\text{kN·m}$, $M_{AB} = 30\text{kN·m}$

$M_{DB}=-70\text{kN}\cdot\text{m}$，$M_{BD}=-70\text{kN}\cdot\text{m}$，$M_{BE}=70\text{kN}\cdot\text{m}$，$M_{EB}=70\text{kN}\cdot\text{m}$

10. (a) $M_{BA}=45.87\text{kN}\cdot\text{m}$

    (b) $M_{BA}=-5\text{kN}\cdot\text{m}$，$M_{BC}=-50\text{kN}\cdot\text{m}$

    (c) $M_{BA}=61.3\text{kN}\cdot\text{m}$，$M_{DC}=15.4\text{kN}\cdot\text{m}$

    (d) $M_{BA}=50.98\text{kN}\cdot\text{m}$，$M_{CB}=68.3\text{kN}\cdot\text{m}$

    (e) $M_{CD}=-64.1\text{kN}\cdot\text{m}$

11. (a) $M_{BA}=-72.2\text{kN}\cdot\text{m}$，$M_{BC}=-9.1\text{kN}\cdot\text{m}$

    (b) $M_{BC}=4.29\text{kN}\cdot\text{m}$，$M_{CD}=12.85\text{kN}\cdot\text{m}$，$M_{CB}=-34.29\text{kN}\cdot\text{m}$

    (c) $M_{BA}=27.03\text{kN}\cdot\text{m}$，$M_{BC}=-24.01\text{kN}\cdot\text{m}$，$M_{CB}=22.38\text{kN}\cdot\text{m}$

    (d) $M_{BA}=38.77\text{kN}\cdot\text{m}$，$M_{BF}=38.77\text{kN}\cdot\text{m}$，$M_{DB}=-106.62\text{kN}\cdot\text{m}$

    (e) $M_{BA}=M_{BF}=38.5\text{kN}\cdot\text{m}$，$M_{BC}=-77\text{kN}\cdot\text{m}$

    $M_{CB}=127\text{kN}\cdot\text{m}$，$M_{CG}=-20\text{kN}\cdot\text{m}$，$M_{CD}=-107\text{kN}\cdot\text{m}$

    $M_{DH}=M_{DE}=-20\text{kN}\cdot\text{m}$，$M_{DC}=40\text{kN}\cdot\text{m}$

第10单元

一、填空题

1. 荷载作用位置，荷载作用在该点时的量值大小

2. 静力法

3. 机动法

4. 布满整个正影响线区域

5. 顶点

二、单选题

1. C 2. A 3. B 4. D

三、判断题

1. √ 2. × 3. √ 4. × 5. √

四、主观题

1. 作影响线略

2. 作影响线略

3. (a) $M_C=80\text{kN}\cdot\text{m}$，$F_{QC}=70\text{kN}$

    (b) $F_{Cy}=140\text{kN}$，$M_C=-120\text{kN}\cdot\text{m}$，$F_{QC左}=-60\text{kN}$

4. 作影响线轮廓略

5. $M_{C\max}=2085.71\text{kN}\cdot\text{m}$

主要参考文献

胡增强.2003.材料力学学习指导［M］.北京：高等教育出版社.
蒋永莉，等.2006.材料力学学习指导［M］.北京：清华大学出版社.
孔七一.2005.应用力学［M］.北京：人民交通出版社.
刘鸿文.1997.简明材料力学［M］.北京：高等教育出版社.
卢光斌.2003.土木工程力学［M］.北京：机械工业出版社.
沈伦序.1992.材料力学［M］.北京：高等教育出版社.
沈养中.2008.工程力学［M］.3版.北京：高等教育出版社.
石立安.2006.建筑力学［M］.武汉：华中科技大学出版社.
石立安.2009.建筑力学［M］.北京：北京大学出版社.
苏炜.2000.工程力学［M］.武汉：武汉理工大学出版社.
孙训方，等.2002.材料力学［M］.4版.北京：高等教育出版社.
王玉龙.2006.土建力学基础［M］.武汉：武汉大学出版社.
杨力彬.2004.建筑力学［M］.北京：机械工业出版社.
于英.2007.建筑力学［M］.2版.北京：中国建筑工业出版社.
于永军.1994.建筑力学试题集［M］.北京：机械工业出版社.
周国瑾，施美丽，张景良.1999.建筑力学［M］.上海：同济大学出版社.